Mathématiques
et
Applications

Directeurs de la collection:
J. Garnier et V. Perrier

74

For further volumes:
http://www.springer.com/series/2966

MATHÉMATIQUES & APPLICATIONS

Jean-Paul Caltagirone

Physique des Écoulements Continus

Jean-Paul Caltagirone
12M-TREFLE
Université de Bordeaux
Pessac Cedex
France

ISSN 1154-483X
ISBN 978-3-642-39509-3 ISBN 978-3-642-39510-9 (eBook)
DOI 10.1007/978-3-642-39510-9
Springer Heidelberg New York Dordrecht London

Library of Congress Control Number: 2013943941

Mathematics Subject Classification (2010): 76Axx, 76Dxx, 76Exx, 76Fxx, 76Gxx, 76Rxx, 76Sxx

Imprimé sur papier non acide

Springer est membre du groupe Springer Science+Business Media (www.springer.com)

Avant-propos

La Nature est complexe ... par nécessité. L'organisation et l'ordre sont issus de contraintes appliquées à tout système physique dont la réaction correspond à une structuration spatiale et/ou temporelle "macroscopique" c'est à dire bien plus grande que celles des processus de transport dont elles sont issues. La Mécanique des Fluides présente de nombreux exemples de ces structurations comme les tourbillons de Rayleigh-Bénard créés sous l'influence d'un gradient de température vertical, l'instabilité de Kelvin-Helmoltz apparaissant dans des zones de fort cisaillement ou encore les rouleaux décollés de Bénard-Karman observables par exemple en rivière, derrière les piles de pont. Le fractionnement de ces structures et leur intéraction sous l'influence de containtes en augmentation conduisent progressivement vers des solutions instationnaires périodiques et quasi-périodiques puis vers un état chaotique et enfin vers une solution complètement aléatoire : la turbulence. La compréhension des phénomèmes physiques liés à la turbulence restera encore ce siècle comme l'un des enjeux scientifiques majeurs. La complexité augmente largement avec la présence de plusieurs matériaux ou/et de plusieurs phases. La formation d'un "tube" sur les hauts fonds et le déferlement plongeant avec une partie potentielle, la lèvre à fort taux de rotationnel, le splash-up et le courant de retour sans compter la génération de bulles et d'embruns sont des phénomènes de complexité physique élevée. Afin de garder une vision objective de son environnement il est essentiel de ne pas ignorer cette complexité au profit d'une vision partielle et simpliste des phénomènes physiques. L'objectivité réside justement dans la capacité de chacun d'évaluer l'erreur engendrée par la série d'approximations et d'hypothèses adoptées pour construire un "modèle" simple mais toutefois représentatif des phénomènes que l'on souhaite appréhender.

La modélisation physique constitue l'essentiel du travail du chercheur ou de l'ingénieur qui souhaite bâtir un modèle (un système d'équations, une formule ou encore une expérience en similitude) représentatif de la réalité. L'objectif est bien entendu de tenter de reproduire cette réalité avec un niveau de réalisme suffisant en comparaison de la complexité même du modèle. Démêler l'écheveau de la connaissance est un travail patient, long, complexe qui demande à la fois de l'humilité face à la Nature et une détermination à l'épreuve de l'échec.

La Mécanique des Fluides et l'Analyse Numérique sont déjà deux disciplines qui sont indissociables à une élaboration fiable, précise, robuste d'une simulation numérique représentative. C'est ce que l'on nomme la Mécanique des Fluides Numérique. Cette association de disciplines différentes s'amplifiera inéluctablement par la nécessité de représenter des écoulements multi-physiques et multimatériaux. L'écoulement autour d'un avion peut comporter à la fois des zones à nombres de Mach élevés alors que d'autres sont plutôt "incompressibles". Le couplage fluide-structure nécessite aussi des méthodes plus adaptées que le simple couplage de modèles fluide et solide spécifiques. La physique à appréhender influera largement sur les méthodologies numériques originales à développer.

Pour autant la Modélisation reste essentielle dans la démarche d'un mécanicien qui doit résoudre un problème physique déterminé. L'utilisation de moyens de calcul importants ne compense pas la bonne compréhension physique des phénomènes mis en jeu; la simple compilation d'équations supposées représenter les phénomènes n'est pas suffisant, celles-ci doivent être adaptées aux contraintes du problème.

Cet ouvrage est centré sur la Modélisation Physique en prévilégiant la description des hypothèses et approximations attachées aux lois de conservation et aux équations constitutives. L'approche retenue pour la présentation de la Mécanique des Fluides est entièrement basée sur ces lois et équations. A l'échelle du milieu continu tout phénomène physique est modélisé par des termes qui s'équilibent, se compensent, se confrontent aux sein d'équations qui finalement représentent fidèlement la réalité, de la statique des fluides aux phénomènes les plus complexes comme la turbulence. Cette présentation essaie d'apporter un éclairage sur la physique incluse dans ces équations.

Bordeaux
Septembre 2013

Table des matières

Chapitre 1
Généralités

Modéliser c'est retenir l'essentiel en adoptant des hypothèses et approximations qui permettent de simplifier des phénomènes réels complexes par nature.

La mécanique des fluides a été une science très longtemps associée à la seule aérodynamique qui reste certes un domaine important mais dont les véritables enjeux évoluent en fonction de la conjoncture internationale qui est sensible plutôt aux côuts qu'aux performances techniques. L'avenir et l'évolution de cette science seront de plus en plus liés à d'autres domaines comme l'environnement, la géophysique, la science des matériaux, etc. Le déferlement d'une vague est un exemple d'un phénomène physique dont la complexité est largement plus grande que l'écoulement de l'air autour d'un véhicule. Même si l'on sait simuler à l'heure actuelle l'écoulement autour d'un avion complet on est loin de savoir faire déferler une vague virtuelle.

1.1 La modélisation en Mécanique des Fluides

Quelque soit le problème abordé en fait il reste généralement une partie des phénomènes qui ne sont pas accessibles à la simulation directe. La modélisation de ceux-ci par une succession de concepts, d'hypothèses et d'approximations peut alors conduire à un **modèle** dont l'exploitation fournira une solution approchée mais réaliste.

La modélisation en mécanique des fluides se concrétise par un certain nombre d'étapes incontournables dont les principales sont données ci-dessous.

- **a- Définition du système physique**

  Pour modéliser il est nécessaire d'avoir des ordres de grandeur, ceux des propriétés physiques, des conditions appliquées, etc. La première reste toutefois l'ordre de grandeur de la dimension du système physique appréhendé (Fig. 1.1).

J.-P. Caltagirone, *Physique des Écoulements Continus*,
Mathématiques et Applications 74, DOI: 10.1007/978-3-642-39510-9_1,

A partir de cette longueur L il devient possible de construire des paramètres de similitude caractéristiques des écoulements.
Le premier d'entre eux est un rapport de forme $A = L/H$ où H est une seconde dimension caractéristique. A est un paramètre dont la valeur devra être la même en situation réelle et en similitude. Par similitude on entend une expérience sur maquette à échelle réduite ou bien une simulation numérique.

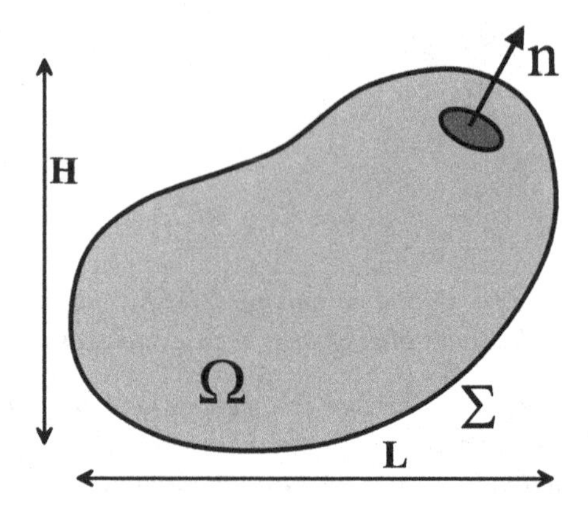

Fig. 1.1 Définition du système physique Ω limité par la surface Σ munie d'une normale extérieure **n**; H et L sont deux grandeurs caractéristiques du système

- **b- Caractéristiques des matériaux**

  Les propriétés des matériaux et des fluides doivent aussi être connues, au moins les ordres de grandeur de celles-ci. Pour un écoulement classique, la masse volumique ρ, la viscosité μ, la conductivité λ, les chaleurs massiques c_p, c_v, ... seront évaluées à des valeurs moyennes.
  Si des phénomènes annexes viennent modifier l'écoulement comme les tensions interfaciales il sera alors nécessaire de connaître aussi le coefficient de tension superficielle σ.

- **c- Contraintes (exitations)**

  Un système isolé évolue inéluctablement vers un état d'équilibre thermodynamique qui correspond en mécanique des fluides à un état de repos mécanique ($\mathbf{V} = 0$). Compte tenu de la présence d'irréversibilités dans un écoulement d'un fluide visqueux il est nécessaire d'entretenir celui-ci par des sollicitations qui peuvent correspondre à des écarts de températures, de pression,...

$$(T_1 - T_0), (p_1 - p_0), (\rho_1 - \rho_0), (c_1 - c_0), V_0, ...$$

  Des termes sources peuvent aussi produire des contraintes.

- **d- Phénomènes mis en jeu**

  Il est aussi nécessaire de dégager les processus fondamentaux au sein du problème réel : diffusion, propagation, advection, convection etc. La présence de réactions chimiques, de phénomènes superficiels ou d'autres processus éventuels seront aussi pris en compte.
  L'évaluation de l'importance de ces phénomènes essentiels sera aisément réalisée à l'aide des paramètres adimensionnels correspondant généralement au rapport de deux effets comme le nombre de Reynolds Re, le nombre de Rayleigh Ra, le nombre de Mach M, etc.
  Cette analyse sur les phénomènes mis en jeu doit aboutir à l'écriture de lois phénoménologiques, généralement des relations flux/forces qui permettront la fermeture du système d'équations de bilans.

- **e- Système d'équations représentatives**

  La solution unique ou correspondant à des états multiples peut être recherchée à partir des équations de conservation de la mécanique des fluides établies pour un milieu continu :

$$\begin{cases} \dfrac{d\rho}{dt} + \rho\, \nabla \cdot \mathbf{V} = 0 \\ \rho \left(\dfrac{\partial \mathbf{V}}{\partial t} + \mathbf{V} \cdot \nabla \mathbf{V} \right) = -\nabla p + \mathbf{f} + \nabla \cdot \left(\mu \left(\nabla \mathbf{V} + \nabla^t \mathbf{V} \right) \right) + \nabla \left(\lambda \nabla \cdot \mathbf{V} \right) \\ \rho\, c_p \left(\dfrac{\partial T}{\partial t} + \mathbf{V} \cdot \nabla T \right) = \nabla \cdot (\lambda \nabla T) + \beta\, T \dfrac{dp}{dt} + q + \Phi \end{cases}$$

  Ce système d'équations présente des non-linéarités génératrices de bifurcations, de chaos et de turbulence.

- **f- Résolution des équations**

  Le système d'équations muni de conditions aux limites ne présente généralement pas de solution analytique. La recherche d'une solution approchée passe par une étape de discrétisation spatiale et temporelle afin de trouver les valeurs en un certain nombre de degrés de liberté N. La solution du problème continu peut alors être considérée comme la limite du problème discontinu:

$$u(x,y,z,t) = \lim_{N \to \infty} u_N(x_i, y_j, z_k, t_n)$$

  Se posent alors les problèmes mathématiques liés à l'unicité et la convergence de la solution et la consistance des opérateurs discrets.

Chapitre 2
Equations de conservation

Les équations de conservation associées aux lois constitutives sont les outils du mécanicien des fluides, elles contiennent l'ensemble des connaissances nécessaires pour reproduire intégralement le phénomène observé par la voie de la résolution ou de la simulation. La modélisation physique qui conduit à ce système d'équations représentatives est ainsi la pierre angulaire de toute construction mathématique qui vise à appréhender les écoulements de fluides du point de vue théorique. Ces équations sont établies sur la base d'hypothèses et de postulats souvent anciens dont il convient de rappeler le sens et éventuellement d'en discuter le bien fondé.

Les différentes présentations d'un ouvrage de mécanique des fluides, qu'il soit organisé en équations générales puis en cas particuliers comme ici, ou bien, à l'inverse que les cas simples permettent d'introduire des concepts plus généraux, doivent permettre au lecteur de comprendre le contexte dans lequel il est placé. Par exemple un igénieur qui aurait oublié que la loi de Bernouilli n'est applicable que dans des hypothèses très restrictives pourrait être tenté de l'appliquer à tout problème posé. Il convient donc de bien comprendre que tout problème doit faire l'objet d'une analyse objective de tous les phénomènes physiques qui lui sont associés avant toute modélisation.

2.1 Notion de milieu continu

Le **concept de milieu continu** est attaché à une perception "mécanicienne" de la matière par comparaison à une vision plus physique qui décrit la nature corpusculaire de la matière. Chaque grandeur est définie pour un ensemble suffisant de particules centrées autour du point P sur lequel est attachée cette grandeur (Fig. 2.1).

Considérons un volume de contrôle Ω limité par une surface Σ sur laquelle nous définissons une normale extérieure $\mathbf{n}$.

Cet ouvert Ω contient un fluide : liquide, ou gaz à pression suffisante de manière que le libre parcours moyen des molécules soit très inférieur aux dimensions caractéristiques du domaine. Cette condition sera implicitement incluse dans le concept

J.-P. Caltagirone, *Physique des Écoulements Continus*,
Mathématiques et Applications 74, DOI: 10.1007/978-3-642-39510-9_2,

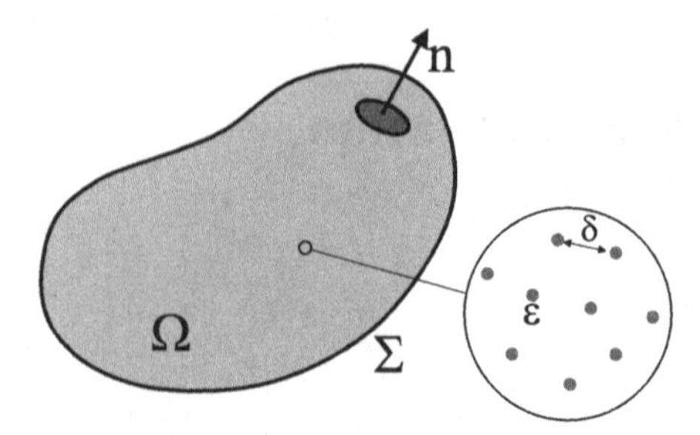

Fig. 2.1 Milieu formé de particules de taille ε distantes en moyenne de δ considéré comme un milieu continu de volume Ω limité par la surface Σ munie d'une normale extérieure **n**

de milieu continu. Elle est définie par $l << L$ où l est le libre parcours moyen des molécules et L la dimension caractéristique du domaine.

Le volume de contrôle contient, outre le fluide, des particules solides dispersées dans le milieu et dont les dimensions sont très petites devant la distance moyenne qui les sépare $\delta << l$. Cet ensemble de particules solides immobiles introduit une résistance visqueuse qui peut être caractérisée par une "traînée volumique".

2.2 Cinématique des fluides

2.2.1 Dérivée particulaire

Il existe deux méthodes pour décrire le mouvement d'un système matériel continu [29]:

- la description Lagrangiennne : on rattache les différentes grandeurs au point matériel
- la méthode Eulériennne : on rattache les différentes grandeurs au point géométrique.

2.2.2 Description Lagrangienne

On se donne les équations paramétriques de la trajectoire (Fig. 2.2) de l'ensemble des points matériels P dans un repère cartésien. Si (x_1^0, x_2^0, x_3^0) sont les coordonnées initiales du point P considéré (à t=0), on suppose connues les relations $x_i = x_i(x_1^0, x_2^0, x_3^0, t)$ qui donnent la position du point P à l'instant t qui était initialement en $P_0(x_1^0, x_2^0, x_3^0)$

(x_1^0, x_2^0, x_3^0) sont les variables indépendantes de Lagrange

Toute grandeur liée à un élément matériel P du continu peut être étudiée en suivant sa trajectoire. Elle est alors fonction de (x_1^0, x_2^0, x_3^0, t)

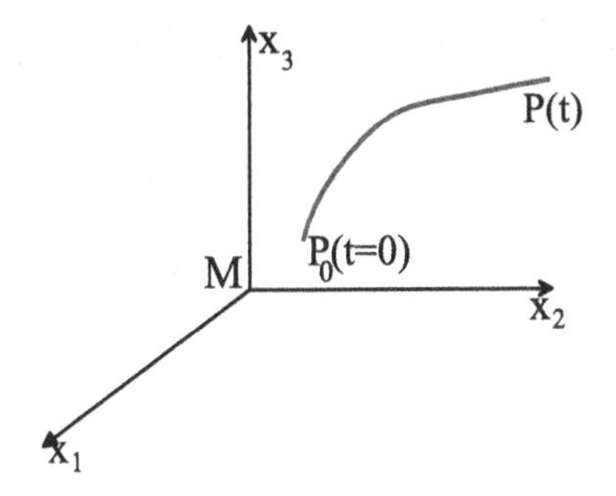

Fig. 2.2 Trajectoire d'une particule matérielle dans un repère de coordonnées catésiennes (x_1,x_2,x_3)

$$G = G(x_1^0,x_2^0,x_3^0,t)$$

C'est le cas de

$$x_i = x_i(x_1^0,x_2^0,x_3^0,t) \quad \text{position de P}$$
$$V_i = V_i(x_1^0,x_2^0,x_3^0,t) = \frac{dx_i}{dt} = \frac{\partial x_i}{\partial t} \quad \text{vitesse de P}$$
$$\gamma_i = \gamma_i(x_1^0,x_2^0,x_3^0,t) = \frac{d^2x_i}{dt^2} = \frac{\partial^2 x_i}{\partial t^2} \quad \text{acceleration de P}$$

L'utilisation des variables de Lagrange fait intervenir la position initiale de la particule dans l'état initial du système. C'est la méthode la mieux adaptée à l'étude des "solides" déformables pour lesquels on peut définir un état initial et suivre facilement la transformation.

Dans les milieux fluides l'état initial n'a aucune importance sur les efforts internes à l'état présent. La description de Lagrange est mal adaptée à l'étude du mouvement des fluides.

2.2.3 Description Eulérienne

En un point géométrique donné M on se donne les composantes du vecteur vitesse $V_i = V_i(M,t)$ et toute grandeur physique attachée au fluide $G(M,t)$.

Soit dans un système de coordonnées cartésiennes :

$$V_i = V_i(x_1,x_2,x_3,t)$$
$$G = G(x_1,x_2,x_3,t)$$

(x_1,x_2,x_3,t) sont les variables d'Euler.

On ne s'intéresse donc pas ici à l'histoire du continu considéré mais à son champ de vitesse à l'instant t.

$$\begin{aligned} G = G(x_1,x_2,x_3,t) &= G(x_1(x_1^0,x_2^0,x_3^0,t),x_2(x_1^0,x_2^0,x_3^0,t),x_3(x_1^0,x_2^0,x_3^0,t),t) \\ &= G(x_1^0,x_2^0,x_3^0,t) \end{aligned}$$

2.2.4 Définitions

- **a - trajectoire** Les équations paramétriques des trajectoires sont données par la résolution du système différentiel :

$$V_i = \frac{dx_i}{dt} \rightarrow dx_i = V_i \cdot dt$$

$$\frac{dx_1}{V_1(x_1,x_2,x_3,t)} = \frac{dx_2}{V_2(x_1,x_2,x_3,t)} = \frac{dx_3}{V_3(x_1,x_2,x_3,t)}$$

L'intégration donne les relations

$$x_i = x_i(x_1^0,x_2^0,x_3^0,t)$$

où x_1^0,x_2^0,x_3^0 sont des constantes.
Exemple : photo de phares de véhicules dans la nuit en exposition longue.

- **b - ligne de courant**
A un instant donné on définit les lignes de courant (Fig. 2.3) comme les lignes tangentes en chacun de leur point au vecteur vitesse en ce point. On détermine

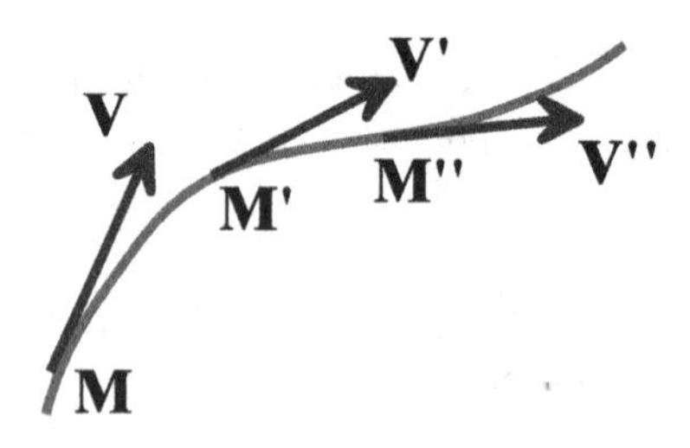

Fig. 2.3 Lignes de courant tangente en chaque point **M** au vecteur vitesse **V**

les lignes de courant en écrivant $\mathbf{V} // \mathbf{dM}, t$ fixe. On a $\mathbf{V} \cdot \mathbf{n} = 0$ où $\mathbf{n}$ est la normale à la ligne de courant.

$$\frac{dx_1}{V_1(x_1,x_2,x_3,t)} = \frac{dx_2}{V_2(x_1,x_2,x_3,t)} = \frac{dx_3}{V_3(x_1,x_2,x_3,t)} \quad \text{avec t} = \text{Cte}$$

Exemple : On peut observer les lignes de courant en tracant les tangentes aux segments clairs laissés sur une photo de phares de véhicules dans la nuit en exposition courte.

- **c - surface de courant**
  Surface tangente au vecteur vitesse.
- **d - tube de courant**
  Ensemble de lignes de courant s'appuyant sur un contour fermé.
- **e - ligne d'émission**
  Toutes les particules qui passent successivement par un point S sont situées à l'instant t sur une courbe dite ligne d'émission relative à S.
  Exemple : ligne tracée dans le ciel à un instant donné par un panache de fumée.
- **f - écoulement stationnaire**
  Un écoulement est stationnaire par rapport à un référentiel lorsque la vitesse et les autres variables ne dépendent plus du temps. Il y a alors identité entre trajectoire, ligne d'émission et ligne de courant, les systèmes référentiels devenant identiques.

Les qualificatifs de stationnaire, permanent, établi, stable ... sont précis et correspondent à des situations différentes; la stationnarité est attachée à une indépendance des variables dans le temps. La permanence est la persistance d'un état qui peut être instationnaire alors qu'un écoulement établi traduit son indépendance par rapport à une direction spatiale. On parle de stabilité ou d'instabilité uniquement par rapport à un état de référence qui lui-même peut être stationnaire, oscillant, périodique, etc.

2.2.5 Expressions des dérivées particulaires

Il s'agit de connaître l'évolution de toute grandeur physique liée à un élément matériel que l'on suit dans son mouvement. Pour calculer par exemple une accélération il s'agit de suivre l'évolution de la vitesse de l'élément matériel considéré quand il se déplace. On appelle dérivée particulaire d'une grandeur physique, la dérivée par rapport au temps de cette grandeur quand on suit le point matériel dans son mouvement. On dit encore que la dérivée particulaire d'une grandeur physique est la dérivée temporelle ou matérielle ou totale.

2.2.5.1 En variables de Lagrange

La dérivée particulaire s'identifie à la dérivée partielle par rapport au temps

$$\frac{dG}{dt} = \frac{\partial G}{\partial t}$$

car pour suivre la grandeur dans son mouvement il suffit de laisser x_1^0, x_2^0, x_3^0 constants et faire varier t.

$$\gamma_i = \frac{\partial V_i}{\partial t}, \; V_i = \frac{\partial x_i}{\partial t}$$

2.2.5.2 En variables d'Euler

Les grandeurs sont définies en un point géométrique M. Pour suivre la grandeur dans son mouvement il faut attacher le point géométrique M à un élément matériel et le suivre dans son mouvement

- **a - Fonction scalaire de point**

$$\underbrace{G(M,t)}_{\text{pt géometrique}} \quad \rightarrow \quad \underbrace{G\{M(t),t\}}_{\text{pt materiel coincidant avec le pt géometrique}}$$

$$G(x_1,x_2,x_3,t) \rightarrow G(x_1(t),x_2(t),x_3(t),t)$$

$$\frac{dG}{dt} = \frac{\partial G}{\partial x_i}\frac{\partial x_i}{\partial t} + \frac{\partial G}{\partial t} = \frac{\partial G}{\partial t} + V_i \frac{\partial G}{\partial x_i}$$

Soit

$$\frac{dG}{dt} = \frac{\partial G}{\partial t} + \mathbf{V} \cdot \nabla G$$

Exemple

$$\gamma_i = \frac{dV_i}{dt} = \frac{\partial V_i}{\partial t} + \mathbf{V}_j \frac{\partial V_i}{\partial x_j}$$

- **b - Fonction vectorielle de point** En écrivant :

$$\mathbf{A}(M,t) = A_i \mathbf{e}_i$$

$$\frac{d\mathbf{A}}{dt} = \frac{dA_i}{dt}\mathbf{e}_i = \left(\frac{\partial A_i}{\partial t} + \mathbf{V}_j \frac{\partial A_i}{\partial x_j}\right)\mathbf{e}_i$$

- **c - Intégrale de volume**
  Considérons un ensemble de particules de matière contenu dans un domaine Ω limité par une surface Σ (Fig. 2.4).
  Soit K(t) une intégrale de volume d'une fonction scalaire

$$K(t) = \iiint_\Omega A(M,t)\, dv$$

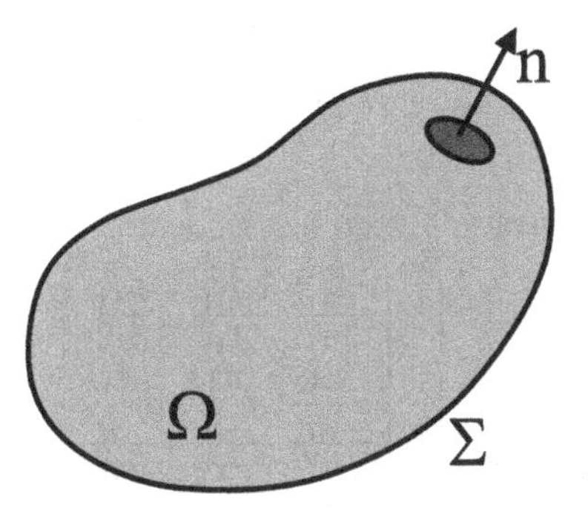

Fig. 2.4 Milieu continu de volume Ω limité par la surface Σ munie d'une normale extérieure **n**

La dérivée particulaire d'une intégrale de volume est:

$$\frac{dK}{dt} = \frac{d}{dt}\iiint_{\Omega} A(M,t)\,dv$$

dans la mesure où le domaine d'intégration n'est pas constant quand on le suit dans son mouvement, on ne peut dériver sous le signe somme. On effectue alors un double changement de variables Euler-Lagrange-Euler

$$K = \iiint_{\Omega} A(x_1,x_2,x_3,t)\,dx_1dx_2dx_3$$

en opérant un changement de variables $\Omega \to \Omega_0$ (fixe) :

$$K = \iiint_{\Omega_0} A(x_1^0,x_2^0,x_3^0,t)\,J\,dx_1^0dx_2^0dx_3^0$$

avec

$$J = \frac{D(x_1,x_2,x_3)}{D\left(x_1^0,x_2^0,x_3^0\right)}$$

On peut alors dériver sous le signe somme (constant)

$$\frac{dK}{dt} = \iiint_{\Omega_0} \frac{dAJ}{dt}\,dv_0 = \iiint_{\Omega_0} \left(J\frac{dA}{dt} + A\frac{dJ}{dt}\right) dv_0$$

On passe aux variables d'Euler par un nouveau changement de variables :

$$\frac{dK}{dt} = \iiint_{\Omega} \left(J\frac{dA}{dt} + A\frac{dJ}{dt}\right) J'\,dv$$

avec

$$J' = \frac{D\left(x_1^0, x_2^0, x_3^0\right)}{D\left(x_1, x_2, x_3\right)} = \frac{1}{J}$$

Calcul de $1/J \cdot dJ/dt$
Dérivée d'un déterminant

$$\frac{dJ}{dt} = \begin{vmatrix} \frac{\partial \frac{dx_1}{dt}}{\partial x_1^0} & \frac{\partial \frac{dx_1}{dt}}{\partial x_2^0} & \frac{\partial \frac{dx_1}{dt}}{\partial x_3^0} \\ \frac{\partial x_2}{\partial x_1^0} & \frac{\partial x_2}{\partial x_2^0} & \frac{\partial x_2}{\partial x_3^0} \\ \frac{\partial x_3}{\partial x_1^0} & \frac{\partial x_3}{\partial x_2^0} & \frac{\partial x_3}{\partial x_3^0} \end{vmatrix} + \begin{vmatrix} \frac{\partial x_1}{\partial x_1^0} & \frac{\partial x_1}{\partial x_2^0} & \frac{\partial x_1}{\partial x_3^0} \\ \frac{\partial \frac{dx_2}{dt}}{\partial x_1^0} & \frac{\partial \frac{dx_2}{dt}}{\partial x_2^0} & \frac{\partial \frac{dx_2}{dt}}{\partial x_3^0} \\ \frac{\partial x_3}{\partial x_1^0} & \frac{\partial x_3}{\partial x_2^0} & \frac{\partial x_3}{\partial x_3^0} \end{vmatrix} + \begin{vmatrix} \frac{\partial x_1}{\partial x_1^0} & \frac{\partial x_1}{\partial x_2^0} & \frac{\partial x_1}{\partial x_3^0} \\ \frac{\partial x_2}{\partial x_1^0} & \frac{\partial x_2}{\partial x_2^0} & \frac{\partial x_2}{\partial x_3^0} \\ \frac{\partial \frac{dx_3}{dt}}{\partial x_1^0} & \frac{\partial \frac{dx_3}{dt}}{\partial x_2^0} & \frac{\partial \frac{dx_3}{dt}}{\partial x_3^0} \end{vmatrix}$$

$$\frac{dJ}{dt} = \frac{D\left(V_1, x_2, x_3\right)}{D\left(x_1^0, x_2^0, x_3^0\right)} + \frac{D\left(x_1, V_2, x_3\right)}{D\left(x_1^0, x_2^0, x_3^0\right)} + \frac{D\left(x_1, x_2, V_3\right)}{D\left(x_1^0, x_2^0, x_3^0\right)}$$

$$\frac{1}{J}\frac{dJ}{dt} = \frac{D\left(V_1, x_2, x_3\right)}{D\left(x_1^0, x_2^0, x_3^0\right)} \frac{D\left(x_1^0, x_2^0, x_3^0\right)}{D\left(x_1, x_2, x_3\right)} + \dots$$

$$\frac{1}{J}\frac{dJ}{dt} = \frac{D\left(V_1, x_2, x_3\right)}{D\left(x_1, x_2, x_3\right)} + \frac{D\left(x_1, V_2, x_3\right)}{D\left(x_1, x_2, x_3\right)} + \frac{D\left(x_1, x_2, V_3\right)}{D\left(x_1, x_2, x_3\right)}$$

Compte tenu de $\partial x_i / \partial x_j = \delta_{ij}$:

$$\frac{1}{J}\frac{dJ}{dt} = \frac{\partial V_1}{\partial x_1} + \frac{\partial V_2}{\partial x_2} + \frac{\partial V_3}{\partial x_3} = \nabla \cdot \mathbf{V}$$

où $\nabla \cdot \mathbf{V}$ est le taux de dilatation cubique du fluide
Soit

$$\begin{aligned} \frac{d}{dt} \iiint_{\Omega} A(M,t)\, dv &= \iiint_{\Omega} \left(\frac{dA}{dt} + A \nabla \cdot \mathbf{V} \right) dv \\ &= \iiint_{\Omega} \left(\frac{\partial A}{\partial t} + \nabla \cdot (A\mathbf{V}) \right) dv \\ &= \iiint_{\Omega} \frac{\partial A}{\partial t} dv + \iint_{\Sigma} A \mathbf{V} \cdot \mathbf{n}\, ds \end{aligned}$$

2.3 Conservation de la masse

La conservation de la masse exprime que chaque constituant contenu dans Ω est conservé lorsque l'on suit le volume de contrôle dans son mouvement; l'imperméabilité de Σ, en l'absence de source ou de puits de matière, conduit à écrire :

$$\frac{d}{dt}\iiint_{\Omega} \rho_i \, dv = 0$$

où ρ_i est la masse volumique locale partielle de chaque contituant au sein du mélange.

Dans le cas où des réactions chimiques conduisent à des transformations entre espèces sur la base d'une cinétique chimique connue, il est possible d'introduire le taux de production massique de chaque espèce ω_i :

$$\frac{d}{dt}\iiint_{\Omega} \rho_i \, dv = \omega_i$$

En exprimant la dérivée particulaire:

$$\frac{d}{dt}\iiint_{\Omega} \rho_i \, dv = \iiint_{\Omega} \left(\frac{d\rho_i}{dt} + \rho_i \nabla \cdot \mathbf{V}_i \right) dv$$

où $\mathbf{V}_i$ est la vitesse du constituant.

La forme locale de l'équation de conservation est obtenue en adoptant l'hypothèse de l'équilibre local:

$$\frac{d\rho_i}{dt} + \rho_i \nabla \cdot \mathbf{V}_i = 0$$

ou bien, en exprimant la dérivée particulaire de la masse volumique partielle :

$$\frac{\partial \rho_i}{\partial t} + \nabla \cdot (\rho_i \mathbf{V}_i) = 0$$

2.3.1 Approche classique

La conservation de la masse de chaque constituant exige de définir et de calculer une vitesse par constituant et donc d'établir une équation du mouvement par espèce. Pour éviter cette difficulté il est possible de définir une vitesse d'ensemble ou vitesse barycentrique pour toutes les espèces; cette approche est désignée sous le vocable "hypothèse du traceur". Mais pour rétablir le phénomène de dissociation entre espèces on introduit une vitesse de diffusion $\mathbf{V}_d$ que l'on écrit comme proportionnelle au gradient de la masse volumique partielle (appelée loi de Fick).

$$\mathbf{V}_d = \mathbf{V}_i - \mathbf{V} = -\frac{D_i}{\rho_i} \nabla \rho_i$$

Dans le cas d'une diffusion des espèces modélisée par la loi de Fick, l'équation de conservation de la masse pour le constituant i devient une équation de transport ou d'advection-diffusion :

$$\frac{\partial \rho_i}{\partial t} + \nabla \cdot (\rho_i \mathbf{V}) - \nabla \cdot (D_i \nabla \rho_i) = 0$$

Ici D_i est un coefficient de diffusion du constituant i dans le mélange. Il est possible de définir plus précisément la diffusion entre espèces par un coefficient de diffusion D_{ij} teanant compte de la nature moléculaire des espèces (masse moléculaire, ...). Dans ce cas l'équation de conservation de la masse du constituant i s'écrit :

$$\frac{\partial \rho_i}{\partial t} + \nabla \cdot (\rho_i \mathbf{V}) - \sum_{j=1}^{n} \nabla \cdot (D_{ij} \nabla \rho_j) = 0$$

Cette approche communément utilisée ne doit pas faire oublier que le phénomène de transport de matière n'est pas de la diffusion brownienne isotrope mais correspond à une physique complexe où les propriétés moléculaires, taille des molécules, masse molaire, ... interviennent prioritairement.

Cette linéarité, introduite couramment en thermodynamique des processus irréversibles mais utilisée depuis fort longtemps par Fourier et beaucoup d'autres ou les flux sont censés être proportionnels aux forces n'est qu'une simplification de la réalité. Quand on ne se sait quoi faire de mieux on écrit des lois linéaires et ensuite on ajuste des coefficients que l'on nomme phénoménologiques. Bien d'autres domaines de la physique utilisent cette approche, par exemple en turbulence où la loi de Boussinesq exprime les contraintes de Reynolds comme étant proportionnelles aux gradients de la vitesse moyenne.

Approche utilisant la concentration

On introduit la variable c appelée concentration définie par $c = \rho_i / \rho$ où ρ est la masse volumique du mélange. Si la surface de Ω est traversée par un flux dû aux gradients de concentration, l'équation de conservation de la masse devient :

$$\frac{\partial \rho\, c}{\partial t} + \nabla \cdot (\rho\, c\, \mathbf{V}) = -\nabla \cdot \varphi$$

φ représente ici le flux de masse à travers la surface Σ du domaine. On obtient ainsi une équation de transport classique en explicitant le flux à l'aide de la loi de Fick :

$$\frac{\partial \rho\, c}{\partial t} + \nabla \cdot (\rho\, c\, \mathbf{V}) = \nabla \cdot (\rho\, D \nabla c)$$

D'autres causes de dissociation ou de séparation des espèces peuvent être observées par l'application de forces de nature différentes, la gravité ou les effets centrifuges ou bien un gradient de température. On se reportera vers des ouvrages de Thermodynamique des Processus Irréversibles pour la modélisation de tels phénomènes. En effet le flux de masse n'est pas seulement associé au seul gradient de concentration mais devrait faire intervenir le gradient de température (effet de thermodiffusion, effet Soret) et de pression (effet de barodiffusion). Le flux de masse deviendrait alors :

$$\varphi = -\rho D \left(\nabla c + \frac{k_T}{T} \nabla T + + \frac{k_P}{P} \nabla P \right)$$

où k_T et k_P sont les coefficients de diffusion thermique et de barodiffusion.

2.3.2 *Cas d'un fluide pur*

La conservation de la masse pour un fluide pur ou un mélange considéré comme homogène d'un fluide fictif unique peut être obtenue par la sommation sur l'ensemble des constituants :

$$\sum_{i=1}^{n} \left(\frac{\partial \rho_i}{\partial t} + \nabla \cdot (\rho_i \mathbf{V}_i) \right) = 0$$

Comme la masse volumique du mélange s'écrit comme la somme des masses volumiques partielles de chaque constituant :

$$\rho = \sum_{i=1}^{n} \rho_i$$

et en définissant la vitesse barycentrique par l'expression de la quantité de mouvement du mélange :

$$\rho \mathbf{V} = \sum_{i=1}^{n} \rho_i \mathbf{V}_i$$

on trouve:

$$\frac{d\rho}{dt} + \rho \nabla \cdot \mathbf{V} = 0$$

Dans le cas où une source ou un puits ponctuel ou réparti existe au sein du domaine, le second membre de cette expression est égal au débit volumique.

2.3.3 Ecoulement incompressible

L'expression générale précédente représente la conservation locale de la masse; elle exprime la variation de la masse volumique d'un élément fluide que l'on suit dans son mouvement.

Il est possible d'adopter une approximation simplificatrice qui consiste à annuler la divergence locale de la vitesse sous certaines conditions discutées plus loin. Adopter $\nabla \cdot \mathbf{V} = 0$ revient à considérer le taux de dilatation volumique du fluide nul; le fluide peut se déformer mais chaque élément garde son volume au cours du mouvement.

$$\nabla \cdot \mathbf{V} = 0 \ \Rightarrow \frac{d\rho}{dt} = 0$$

Adopter l'approximation de divergence nulle revient à dire que la masse volumique reste constante tout au long d'une trajectoire. Il est à noter que cette expression n'implique en rien que la masse volumique soit une constante! On dit que "l'écoulement est incompressible".

En exprimant les dérivées partielles de la masse volumique par rapport à la pression et à la température :

$$\frac{d\rho}{dt} = \left(\frac{\partial \rho}{\partial p}\right)_T \frac{dp}{dt} + \left(\frac{\partial \rho}{\partial T}\right)_p \frac{dT}{dt}$$

on trouve :

$$\frac{1}{\rho}\left(\frac{\partial \rho}{\partial p}\right)_T \frac{dp}{dt} + \frac{1}{\rho}\left(\frac{\partial \rho}{\partial T}\right)_p \frac{dT}{dt} + \nabla \cdot \mathbf{V} = 0$$

soit

$$\nabla \cdot \mathbf{V} = -\chi_T \frac{dp}{dt} + \beta \frac{dT}{dt}$$

Si un écoulement est à divergence nulle, cela peut être dû à plusieurs effets différents :

- L'écoulement est à pression et à température constantes le long d'une ligne de courant. Cela ne veut evidemment pas dire que la pression et la température sont uniformes sur Ω.
- Le fluide est à compressibilité nulle et à dilatation nulle.

Dans tous les cas les deux termes du second membre de la relation précédente doivent être égaux à zéro ou le second membre nul par compensation ce qui serait totalement fortuit et peu vraisemblable.

On notera que la vitesse du son s'écrit:

$$c = \sqrt{\left(\frac{\partial p}{\partial \rho}\right)_S} = \sqrt{\frac{1}{\rho\,\chi_S}}$$

où $\chi_S = \gamma\,\chi_T$ est le coefficient de compressibilité isentropique.

Quand l'on sait que la vitesse du son dans l'air est de l'ordre de $c = 340\,ms^{-1}$ et que celle de l'eau est de $c = 1800\,ms^{-1}$ on peut admettre qu'aucun fluide n'est incompressible. Si c'était le cas toute perturbation se propagerait à l'infini de manière instantanée.

Il ne faut pas confondre écoulement incompressible et fluide incompressible. De nombreux ouvrages comportent cette erreur. Le fluide incompressible possède un coefficient de compressibilité nul ce qui correspond notamment à une célérité du son infinie et bien entendu tous les fluides réels sont compressibles plus ou moins comme les liquides par exemple. Le coefficient de compressibilité est intrinsèque au fluide alors que l'approximation d'écoulement incompressible dépend de la valeur de la vitesse. On montrera plus loin que cette approximation est valide lorsque le nombre de Mach est inférieur à une valeur de 0.2. On peut tout à fait admettre qu'un écoulement d'air à faible vitesse peut relever de cette approximation alors qu'un écoulement de liquide sous de fortes pressions et de grandes vitesses ne rentre plus dans le cadre de cette approximation.

Une autre vision simpliste consiste à considérer que tous les écoulements compressibles entrent dans le cadre des grandes vitesses. Il existe de nombreuses applications où la divergence de la vitesse est loin d'être nulle et où pourtant les vitesses sont faibles. Une compression d'un gaz dans un cylindre à très faible vitesse doit bien sûr être considérée comme un écoulement compressible d'un fluide compressible. Appartenir à une communauté de spécialistes de tel ou tel domaine de la mécanique des fluides n'exclut pas de conserver une vision objective de la réalité.

2.3.4 Ecoulement incompressible mais dilatable

Comme on peut le remarquer, le fait de considérer que le fluide est dilatable dans un champ de température non uniforme conduit inéluctablement à un écoulement à divergence non nulle.

Contraindre l'écoulement à être à divergence nulle en admettant que le fluide est dilatable ne peut s'envisager que dans le cadre de "l'approximation de Boussinesq" où la variation de la masse volumique n'est retenue que dans le terme générateur de la convection naturelle de l'équation du mouvement. Par exemple la masse volumique peut être linéarisée en fonction de la température et de la pression sous la forme $\rho = \rho_0\,(1 - \beta\,(T - T_0) + \chi_T\,(p - p_0))$. La masse volumique sera remplacée dans tous les autres termes de toutes les équations par la masse volumique moyenne constante ρ_0.

2.4 Conservation de la quantité de mouvement

2.4.1 Enoncé fondamental de la dynamique

La dynamique est l'étude des relations entre les mouvements et déformations des systèmes matériels et les causes de ces mouvements. Un fluide en mouvement occupe un domaine $\mathscr{D}$ de l'espace physique. $\Omega(t)$ désigne le domaine occupé par un ensemble de molécules du fluide que l'on suit dans son mouvement au cours du temps (Fig. 2.5). Le fluide contenu dans Ω se déplace sous l'action de deux types de forces extérieures.

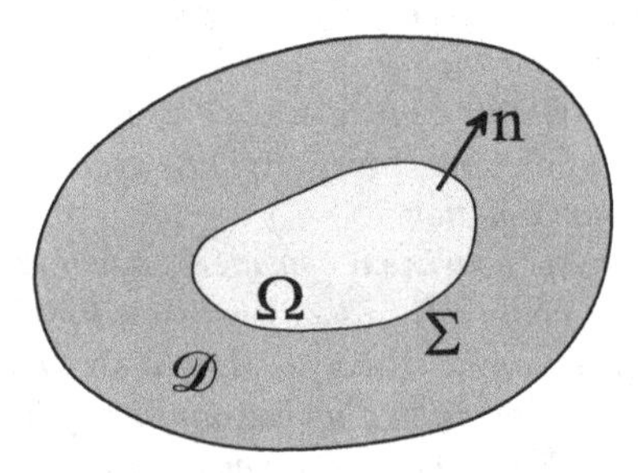

Fig. 2.5 Volume de contrôle Ω contenu dans un domaine fluide $\mathscr{D}$ de même nature

- a - Forces extérieures de volume, définies en tout point M de Ω par une densité volumique **f**. Les forces de gravité $\mathbf{f} = \rho\,\mathbf{g}$ en constituent un exemple classique.
- b - Les forces de contact exercées sur la frontière Σ(t) de Ω par le fluide extérieur au domaine Ω. Ces forces, dites contraintes, sont caractérisées par une densité superficielle **T**.

Enoncé fondamental de la dynamique : *Il existe au moins une façon de mesurer le temps (mesure obsolue) et un référentiel d'espace (repère absolu ou galiléen) tel qu'à chaque instant et pour toute partie d'un système matériel on ait égalité entre le torseur des quantités d'accélération et le torseur des efforts extérieurs agissant sur la partie considérée.*

$$[\mathbf{F}e] = [\mathbf{D}]$$

Pour un point matériel de masse m

$$m\gamma = \mathbf{F}$$

Pour un milieu continu :

$$[\mathbf{D}] = \begin{cases} \iiint_\Omega \rho\, \gamma dv \\ \iiint_\Omega \mathbf{OM} \times \rho \gamma dv \end{cases}$$

$$[Fe] = \begin{cases} \iiint_\Omega \mathbf{f}\, dv + \iint_\Sigma \mathbf{T}\, ds \\ \iiint_\Omega \mathbf{OM} \times \mathbf{f}\, dv + \iint_\Sigma \mathbf{OM} \times \mathbf{T} ds \end{cases}$$

L'énoncé fondamental conduit aux équations :

$$\iiint_\Omega \rho\, \gamma(M)\, dv = \iiint_\Omega \mathbf{f}(M)\, dv + \iint_\Sigma \mathbf{T}\,(M,\mathbf{n})\; ds$$

$$\iiint_\Omega \mathbf{OM} \times \rho\, \gamma(M)\, dv = \iiint_\Omega \mathbf{OM} \times \mathbf{f}(M)\, dv + \iint_\Sigma \mathbf{OM} \times \mathbf{T}\,(M,\mathbf{n})\; ds$$

2.4.2 Expression des contraintes

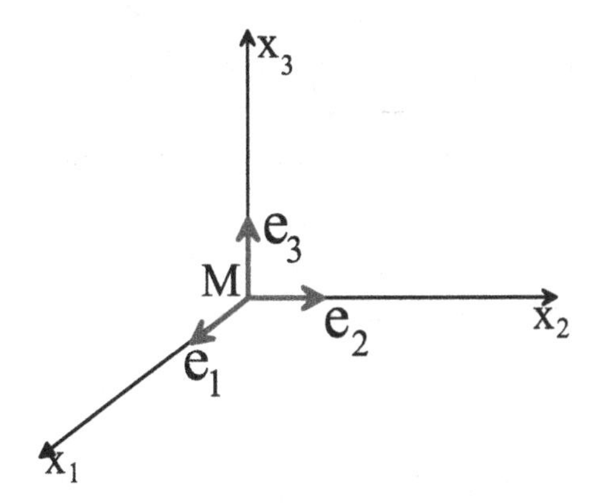

Fig. 2.6 Domaine élémentaire sur lequel s'exerce des contraintes normales et tangentielles

Evaluons les 3 contraintes relatives aux 3 facettes de normales $\mathbf{e}_1, \mathbf{e}_2, \mathbf{e}_3$ (Fig. 2.6). $\mathbf{T}(M, e_j)$ a trois composantes que l'on peut écrire :

$$\begin{cases} \mathbf{T}(M,\mathbf{e}_1) = \sigma_{11}\,\mathbf{e}_1 + \sigma_{21}\,\mathbf{e}_2 + \sigma_{31}\,\mathbf{e}_3 \\ \mathbf{T}(M,\mathbf{e}_2) = \sigma_{12}\,\mathbf{e}_1 + \sigma_{22}\,\mathbf{e}_2 + \sigma_{32}\,\mathbf{e}_3 \\ \mathbf{T}(M,\mathbf{e}_3) = \sigma_{13}\,\mathbf{e}_1 + \sigma_{23}\,\mathbf{e}_2 + \sigma_{33}\,\mathbf{e}_3 \end{cases}$$

soit

$$\mathbf{T}(M,e_j) = \sigma_{ij}\,\mathbf{e}_i$$

ce qui définit les 9 scalaires

On notera par exemple que σ_{11} désigne la contrainte normale pour la direction $\mathbf{e}_1$ et σ_{21} et σ_{31} les composantes de la contrainte tangentielle pour cette même direction (Fig. 2.7).

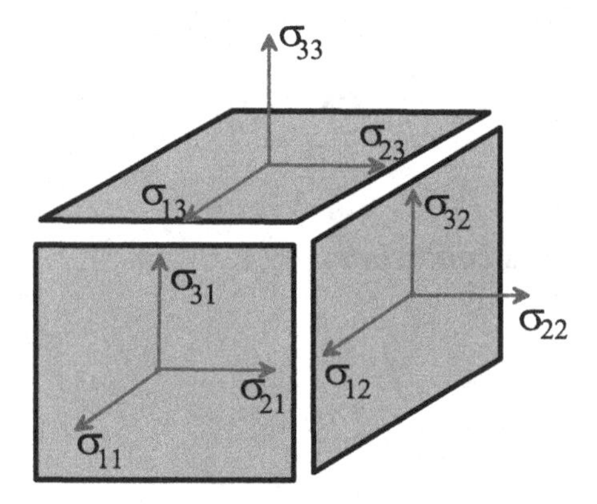

Fig. 2.7 Facettes du volume de contrôle élémentaire sur lequel s'exerce des contraintes normales et tangentielles

D'une manière générale σ_{ij} est la contrainte suivant $\mathbf{e}_i$ pour une facette normale à $\mathbf{e}_j$:

		contrainte normale à		
		$\mathbf{e}_1$	$\mathbf{e}_2$	$\mathbf{e}_3$
	$\mathbf{e}_1$	σ_{11}	σ_{12}	σ_{13}
contrainte	$\mathbf{e}_2$	σ_{21}	σ_{22}	σ_{23}
suivant	$\mathbf{e}_3$	σ_{31}	σ_{32}	σ_{33}

Le problème est maintenant de savoir comment s'exprime la contrainte relative à une facette dont la normale a une direction quelconque.

On considère l'équilibre d'un tétraèdre infiniment petit $PA_1A_2A_3$ (Fig. 2.8)

On pose

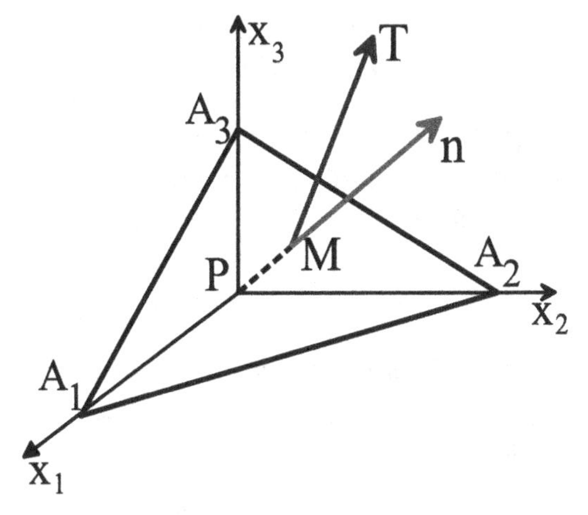

Fig. 2.8 Equilibre d'un tétraèdre soumis à des contraintes normale et tangentielle sur une de ses facettes

$$\mathbf{T} = T_i \mathbf{e}_i$$
$$\mathbf{n} = n_i \mathbf{e}_i$$

et

$$\begin{cases} aire A_1A_2A_3 = d\Sigma \\ aire PA_2A_3 \;\; = d\Sigma_1 = n_1 d\Sigma \\ aire PA_1A_3 \;\; = d\Sigma_2 = n_2 d\Sigma \\ aire PA_1A_2 \;\; = d\Sigma_3 = n_3 d\Sigma \end{cases}$$

En négligeant les forces volumiques et d'inertie du 3ème ordre devant les forces de contact on projette sur les 3 axes la relation :

$$\iiint_{\Omega} \rho\, \gamma(M)\, dv = \iiint_{\Omega} \mathbf{f}(M)\, dv + \iint_{\Sigma} \mathbf{T}\,(\mathbf{n}, P)\; ds$$

qui devient

$$\iint_{\Sigma} \mathbf{T}\, ds = 0$$

Sur l'axe Ox_1 on a :

$$\begin{cases} \text{Facette normale à } (-\mathbf{e}_1) : -\sigma_{11}\, n_1 d\Sigma \\ \text{Facette normale à } (-\mathbf{e}_2) : -\sigma_{12}\, n_2 d\Sigma \\ \text{Facette normale à } (-\mathbf{e}_3) : -\sigma_{13}\, n_3 d\Sigma \\ \text{Facette normale à } \mathbf{n} : \qquad T_1\, d\Sigma \end{cases}$$

Soit

$$T_1 = \sigma_{11}\, n_1 + \sigma_{12}\, n_2 + \sigma_{13}\, n_3$$

Résultat qui se conserve si $M \to P$ de telle sorte que

$$T_i(P,\mathbf{n}) = \sigma_{ij}(P)n_j$$

σ_{ij} sont les composantes du tenseur des contraintes en P

$$\text{forme tensorielle } \mathbf{T}(P,\mathbf{n}) = \sigma(P)\cdot\mathbf{n}$$

$$\text{forme matricielle } \{T\} = (\sigma)\{n\}$$

$$\text{forme indicielle } \mathbf{T} = T_i n_j e_i$$

2.4.3 Equation locale du mouvement

La loi fondamentale de la dynamique s'exprime par

$$\iiint_\Omega \rho\,\gamma dv = \iiint_\Omega \mathbf{f} dv + \iint_\Sigma \mathbf{T} ds$$

que l'on peut aussi écrire

$$\iiint_\Omega \rho\,\gamma dv = \iiint_\Omega \mathbf{f} dv + \iint_\Sigma \sigma\cdot\mathbf{n} ds$$

Le théorème de la divergence nous permet d'écrire

$$\iiint_\Omega \rho\,\gamma dv = \iiint_\Omega \mathbf{f} dv + \iiint_\Omega \nabla\cdot\sigma\, dv$$

ou dans le système d'axes $Ox_1x_2x_3$:

$$\iiint_\Omega \rho\,\gamma_i dv = \iiint_\Omega f_i dv + \iiint_\Omega \frac{\partial \sigma_{ij}}{\partial x_j} dv$$

Comme le domaine à intégrer est arbitraire et les fonctions continues on en déduit la première loi de Cauchy :

$$\rho\gamma = \mathbf{f} + \nabla\cdot\sigma$$

qui est l'équation locale du mouvement

Soit en projection

$$\rho\,\gamma_i = f_i + \frac{\partial \sigma_{ij}}{\partial x_j}$$

Soit en variables d'Euler :

$$\rho\left(\frac{\partial V_i}{\partial t} + V_j\frac{\partial V_i}{\partial x_j}\right) = f_i + \frac{\partial \sigma_{ij}}{\partial x_j}$$

$$\rho\left(\frac{\partial \mathbf{V}}{\partial t}+\mathbf{V}\cdot\nabla\mathbf{V}\right)=\mathbf{f}+\nabla\cdot\sigma$$

$$\rho\left(\frac{\partial \mathbf{V}}{\partial t}+\frac{1}{2}\nabla\mathbf{V}^2+\nabla\times\mathbf{V}\times\mathbf{V}\right)=\mathbf{f}+\nabla\cdot\sigma$$

2.4.4 Lois de comportement

L'équation locale du mouvement d'un milieu continu $\rho\,\frac{d\mathbf{V}}{dt}=\mathbf{f}+\nabla\cdot\sigma$ et l'équation locale de continuité $\frac{\partial\rho}{\partial t}+\nabla\cdot(\rho\mathbf{V})=0$ fournissent 4 équations pour 10 inconnues :

- les 3 composantes du vecteur des vitesses,
- les 6 composantes indépendantes du tenseur de Cauchy,
- la masse volumique.

Les équations générales que nous avons écrites sont donc insuffisantes pour permettre la résolution des problèmes de mécanique des milieux continus. Les milieux continus ont des comportements très différents qu'il importe de préciser.

Pour un milieu déterminé le tenseur des contraintes et le champ des vitesses ne sont pas indépendants et plus précisemment les différents milieux continus peuvent être caractérisés par des relations liant les contraintes et les déformations ou vitesses de déformation.

On dit que chaque milieu obéit à des lois de comportement ou lois rhéologiques [12]. Ce qui distingue un milieu déformable c'est que la distance entre 2 points quelconques du milieu n'est plus constante dans le temps. Il s'agit de caractériser cette propriété de déformabilité.

Il existe 2 approches différentes [26] :

- La première, adaptée à la mécanique du solide, consiste à se référer à une situation initiale ; on aboutit à la notion de tenseur des déformations.
- La seconde, adaptée à la mécanique des fluides, consiste à évaluer la vitesse de déformation instantanée. On aboutit à la notion de tenseur des taux de déformation (ou vitesses de déformation).

2.4.5 Tenseur des vitesses de déformation

Soit $\mathbf{V}(M)$ le champ des vitesses à l'instant t d'un continu et dv un petit élément de volume (Fig. 2.9).

$$\mathbf{V}(M')=\mathbf{V}(M)+d\mathbf{V}$$
$$\mathbf{MM'}=\mathbf{dM}$$

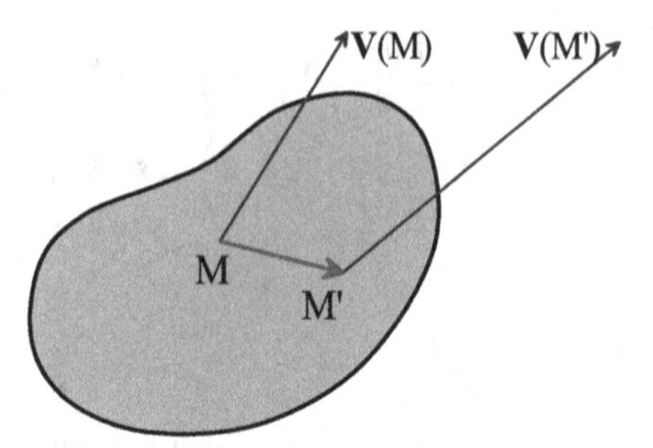

Fig. 2.9 Evolution d'un champ de vitesse **V** d'un élément de volume lorsque l'on suit une particule au cours de son mouvement

On admet que le champ des vitesses est différentiable

$$d\mathbf{V} = \nabla\mathbf{V} \cdot \mathbf{MM}'$$

on peut écrire :

$$\nabla\mathbf{V} = \nabla_s\mathbf{V} + \nabla_{as}\mathbf{V}$$

comme une somme d'une partie symétrique et d'une autre anti-symétrique.

$$\nabla_{ij} = \frac{1}{2}(\nabla_{ij} + \nabla_{ji}) + \frac{1}{2}(\nabla_{ij} - \nabla_{ji})$$

ou

$$\nabla_{ij} = D_{ij} + \Omega_{ji}$$

soit $d\mathbf{V} = \mathbf{D} \cdot \mathbf{MM}' + \Omega \cdot \mathbf{MM}'$ où Ω est le tenseur des taux de rotation; ω est le vecteur dual de Ω ou vecteur tourbillon.

On peut montrer que

$$\Omega \cdot \mathbf{MM}' = \frac{1}{2}\nabla \times \mathbf{V} \times \mathbf{MM}' = \omega \times \mathbf{MM}'$$

avec

$$\omega = \frac{1}{2}\nabla \times \mathbf{V}$$

$$\mathbf{V}(M') = \mathbf{V}(M) + \mathbf{M'M} \times \omega(M) + \mathbf{D} \cdot \mathbf{MM}'$$

Soit

$$\mathbf{V}(M') - \mathbf{V}(M) = \omega \times \mathbf{MM}' + \mathbf{D} \cdot \mathbf{MM}'$$

D est le tenseur des taux de déformation, symétrique par construction :

$$D_{ij} = \frac{1}{2}\left(\frac{\partial V_i}{\partial x_j} + \frac{\partial V_j}{\partial x_i}\right)$$

2.4.6 *Tenseur des déformations*

On cherche à caractériser la variation de longueur du segment infiniment petit M_0M_0' (Fig. 2.10) à partir du vecteur déplacement $\mathbf{X}(M_0)$. Dans le cadre de l'hypothèse des petites perturbations **X** est infiniment petit et on peut écrire :

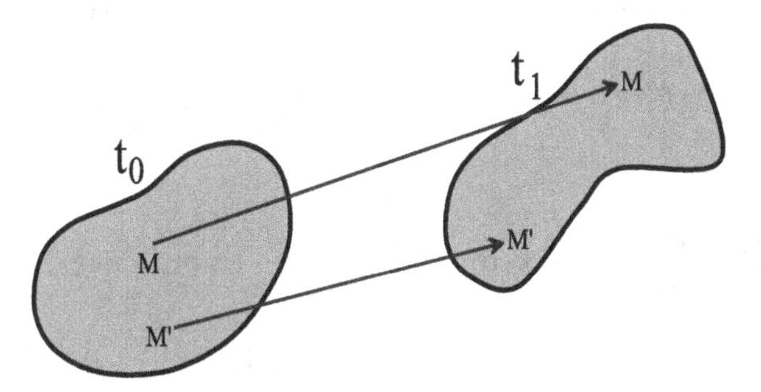

Fig. 2.10 Evolution de la longueur d'un segment dans l'hypothèse des petites déformations

$$\mathbf{X}(M_0) \approx \mathbf{X}(M) = \mathbf{V}(M)dt$$
$$d\mathbf{X}(M_0) = d\mathbf{V}(M)dt = \omega \times \mathbf{dM} + \mathbf{D}dt \cdot \mathbf{dM}$$

et $\varepsilon = \mathbf{D}dt$

est le tenseur des déformations :

$$\varepsilon_{ij} = \frac{1}{2}\left(\frac{\partial X_i}{\partial x_j} + \frac{\partial X_j}{\partial x_i}\right)$$

2.4.7 *Symétrie du tenseur des contraintes*

Le principe fondamental de la dynamique conduit à une expression sur la résultante des forces exercés sur un volume mais aussi à une relation entre les moments des torseurs dynamiques et les efforts extérieurs qui s'écrit:

$$\iiint_{\Omega} \mathbf{OM} \times \rho\, \gamma(M)\, dv = \iiint_{\Omega} \mathbf{OM} \times \mathbf{f}(M)\, dv + \iint_{\Sigma} \mathbf{OM} \times \mathbf{T}\,(P,\mathbf{n})\, ds$$

O est un point quelconque du domaine.

Par projection sur l'axe Ox_1 on a:

$$\iiint_{\Omega} (x_2\, \rho\, \gamma_3 - x_3\, \rho\, \gamma_2)\, dv = \iiint_{\Omega} (x_2\, f_3 - x_3\, f_2)\, dv + \iint_{\Sigma} (x_2\, T_3 - x_3\, T_2)\, ds$$

avec $T_i = \sigma_{ij}\, n_j$ soit $T_3 = \sigma_{3j}\, n_j$ et $T_2 = \sigma_{2j}\, n_j$, la relation s'écrit:

$$\iiint_{\Omega} (x_2\, \rho\, \gamma_3 - x_3\, \rho\, \gamma_2)\, dv = \iiint_{\Omega} (x_2\, f_3 - x_3\, f_2)\, dv + \iint_{\Sigma} (x_2\, \sigma_{3j}\, n_j - x_3\, \sigma_{2j}\, n_j)\, ds$$

Le théorème de la divergence permet de transformer l'intégrale de surface:

$$\iint_{\Sigma} (x_2\, \sigma_{3j}\, n_j - x_3\, \sigma_{2j}\, n_j)\, ds = \iiint_{\Omega} \frac{\partial}{\partial x_j} (x_2\, \sigma_{3j} - x_3\, \sigma_{2j})\, dv$$

soit

$$= \iiint_{\Omega} \frac{\partial}{\partial x_1} (x_2\, \sigma_{31} - x_3\, \sigma_{21})\, dv + \iiint_{\Omega} \frac{\partial}{\partial x_2} (x_2\, \sigma_{32} - x_3\, \sigma_{22})\, dv + \iiint_{\Omega} \frac{\partial}{\partial x_3} (x_2\, \sigma_{33} - x_3\, \sigma_{23})\, dv$$

ou

$$= \iiint_{\Omega} \left(x_2\, \frac{\partial \sigma_{31}}{\partial x_1} - x_3\, \frac{\partial \sigma_{21}}{\partial x_1} \right) dv + \iiint_{\Omega} \left(\sigma_{32} + x_2\, \frac{\partial \sigma_{32}}{\partial x_2} - x_3\, \frac{\partial \sigma_{22}}{\partial x_2} \right) dv + \iiint_{\Omega} \left(-\sigma_{23} + x_2\, \frac{\partial \sigma_{33}}{\partial x_3} - x_3\, \frac{\sigma_{23}}{\partial x_3} \right) dv$$

L'équation aux moments projetée sur Ox_1 devient:

$$\iiint_{\Omega} x_2 \left(\rho\, \gamma_3 - f_3 - \frac{\partial \sigma_{31}}{\partial x_1} - \frac{\partial \sigma_{32}}{\partial x_2} - \frac{\partial \sigma_{33}}{\partial x_3} \right) dv - \iiint_{\Omega} x_3 \left(\rho\, \gamma_2 - f_2 - \frac{\partial \sigma_{21}}{\partial x_1} - \frac{\partial \sigma_{22}}{\partial x_2} - \frac{\partial \sigma_{23}}{\partial x_3} \right) dv = \iiint_{\Omega} (\sigma_{32} - \sigma_{23})\, dv$$

Compte tenu de la loi de Cauchy:

$$\rho\, \gamma_i = f_i + \frac{\partial \sigma_{ij}}{\partial x_j}$$

ou

$$\rho\, \gamma = \mathbf{f} + \nabla \cdot \sigma$$

on a

$$\iiint_{\Omega} (\sigma_{32} - \sigma_{23})\, dv = 0$$

pour tout Ω on a : $\sigma_{32} - \sigma_{23} = 0$.

Plus généralement

$$\sigma_{ij} = \sigma_{ji}$$

ou

$$\sigma = \sigma^t$$

Le tenseur des contraintes de Cauchy est symétrique.

L'analyse tensorielle montre qu'il existe au moins une base orthonormée dans laquelle la matrice des composantes du tenseur des contraintes est diagonale. Le problème aux valeurs propres s'écrit:

$$n_j\, \sigma_{ij} = \lambda\, n_i\, \delta_{ij}$$

où λ représente les valeurs propres.

$$n_j\, (\sigma_{ij} - \lambda\, \delta_{ij}) = 0$$

ou

$$\begin{pmatrix} n_1 & n_2 & n_3 \end{pmatrix} \begin{pmatrix} \sigma_{11} - \lambda & \sigma_{12} & \sigma_{13} \\ \sigma_{21} & \sigma_{22} - \lambda & \sigma_{23} \\ \sigma_{31} & \sigma_{32} & \sigma_{33} - \lambda \end{pmatrix} = \begin{pmatrix} 0 & 0 & 0 \end{pmatrix}$$

La condition qu'une solution non triviale puisse être trouvée est que le déterminant de la matrice soit égal à zéro.

Le polynôme caractéristique est de la forme:

$$\lambda^3 - I_T^1\, \lambda^2 + I_T^2\, \lambda - I_T^3 = 0$$

où les I_T^i sont des scalaires fonctions de toutes les composantes du tenseur des contraintes. Ils sont appelés les invariants du tenseur de Cauchy.

Ils sont égaux à:

$$\begin{cases} I_T^1 = \sigma_{ii} = tr(\sigma) \\ \\ I_T^2 = \dfrac{1}{2}\, (\sigma_{ii}\, \sigma_{jj} - \sigma_{ij}\, \sigma_{ji}) = det(\sigma)\, tr(\sigma^{-1}) \\ \\ I_T^3 = \varepsilon_{ijk}\, \sigma_{1i}\, \sigma_{2j}\, \sigma_{3k} = det(\sigma) \end{cases}$$

Ces invariants peuvent aussi s'exprimer à l'aide des valeurs propres:

$$\begin{cases} I_T^1 = \lambda^1 + \lambda^2 + \lambda^3 \\ I_T^2 = \lambda^1 \lambda^2 + \lambda^2 \lambda^3 + \lambda^3 \lambda^1 \\ I_T^1 = \lambda^1 \lambda^2 \lambda^3 \end{cases}$$

En général pour un tenseur quelconque les valeurs propres sont complexes et les vecteurs propres non nécessairement orthogonaux. Toutefois, et c'est le cas du tenseur de Cauchy, pour les tenseurs symétriques les valeurs propres sont réelles et les vecteurs propres orthogonaux. Les vecteurs propres donnent les directions des contraintes normales principales.

2.4.8 Fluide Newtonien isotrope

Pour aboutir à l'équation de Navier-Stokes à partir de la loi de Cauchy il est nécessaire d'écrire les relations existantes entre tenseur des contraintes et tenseur des taux de déformations. Pour un fluide Newtonien cette relation est supposée linéaire :

$$\sigma_{ij} = \sigma_{ij}^0 + C_{ijkl}\, d_{kl}$$

où σ^0 est le tenseur des contraintes à l'état de contrainte résiduelle correspondant à l'équilibre thermodynamique, C_{ijkl} sont les 81 composantes du tenseur du quatrième ordre **C** et **D** est le tenseur des taux de déformations symétrique:

$$d_{ij} = \frac{1}{2}\left(\frac{\partial V_i}{\partial x_j} + \frac{\partial V_j}{\partial x_i}\right)$$

En mécanique du solide l'état de contrainte est défini à partir d'un état de référence non sollicité et le tenseur σ^0 est par convention choisi à zéro. Pour les fluides l'état de contrainte total caractérisé par σ_{ij} varie en fonction de l'état thermodynamique du système y compris à vitesses nulles. Par exemple lorsque la température ou la masse volumique varient, l'état de contraintes du système évolue aussi. Il est donc nécessaire de garder le terme σ^0 qui dépendra alors de la vitesse et du flux, variables au cours du mouvement.

Si l'on note comme Batchelor[2] que la contrainte normale exercée sur un élément de surface doit être indépendante de l'orientation de celle-ci alors il vient :

$$\sigma_{ij}^0 = -p\,\delta_{ij}$$

où p est la pression thermodynamique fonction des variables d'état. Elle apparait comme une inconnue supplémentaire qui est traditionnellement corrélée à l'équation de conservation de la masse qui permet de la remonter et de fermer le système d'équations.

En fait cette dernière expression n'est vrai que si la vitesse est nulle et que si p est la pression thermodynamique à l'équilibre.

Nous adopterons une autre alternative, celle qui considère que cette pression est la pression thermodynamique à l'état d'équilibre du système p_{equ}. *Toute modification de l'état du système, qu'elle qu'en soit la cause, doit être accompagnée d'un rétablissement de l'équilibre thermodynamique et donc de la pression. Nous verrons plus loin quels sont les termes de l'équation du mouvement qui permettront de revenir à la pression d'équilibre* p_{equ}.

Reprenons la relation linéaire entre σ_{ij} et C_{ijkl}; Deux observateurs situés dans des repères différents A et A' mesurant les composantes du tenseur $\mathbf{C}$ doivent obtenir le même résultat pour un fluide isotrope. Nous allons montrer (par exemple d'après R. Aris[1] ou S. Whitaker[37]) que seuls deux coefficients non nuls sur les 81 sont distincts.

Tout d'abord notons la symétrie de la relation entre tenseur des contraintes visqueuses et le taux de déformation. Ces deux tenseurs sont eux-mêmes symétriques comme initialement le tenseur de Cauchy. La symétrie du tenseur de Cauchy $\sigma_{ij} = \sigma_{ji}$ a déjà été démontrée plus haut.

Les 81 composantes se réduisent donc à 36. En adoptant une écriture matricielle la relation de départ devient :

$$\begin{pmatrix} \tau_{11} \\ \tau_{22} \\ \tau_{33} \\ \tau_{12} \\ \tau_{23} \\ \tau_{31} \end{pmatrix} = \begin{pmatrix} C_{11} & C_{12} & C_{13} & C_{14} & C_{15} & C_{16} \\ C_{21} & C_{22} & C_{23} & C_{24} & C_{25} & C_{26} \\ C_{31} & C_{32} & C_{33} & C_{34} & C_{35} & C_{36} \\ C_{41} & C_{42} & C_{43} & C_{44} & C_{45} & C_{46} \\ C_{51} & C_{52} & C_{53} & C_{54} & C_{55} & C_{56} \\ C_{61} & C_{62} & C_{63} & C_{64} & C_{65} & C_{66} \end{pmatrix} \begin{pmatrix} d_{11} \\ d_{22} \\ d_{33} \\ d_{12} \\ d_{23} \\ d_{31} \end{pmatrix}$$

En utilisant la propriété tensorielle suivante :

$$\tau'_{ij} = l_{ki}\, l_{lj}\, \tau_{kl}$$
$$d'_{ij} = l_{ki}\, l_{lj}\, d_{kl}$$

soumettons le fluide à une série de rotations en vérifiant que le résultat reste invariant.

- **Rotation de 180° autour de** x_3

Pour cette rotation $x'_1 = -x_1$, $x'_2 = -x_2$ et $x'_3 = x_3$. Les cosinus directeurs s'écrivent :

$$l_{ki} = \begin{pmatrix} l_{11} = -1 & l_{12} = 0 & l_{13} = 0 \\ l_{21} = 0 & l_{22} = -1 & l_{23} = 0 \\ l_{31} = 0 & l_{32} = 0 & l_{33} = 1 \end{pmatrix}$$

Les contraintes visqueuses deviennent quant à elles :

$$\tau'_{11} = l_{k1}\, l_{l1}\, \tau'_{kl} = (-1)^2\, \tau_{11} = \tau_{11}$$

$$\begin{aligned}
\tau'_{22} &= l_{k2}\, l_{l2}\, \tau'_{kl} = (-1)^2\, \tau_{22} = \tau_{22} \\
\tau'_{33} &= l_{k3}\, l_{l3}\, \tau'_{kl} = (1)^2\, \tau_{33} = \tau_{33} \\
\tau'_{12} &= l_{k1}\, l_{l1}\, \tau'_{kl} = (-1)^2\, \tau_{12} = \tau_{12} \\
\tau'_{23} &= l_{k2}\, l_{l2}\, \tau'_{kl} = (-1)(1)\, \tau_{23} = -\tau_{23} \\
\tau'_{31} &= l_{k3}\, l_{l3}\, \tau'_{kl} = (1)(-1)\, \tau_{31} = -\tau_{31}
\end{aligned}$$

De même :

$$\begin{aligned}
d'_{11} &= d_{11} \\
d'_{22} &= d_{22} \\
d'_{33} &= d_{33} \\
d'_{12} &= d_{12} \\
d'_{23} &= -d_{23} \\
d'_{31} &= -d_{31}
\end{aligned}$$

L'observateur A' qui se trouve dans le repère en rotation sait que

$$\tau'_{11} = C_{11}\, d'_{11} + C_{12}\, d'_{22} + C_{13}\, d'_{33} + C_{14}\, d'_{12} + C_{15}\, d'_{23} + C_{16}\, d'_{31}$$

L'observateur A qui prédit τ'_{11} par l'analyse tensorielle trouve

$$\tau'_{11} = C_{11}\, d'_{11} + C_{12}\, d'_{22} + C_{13}\, d'_{33} + C_{14}\, d'_{12} - C_{15}\, d'_{23} - C_{16}\, d'_{31}$$

La solution étant unique, nous devons imposer

$$C_{15} = C_{16} = 0$$

En opérant de même pour les autres composantes de manière à imposer le même résultat pour les deux onservateurs A et A' 16 coefficients s'annulent pour donner la matrice suivante :

$$\begin{pmatrix}
C_{11} & C_{12} & C_{13} & C_{14} & 0 & 0 \\
C_{21} & C_{22} & C_{23} & C_{24} & 0 & 0 \\
C_{31} & C_{32} & C_{33} & C_{34} & 0 & 0 \\
C_{41} & C_{42} & C_{43} & C_{44} & 0 & 0 \\
0 & 0 & 0 & 0 & C_{55} & C_{56} \\
0 & 0 & 0 & 0 & C_{65} & C_{66}
\end{pmatrix}$$

La matrice se réduit à 20 ciefficients indépendants non nuls.

- **Rotation de 180° autour de** x_1

  Pour cette transformation les cosinus directeurs s'écrivent :

$$l_{ij} = \begin{pmatrix} 1 & 0 & 0 \\ 0 & -1 & 0 \\ 0 & 0 & -1 \end{pmatrix}$$

La matrice des coefficients C devient :

$$\begin{pmatrix} C_{11} & C_{12} & C_{13} & 0 & 0 & 0 \\ C_{21} & C_{22} & C_{23} & 0 & 0 & 0 \\ C_{31} & C_{32} & C_{33} & 0 & 0 & 0 \\ 0 & 0 & 0 & C_{44} & 0 & 0 \\ 0 & 0 & 0 & 0 & C_{55} & 0 \\ 0 & 0 & 0 & 0 & 0 & C_{66} \end{pmatrix}$$

soit 12 coefficients indépendants.

- **Rotation de 90° autour de** x_1

  Pour cette transformation les cosinus directeurs s'écrivent :

$$l_{ij} = \begin{pmatrix} 1 & 0 & 0 \\ 0 & 0 & -1 \\ 0 & 1 & 0 \end{pmatrix}$$

La matrice des coefficients C devient ainsi:

$$\begin{pmatrix} C_{11} & C_{12} & C_{12} & 0 & 0 & 0 \\ C_{21} & C_{22} & C_{23} & 0 & 0 & 0 \\ C_{21} & C_{23} & C_{22} & 0 & 0 & 0 \\ 0 & 0 & 0 & C_{44} & 0 & 0 \\ 0 & 0 & 0 & 0 & C_{55} & 0 \\ 0 & 0 & 0 & 0 & 0 & C_{66} \end{pmatrix}$$

avec 8 coefficients indépendants.

- **Rotation de 90° autour de** x_3

  Pour cette transformation les cosinus directeurs s'écrivent :

$$l_{ij} = \begin{pmatrix} 0 & 1 & 0 \\ -1 & 0 & 0 \\ 0 & 0 & 1 \end{pmatrix}$$

La matrice des coefficients C devient ainsi:

$$\begin{pmatrix} C_{11} & C_{12} & C_{12} & 0 & 0 & 0 \\ C_{12} & C_{22} & C_{12} & 0 & 0 & 0 \\ C_{12} & C_{12} & C_{11} & 0 & 0 & 0 \\ 0 & 0 & 0 & C_{44} & 0 & 0 \\ 0 & 0 & 0 & 0 & C_{44} & 0 \\ 0 & 0 & 0 & 0 & 0 & C_{44} \end{pmatrix}$$

avec seulement 3 coefficients indépendants.

- **Rotation de 45° autour de** x_3

  Pour cette transformation les cosinus directeurs s'écrivent :

$$l_{ij} = \begin{pmatrix} \sqrt{2}/2 & -\sqrt{2}/2 & 0 \\ \sqrt{2}/2 & \sqrt{2}/2 & 0 \\ 0 & 0 & 1 \end{pmatrix}$$

Après la transformation, la matrice C devient:

$$\begin{pmatrix} C_{12}+C_{44} & C_{12} & C_{12} & 0 & 0 & 0 \\ C_{12} & C_{12}+C_{44} & C_{12} & 0 & 0 & 0 \\ C_{12} & C_{12} & C_{12}+C_{44} & 0 & 0 & 0 \\ 0 & 0 & 0 & C_{44} & 0 & 0 \\ 0 & 0 & 0 & 0 & C_{44} & 0 \\ 0 & 0 & 0 & 0 & 0 & C_{44} \end{pmatrix}$$

avec seulement 2 coefficients indépendants.

Aucune autre transformation ne permet de réduire encore le nombre de coefficients dans la matrice C. La réduction est complète.

Pour une fluide Newtonien isotrope seuls deux coefficients indépendants permettent d'écrire la relation entre tenseur des contrainte et tenseur des taux de déformation.

Soit

$$\begin{cases} \tau_{11} = C_{44}\, d_{11} + C_{12}\,(d_{11} + d_{22} + d_{33}) \\ \tau_{22} = C_{44}\, d_{22} + C_{12}\,(d_{11} + d_{22} + d_{33}) \\ \tau_{33} = C_{44}\, d_{33} + C_{12}\,(d_{11} + d_{22} + d_{33}) \\ \tau_{12} = C_{44}\, d_{12} \\ \tau_{23} = C_{44}\, d_{23} \\ \tau_{31} = C_{44}\, d_{31} \end{cases}$$

On reconnait la divergence de la vitesse associé au coefficient C_{12}. En utilisant les notations traditionnelles on obtient:

- $C_{44} = 2\,\mu$, où μ est appelé premier coefficient de viscosité ou viscosité de cisaillement et
- $C_{12} = \lambda$, où λ est appelé second coefficient de viscosité ou viscosité de compression.

En mécanique des solides élastiques on aurait de même, pour un matériau isotrope pour lequel il existe une linéarité entre contraintes et déformations, deux coefficients indépendants, le module élastique et le module de cisaillement.

En tenant compte de la symétrie du tenseur des contraintes de Cauchy, la relation s'écrit finalement:

$$\begin{pmatrix} \tau_{11} \\ \tau_{22} \\ \tau_{33} \\ \tau_{12} \\ \tau_{23} \\ \tau_{31} \\ \tau_{21} \\ \tau_{32} \\ \tau_{13} \end{pmatrix} = \begin{pmatrix} 2\mu+\lambda & \lambda & \lambda & 0 & 0 & 0 & 0 & 0 & 0 \\ \lambda & 2\mu+\lambda & \lambda & 0 & 0 & 0 & 0 & 0 & 0 \\ \lambda & \lambda & 2\mu+\lambda & 0 & 0 & 0 & 0 & 0 & 0 \\ 0 & 0 & 0 & \mu & 0 & 0 & \mu & 0 & 0 \\ 0 & 0 & 0 & 0 & \mu & 0 & 0 & \mu & 0 \\ 0 & 0 & 0 & 0 & 0 & \mu & 0 & 0 & \mu \\ 0 & 0 & 0 & \mu & 0 & 0 & \mu & 0 & 0 \\ 0 & 0 & 0 & 0 & \mu & 0 & 0 & \mu & 0 \\ 0 & 0 & 0 & 0 & 0 & \mu & 0 & 0 & \mu \end{pmatrix} \begin{pmatrix} d_{11} \\ d_{22} \\ d_{33} \\ d_{12} \\ d_{23} \\ d_{31} \\ d_{21} \\ d_{32} \\ d_{13} \end{pmatrix}$$

Ou bien en écriture synthétique:

$$\tau_{ij} = 2\,\mu\, d_{ij} + \lambda\, \frac{\partial V_k}{\partial x_k}\, \delta_{ij}$$

ou encore

$$\tau = 2\,\mu\,\mathbf{D} + \lambda\,\nabla\cdot\mathbf{V}\,\mathbf{I}$$

où **D** est le tenseur des taux de déformation:

$$\mathbf{D} = \frac{1}{2}\left(\nabla\mathbf{V} + \nabla^t\mathbf{V}\right)$$

Ce tenseur des contraintes visqueuses peut être réécrit après quelques manipulations:

$$\tau = (2\,\mu + 3\,\lambda)\,\frac{1}{3}\,\nabla\cdot\mathbf{V}\,\mathbf{I} + 2\,\mu\left(\frac{1}{2}\left(\nabla\mathbf{V} + \nabla^t\mathbf{V}\right) - \frac{1}{3}\,\nabla\cdot\mathbf{V}\,\mathbf{I}\right)$$

Le premier terme au second membre représente la contrainte visqueuse exercée par le changement de volume et le second terme est le déviateur des contraintes visqueuses.

Nous pouvons former la contrainte moyenne, indépendante de la direction, par contraction du tenseur des contraintes visqueuses:

$$\frac{1}{3}\,\tau_{ii} = (2\,\mu\, + 3\,\lambda\,)\,\frac{\partial V_k}{\partial x_k}$$

Ce scalaire est égal à zéro si $\lambda = -2/3\,\mu$.

Le tenseur des contraintes s'écrit donc:

$$\sigma_{ij} = \left(-p + \lambda \frac{\partial V_k}{\partial x_k} \right) \delta_{ij} + \mu \left(\frac{\partial V_i}{\partial x_j} + \frac{\partial V_j}{\partial x_i} \right)$$

ou encore

$$\sigma = (-p + \lambda \, \nabla \cdot \mathbf{V}) \, \mathbf{I} + \mu \, (\nabla \mathbf{V} + \nabla^t \mathbf{V})$$

Le premier terme est ainsi isotrope et comme le tenseur **I** étant invariant par rotation on peut en déduire que la contrainte est linéaire en fonction du taux de déformation.

2.4.9 Application du second principe de la thermodynamique

Le second principe de la thermodynamique conduit à l'inégalité de Clausius-Duhem qui s'écrit:

$$\frac{1}{T} \tau : \mathbf{D} - \frac{1}{T^2} \varphi \cdot \nabla T \geq 0$$

où φ est le flux de chaleur.

Si l'on admet que le vecteur flux de chaleur ne dépend pas de **D** et que le tenseur τ ne dépend pas de ∇T on doit alors assurer la positivité des deux dissipations mécanique et thermique.

En écrivant donc le principe de positivité de la puissance des efforts internes mécaniques on a:

$$\frac{1}{T} \tau_{ij} \frac{\partial V_i}{\partial x_j} \geq 0$$

Comme la température thermodynamique est positive on peut calculer la puissance des effets de viscosité interne:

$$\Phi = \left(\mu \left(\frac{\partial V_i}{\partial x_j} + \frac{\partial V_j}{\partial x_i} \right) + \lambda \frac{\partial V_k}{\partial x_k} \delta_{ij} \right) \frac{\partial V_i}{\partial x_j} \geq 0$$

qui est le taux de dissipation de l'énergie cinétique au sein d'un système.

Cette expression est la somme de deux carrés. Si μ et λ sont tous deux positifs alors cette contrainte est satisfaite. Examinons, dans quelles conditions pour ces deux paramètres, ce principe est satisfait.

2.4.9.1 Système à une dimension

La seconde loi de la thermodynamique exprimée plus haut devient en 1D :

$$\begin{cases} 2\mu \dfrac{\partial V_1}{\partial x_1}\dfrac{\partial V_1}{\partial x_1} + \lambda \dfrac{\partial V_1}{\partial x_1}\dfrac{\partial V_1}{\partial x_1} \geq 0 \\ 2\mu + \lambda \geq 0 \end{cases}$$

soit $\lambda \geq -2\mu$.

Si l'hypothèse de Stokes est adoptée l'énégalité sur l'entropie est satisfaite.

2.4.9.2 Système à deux dimensions

En exprimant la contrainte en 2D:

$$2\mu \frac{\partial V_1}{\partial x_1}\frac{\partial V_1}{\partial x_1} + 2\mu \frac{\partial V_1}{\partial x_2}\frac{\partial V_1}{\partial x_2} + 2\mu \frac{\partial V_2}{\partial x_1}\frac{\partial V_2}{\partial x_1} + 2\mu \frac{\partial V_2}{\partial x_2}\frac{\partial V_2}{\partial x_2} + \lambda \left(\frac{\partial V_1}{\partial x_1} + \frac{\partial V_2}{\partial x_2}\right)\left(\frac{\partial V_1}{\partial x_1} + \frac{\partial V_2}{\partial x_2}\right) \geq 0$$

En tenant compte de la symétrie du tenseur des taux de déformations, on peut écrire :

$$(2\mu + \lambda)\frac{\partial V_1}{\partial x_1}\frac{\partial V_1}{\partial x_1} + 4\mu \frac{\partial V_1}{\partial x_2}\frac{\partial V_1}{\partial x_2} + (2\mu + \lambda)\frac{\partial V_2}{\partial x_2}\frac{\partial V_2}{\partial x_2} + 2\lambda \frac{\partial V_1}{\partial x_1}\frac{\partial V_2}{\partial x_2} \geq 0$$

Sous forme matricielle cette innégalité prend une forme quadratique:

$$\Phi = \begin{pmatrix} \frac{\partial V_1}{\partial x_1} & \frac{\partial V_2}{\partial x_2} & \frac{\partial V_1}{\partial x_2} \end{pmatrix} \begin{pmatrix} 2\mu + \lambda & \lambda & 0 \\ \lambda & 2\mu + \lambda & 0 \\ 0 & 0 & 4\mu \end{pmatrix} \begin{pmatrix} \frac{\partial V_1}{\partial x_1} \\ \frac{\partial V_2}{\partial x_2} \\ \frac{\partial V_1}{\partial x_2} \end{pmatrix} \geq 0$$

Pour satisfaire cette inégalité il est nécessaire que la matrice ait des valeurs propres positives:

$$\begin{vmatrix} 2\mu + \lambda - \kappa & \lambda & 0 \\ \lambda & 2\mu + \lambda - \kappa & 0 \\ 0 & 0 & 4\mu - \kappa \end{vmatrix} = 0$$

Le polynome caractéristique

$$(4\mu - \kappa)\left((2\mu + \lambda - \kappa)^2 - \lambda^2\right) = 0$$

donne les valeurs propres:

$$\begin{cases} \kappa = 4\mu \\ \kappa = 4\mu \\ \kappa = 2(\mu + \lambda) \end{cases}$$

Finalement, pour un système bidimensionnel on trouve

$$\begin{cases} \mu \geq 0 \\ \lambda \geq -\mu \end{cases}$$

Là aussi si l'hypothèse de Stokes est adoptée alors l'inégalité est satisfaite.

2.4.9.3 Système à trois dimensions

En dimension trois la forme quadratique devient:

$$\Phi = \begin{pmatrix} d_{11} & d_{22} & d_{33} & d_{12} & d_{23} & d_{31} \end{pmatrix} \begin{pmatrix} 2\mu+\lambda & \lambda & \lambda & 0 & 0 & 0 \\ \lambda & 2\mu+\lambda & \lambda & 0 & 0 & 0 \\ \lambda & \lambda & 2\mu+\lambda & 0 & 0 & 0 \\ 0 & 0 & 0 & 4\mu & 0 & 0 \\ 0 & 0 & 0 & 0 & 4\mu & 0 \\ 0 & 0 & 0 & 0 & 0 & 4\mu \end{pmatrix} \begin{pmatrix} d_{11} \\ d_{22} \\ d_{33} \\ d_{12} \\ d_{23} \\ d_{31} \end{pmatrix} \geq 0$$

Les six valeurs propres permettant de satisfaire l'inégalité sur l'entropie sont:

$$\begin{cases} \kappa = 2\mu \\ \kappa = 2\mu \\ \kappa = 4\mu \\ \kappa = 4\mu \\ \kappa = 4\mu \\ \kappa = 2\mu + 3\lambda \end{cases}$$

Pour que toutes les valeurs propres soient positives il faut

$$\begin{cases} \mu \geq 0 \\ \lambda \geq -\frac{2}{3}\mu \end{cases}$$

En conséquence un fluide qui satisfait à l'hypothèse de Stokes ne viole pas le principe du minimum de dissipation.

Après de nombreuses manipulations, l'inégalité sur l'entropie peut prendre la forme suivante:

$$\Phi = \frac{2}{3}\mu\left(\left(\frac{\partial V_1}{\partial x_1} - \frac{\partial V_2}{\partial x_2}\right)^2 + \left(\frac{\partial V_2}{\partial x_2} - \frac{\partial V_3}{\partial x_3}\right)^2 + \left(\frac{\partial V_3}{\partial x_3} - \frac{\partial V_1}{\partial x_1}\right)^2\right) + \left(\lambda + \frac{2}{3}\mu\right)\left(\frac{\partial V_1}{\partial x_1} + \frac{\partial V_2}{\partial x_2} + \frac{\partial V_3}{\partial x_3}\right)^2 + 4\mu\left(\left(\frac{\partial V_1}{\partial x_2}\right)^2 + \left(\frac{\partial V_2}{\partial x_3}\right)^2 + \left(\frac{\partial V_3}{\partial x_1}\right)^2\right) \geq 0$$

qui est la somme de carrés qui peut aussi s'écrire de manière plus compacte:

$$\Phi = 2\mu\left(\left(\frac{\partial V_i}{\partial x_j} - \frac{1}{3}\frac{\partial V_k}{\partial x_k}\delta_{ij}\right)\left(\frac{\partial V_i}{\partial x_j} - \frac{1}{3}\frac{\partial V_m}{\partial x_m}\delta_{ij}\right) + \frac{2}{3}\left(\lambda + \frac{2}{3}\mu\right)\frac{\partial V_i}{\partial x_i}\frac{\partial V_j}{\partial x_j}\right) \geq 0$$

Cette expression montre que pour un fluide Newtonien l'accroissement d'entropie par dissipation visqueuse est due à deux contributions, les effets des contraintes de cisaillement et la contrainte moyenne. Tant que les coefficients satisfont $\mu \geq 0$ et $\lambda \geq -2/3\,\mu$, le second principe reste satisfait.

L'expression de l'inégalité de l'entropie peut être aussi écrite en termes d'invariants principaux, on trouve:

$$\Phi = 2\mu\left(\frac{2}{3}\left(I_T^1\right)^2 - 2I_T^2\right) + \left(\lambda + \frac{2}{3}\mu\right)\left(I_T^1\right)^2 \geq 0$$

S'écrivant en termes d'invariants, Φ est donc indépendant de l'orientation du système de coordonnées.

Afin de montrer que cette forme est définie positive, elle peut être ré-écrite sous la forme :

$$\Phi = 2\mu\left(\frac{\partial V_i}{\partial x_j}\frac{\partial V_j}{\partial x_i} - \frac{1}{3}\frac{\partial V_i}{\partial x_i}\frac{\partial V_j}{\partial x_j}\right) + \left(\lambda + \frac{2}{3}\mu\right)\frac{\partial V_i}{\partial x_i}\frac{\partial V_j}{\partial x_j} \geq 0$$

En intégrant les valeurs propres du tenseur des déformations κ:

$$\Phi = 2\mu\left(\kappa_1^2 + \kappa_2^2 + \kappa_3^2 - \frac{1}{3}(\kappa_1 + \kappa_2 + \kappa_3)^2\right) + \left(\lambda + \frac{2}{3}\mu\right)(\kappa_1 + \kappa_2 + \kappa_3)^2 \geq 0$$

qui se réduit à une forme semi-définie positive:

$$\Phi = \frac{2}{3}\mu\left((\kappa_1 - \kappa_2)^2 + (\kappa_1 - \kappa_3)^2 + (\kappa_2 - \kappa_3)^2\right) + \left(\lambda + \frac{2}{3}\mu\right)(\kappa_1 + \kappa_2 + \kappa_3)^2 \geq 0$$

Comme les valeurs propres sont invariantes en rotation, cette forme est invariante.

2.4.10 *Approche standard*

L'état de déformation d'un fluide est caractérisé par le tenseur des vitesses de déformation et en chaque point et à chaque instant le tenseur des contraintes est une fonction univoque du tenseur des vitesses de déformation . La relation $\sigma = f(\mathbf{D})$ est de la forme :

$$\sigma_{ij} = -p\,\delta_{ij} + \lambda \nabla \cdot \mathbf{V} \delta_{ij} + 2\mu \mathbf{D} = -p\,\delta_{ij} + \tau_{ij}$$

p scalaire fonction de point positif défini comme étant la pression thermodynamique.
λ, μ coefficients de viscosité caractéristiques du fluide considéré

. λ coefficient de viscosité de dilatation ou second coefficient de viscosité,

. μ coefficient de viscosité de cisaillement.

$$\sigma_{ij} = -p(\rho, T)\,\delta_{ij}, \text{ pour un fluide au repos}$$
$$\sigma_{ij} = -p(\mathbf{V}, \Phi)\,\delta_{ij}, \text{ pour un fluide parfait}$$
$$\sigma_{ij} = -p(\mathbf{V}, \Phi)\,\delta_{ij} + \tau_{ij}, \text{ pour le cas general}$$

On définira aussi la pression mécanique p_m comme l'opposé de la moyenne des contraintes normales :

$$p_m = -\frac{1}{3}\,(\sigma_{11} + \sigma_{22} + \sigma_{33})$$

L'hypothèse de Stokes présume que la pression thermodynamique s'identifie à la pression mécanique

$$p = p_m = -\frac{1}{3}\,\sigma_{ii}$$

La théorie cinétique des gaz permet de calculer les coefficients de viscosité; pour les gaz monoatomiques on montre que la viscosité de volume (bulk viscosity) ξ est un réel strictement positif :

$$\xi \geq \lambda + \frac{2\mu}{3}$$

Comme il est impossible pratiquement de mesurer cette viscosité de volume la relation de Stokes permet de caractériser λ en égalant à zéro la viscosité de volume $\xi = 0$, soit :

$$3\lambda + 2\mu = 0$$

D'après la théorie cinétique des gaz la relation de Stokes est vérifiée pour des gaz monoatomiques mais rien ne permet d'affirmer que cette relation est valable pour les autres fluides. Des considérations théoriques sur le deuxième coefficient de viscosité (de volume) peuvent être trouvées dans l'ouvrage de Landau et Lifchitz.

2.4.11 Hypothèse de Stokes et pressions mécanique et thermodynamique

Est-ce que le second coefficient de viscosité ou viscosité de compression λ est égal à $-2/3\,\mu$?

La réponse à cette question est non, non en général.

Il est possible de mesurer μ le premier coefficient de viscosité mais toujours très incertain de mesurer λ le second coefficient de viscosité.

G.G. Stokes, en 1845, suggerait que la pression mécanique (déduite de la contrainte moyenne normale) est égale à la pression thermodynamique p. Celà a pour conséquence que $\tau_{ii} = 0$ et:

$$\begin{cases} 2\,\mu\,\dfrac{\partial V_i}{\partial x_i} + \lambda\,\dfrac{\partial V_k}{\partial x_k}\,\delta_{ij} = 0 \\[2ex] 2\,\mu\,\dfrac{\partial V_i}{\partial x_i} + 3\,\lambda\,\dfrac{\partial V_k}{\partial x_k} = 0 \\[2ex] 2\,\mu\,\dfrac{\partial V_i}{\partial x_i} + 3\,\lambda\,\dfrac{\partial V_i}{\partial x_i} = 0 \\[2ex] (2\,\mu + 3\,\lambda)\,\dfrac{\partial V_i}{\partial x_i} = 0 \end{cases}$$

soit

$$(2\,\mu + 3\,\lambda)\,\nabla\cdot\mathbf{V} = 0$$

Comme en général la divergence n'est pas nulle, l'hypothèse de Stokes implique

$$\lambda = -\frac{2}{3}\,\mu$$

Traditionnellement, dans le cas d'un écoulement incompressible, la divergence étant nulle, tous les auteurs s'accordent pour dire que λ ne joue aucun rôle. Cette assertion ne vaut que si le second coefficient dit de viscosité garde une valeur finie.

Il n'en reste pas moins vrai que cette relation est déduite d'une hypothèse non strictement vérifiée et que de nombreuses tentatives de mesure de λ conduisent à des valeurs positives et de plusieurs ordres de grandeur à la valeur de μ.

Ce point nécessite une discussion supplémentaire pour préciser la gamme de variation de λ.

Les résultats précédents sur les relations entre contraintes et taux de déformations moyens et déviatoriques peuvent être synthétisés:

- un taux de déformation moyen induit une constante de temps du changement de l'état de contrainte thermodynamique moyen par l'intermédiaire des relations thermodynamiques. Celà induit une contrainte visqueuse pour les fluides qui ne satisfont pas l'hypothèse de Stokes,
- un taux de déformation n'induit pas directement une contrainte moyenne,
- une déformation de cisaillement induit directement une contrainte de cisaillement,
- une déformation moyenne n'introduit de production d'entropie que si le fluide n'obéit pas à l'hypothèse de Stokes,
- une déformation de cisaillement induit toujurs une production d'entropie pour un fluide visqueux.

Comme on peut le constater la notion de pression est complexe; la vision simple où la pression thermodynamique induit une force normale à la surface et où les forces visqueuses induisent des forces tangentielles est trop simpliste.

2.4.12 Equation de Navier-Stokes

Comme la controverse ancienne de 150 ans sur la validité de l'hypothèse de Stokes n'est pas encore fermée nous garderont les deux coefficients λ et μ dans la formulation finale de l'équation du mouvement.

L'équation de Cauchy s'écrit :

$$\rho\,\gamma = \mathbf{f} + \nabla\cdot\sigma$$

Le terme $\nabla\cdot\sigma$ devient, compte tenu de la loi de comportement :

$$\nabla\cdot\sigma = -\nabla p + \nabla(\lambda\nabla\cdot\mathbf{V}) + \nabla\cdot(2\mu\mathbf{D})$$

L'introduction de la loi de comportement dans la loi de Cauchy donne pour un fluide newtonien visqueux :

$$\rho\,\gamma = -\nabla p + \mathbf{f} + \nabla(\lambda\nabla\cdot\mathbf{V}) + \nabla\cdot\left(\mu\left(\nabla\mathbf{V} + \nabla^t\mathbf{V}\right)\right)$$

On obtient finalement l'équation de Navier-Stokes:

$$\rho\left(\frac{\partial\mathbf{V}}{\partial t} + \mathbf{V}\cdot\nabla\mathbf{V}\right) = -\nabla p + \mathbf{f} + \nabla\cdot\left(\mu\left(\nabla\mathbf{V} + \nabla^t\mathbf{V}\right)\right) + \nabla(\lambda\nabla\cdot\mathbf{V})$$

L'équation de conservation de la masse est utilisée pour passer à la forme dite conservative de l'équation de Navier-Stokes :

$$\frac{\partial(\rho\,\mathbf{V})}{\partial t} + \nabla\cdot(\rho\,\mathbf{V}\otimes\mathbf{V}) = -\nabla p + \mathbf{f} + \nabla\cdot\left(\mu\left(\nabla\mathbf{V} + \nabla^t\mathbf{V}\right)\right) + \nabla(\lambda\nabla\cdot\mathbf{V})$$

Dans le cas où les coefficients de viscosité peuvent être considérés comme des constantes, on a :

$$\nabla \cdot \mathbf{D} = \frac{1}{2}\nabla \cdot \nabla \mathbf{V} + \frac{1}{2}\nabla\nabla \cdot \mathbf{V}$$

et

$$\nabla \cdot \sigma = -\nabla p + (\lambda + \mu)\nabla\nabla \cdot \mathbf{V} + \mu \nabla^2 \mathbf{V}$$

d'où l'équation correspondante :

$$\rho \left(\frac{\partial \mathbf{V}}{\partial t} + \mathbf{V} \cdot \nabla \mathbf{V} \right) = -\nabla p + \mathbf{f} + \mu \nabla^2 \mathbf{V} + (\lambda + \mu) \nabla (\nabla \cdot \mathbf{V})$$

L'équation de Navier-Stokes établie ci-dessus est représentative des écoulements de fluides visqueux dans toutes les situations où, bien entendu, les hypothèses de base ne sont pas mises en défaut et notamment celle correspondant à la notion de milieu continu. Il est donc important de garder ces hypothèses et approximations à l'esprit avant toute utilisation de l'équation de Navier-Stokes. Celle-ci ne possède pas de solution générale et sa validité n'a pas été démontrée mais l'inverse non plus d'ailleurs. Son utilisation depuis près d'un siècle n'a cessé de montrer sa validité. Elle contient les non-linéarités essentielles à l'apparition de bifurcations multiples qui conduisent au chaos et à la turbulence qu'elle est aussi apte à reproduire.

Une forme équivalente peut être donnée en remarquant que :

$$\nabla p = \left(\frac{\partial p}{\partial \rho} \right)_T \nabla \rho + \left(\frac{\partial p}{\partial T} \right)_\rho \nabla T$$

soit :

$$\frac{\partial \rho}{\partial t} + \nabla \cdot (\rho \, \mathbf{V}) = 0$$

$$\frac{\partial (\rho \, \mathbf{V})}{\partial t} + \nabla \cdot (\rho \, \mathbf{V} \otimes \mathbf{V}) = -\frac{1}{\rho \, \chi_T} \nabla \rho + \frac{\beta}{\chi_T} \nabla T + \mathbf{f} + \nabla \cdot \left(\mu \left(\nabla \mathbf{V} + \nabla^t \mathbf{V} \right) \right) + \nabla (\lambda \nabla \cdot \mathbf{V})$$

où ρ, β et χ_T sont respectivement la masse volumique, le coefficient de dilatation et la compressibilité isotherme.

Il est à remarquer que dans cette formulation la pression disparaît complètement et que seules les variables ρ, T définissent l'évolution du système de manière cohérente puisque, par exemple une variation de température δT dans un fluide dilatable induit directement un mouvement de détente ou de compression alors que la pression ne serait modifiée postérieurement que par la loi d'état.

2.5 Conservation de l' Energie

La quantité intensive A est ici l'énergie totale spécifique $\rho(e+\mathbf{V}^2/2)$ où e est l'énergie interne massique et $\mathbf{V}^2/2$ est l'énergie cinétique par unité de masse ; la quantité extensive **K** est alors l'énergie totale du système . Seuls les échanges d'énergie d'origines mécaniques et calorifiques sont pris en compte.

La mécanique des fluides est en fait étroitement associée à la thermique. En effet les variations de pression dans un fluide, les frottements visqueux engendrent inéluctablement des variations de l'énergie interne et conduisent à une variation locale de la température du fluide donc modifient son mouvement.

Le premier principe de la thermodynamique montre que la dérivée temporelle dE/dt de l'énergie totale est égale à la somme de la puissance des forces extérieures et de la puissance calorifique reçue (par la surface Σ ou produite par unité de temps et de volume).

$$\frac{dE}{dt} = \mathscr{P}_e + \mathscr{P}_c$$

soit

$$\frac{d}{dt}\iiint_\Omega \rho\ (e+\mathbf{V}^2/2)\ dv = \iiint_\Omega \mathbf{f}\cdot\mathbf{V}\,dv + \iint_\Sigma (\sigma\cdot\mathbf{n})\cdot\mathbf{V}\,ds + \iiint_\Omega q\,dv - \iint_\Sigma \varphi\cdot\mathbf{n}\,ds$$

$q(\mathbf{x},t)$ est la production volumique d'énergie calorifique due par exemple au rayonnement absorbé à l'intérieur de Ω, à l'effet Joule, avec désintégrations atomiques, φ est la densité de flux de chaleur reçue à travers Σ par convection, par conduction ou rayonnement arrêté en surface dans le cas de corps opaques ; **f** est une force volumique.

En utilisant l'expression intégrale de l'équation de continuité et le théorème de la divergence, il vient :

$$\iiint_\Omega \left(\rho\,\frac{d}{dt}\,(e+\mathbf{V}^2/2) - \mathbf{f}\cdot\mathbf{V} - \nabla\cdot(\sigma\cdot\mathbf{V}) - q + \nabla\cdot\varphi\right) dv = 0$$

En supposant la continuité de la fonction sous le signe somme, la relation est valable quel que soit le domaine Ω considéré. L'expression locale est ainsi :

$$\rho\,\frac{d}{dt}\,(e+\mathbf{V}^2/2) = -\nabla\cdot\varphi + \nabla\cdot(\sigma\cdot\mathbf{V}) + q + \mathbf{f}\cdot\mathbf{V} = 0$$

Cette équation peut être simplifiée en considérant la loi de Cauchy multipliée scalairement par **V** :

$$\mathbf{V}\cdot\left(\rho\,\frac{d\mathbf{V}}{dt} - \nabla\cdot\sigma - \mathbf{f}\right) = 0$$

soit

$$\rho \frac{d}{dt}\left(\mathbf{V}^2/2\right) = \mathbf{V}\cdot\nabla\cdot\sigma + \mathbf{f}\cdot\mathbf{V} = 0$$

mais comme

$$\mathbf{V}\cdot\nabla\cdot\sigma = \nabla\cdot(\mathbf{V}\cdot\sigma) - tr(\sigma\cdot\nabla\mathbf{V})$$

il vient comme $\sigma_{ij} = \sigma_{ji}$:

$$\rho \frac{d}{dt}\left(\mathbf{V}^2/2\right) = \nabla\cdot(\sigma\cdot\mathbf{V}) - tr(\sigma\cdot\nabla\mathbf{V}) + \mathbf{f}\cdot\mathbf{V}$$

Par soustraction :

$$\rho \frac{de}{dt} = -\nabla\cdot\varphi + tr(\sigma\cdot\nabla\mathbf{V}) + q$$

Soit sous forme indicielle :

$$\rho \frac{de}{dt} = -\nabla\cdot\varphi + q + \sigma_{ij}\frac{\partial V_i}{\partial x_j}$$

Le dernier terme s'écrit :

$$\sigma_{ij}\frac{\partial V_i}{\partial x_j} = \left(-p\delta_{ij} - \frac{2}{3}\mu\nabla\cdot\mathbf{V}\delta_{ij} + 2\mu D_{ij}\right)\frac{\partial V_i}{\partial x_j}$$

avec

$$D_{ij} = \frac{1}{2}\left(\frac{\partial V_i}{\partial x_j} + \frac{\partial V_j}{\partial x_i}\right)$$

ou

$$\sigma_{ij}\frac{\partial V_i}{\partial x_j} = -p\nabla\cdot\mathbf{V} - \frac{2}{3}\mu\left(\nabla\cdot\mathbf{V}\right)^2 + 2\mu D_{ij}\frac{\partial V_i}{\partial x_j} = -p\nabla\cdot\mathbf{V} + \Phi$$

La fonction Φ, regroupant les termes contenant la viscosité est dite fonction de dissipation. Elle est reliée à la dégradation de l'énergie cinétique en chaleur, du fait des frottements visqueux au sein du fluide.

$$\Phi = -\frac{2}{3}\mu\left(\nabla\cdot\mathbf{V}\right)^2 + 2\mu D_{ij}\frac{\partial V_i}{\partial x_j}$$

Dans un système de coordonnées cartésiennes :

$$\Phi = -\frac{2}{3}\mu\left(\nabla\cdot\mathbf{V}\right)^2 + 2\mu\left[\left(\frac{\partial V_1}{\partial x_1}\right)^2 + \left(\frac{\partial V_2}{\partial x_2}\right)^2 + \left(\frac{\partial V_3}{\partial x_3}\right)^2\right]$$
$$+\mu\left(\frac{\partial V_2}{\partial x_1} + \frac{\partial V_1}{\partial x_2}\right)^2 + \mu\left(\frac{\partial V_3}{\partial x_2} + \frac{\partial V_2}{\partial x_3}\right)^2 + \mu\left(\frac{\partial V_1}{\partial x_3} + \frac{\partial V_3}{\partial x_1}\right)^2$$

Et

$$\underbrace{\rho \frac{de}{dt}}_{\text{variation d'énergie interne}} = \underbrace{-\nabla \cdot \varphi}_{\text{flux de chaleur}} + \underbrace{q}_{\text{source}} - \underbrace{p\nabla \cdot \mathbf{V}}_{\text{effet de compressibilité}} + \underbrace{\Phi}_{\text{dissipation}}$$

Introduisons l'enthalpie par unité de masse de fluide $h = e + p/\rho$:

$$\rho \frac{de}{dt} = \rho \frac{dh}{dt} - \rho \frac{d}{dt}\left(\frac{p}{\rho}\right)$$

d'où en reportant dans l'équation de l'énergie :

$$\rho \frac{dh}{dt} = -\nabla \cdot \varphi + q + \rho \left(\frac{1}{\rho}\frac{dp}{dt} - \frac{p}{\rho^2}\frac{d\rho}{dt} - \frac{p}{\rho^2}(\rho \nabla \cdot \mathbf{V})\right) + \Phi$$

et

$$\rho \frac{dh}{dt} = -\nabla \cdot \varphi + \frac{dp}{dt} + q - \frac{p}{\rho}\left(\frac{d\rho}{dt} + \rho \nabla \cdot \mathbf{V}\right) + \Phi$$

Compte tenu de l'équation de continuité, on obtient :

$$\rho \frac{dh}{dt} = -\nabla \cdot \varphi + \frac{dp}{dt} + q + \Phi$$

L'enthalpie étant fonction de p et de T, on a :

$$\frac{dh}{dt} = \left(\frac{\partial h}{\partial T}\right)_p \frac{dT}{dt} + \left(\frac{\partial h}{\partial p}\right)_T \frac{dp}{dt}$$

La thermodynamique fournit les relations :

$$\left(\frac{\partial h}{\partial T}\right)_p = c_p; \quad \left(\frac{\partial h}{dp}\right)_T = \frac{1}{\rho}(1 - \beta T) \text{ avec } \beta = -\frac{1}{\rho}\left(\frac{\partial \rho}{\partial T}\right)_p$$

β est le coefficient d'expansion thermique, ou de dilatation cubique à pression constante.

D'où la forme finale de l'équation de l'énergie :

$$\rho c_p \left(\frac{\partial T}{\partial t} + \mathbf{V} \cdot \nabla T\right) = -\nabla \cdot \varphi + \beta T \frac{dp}{dt} + q + \Phi$$

Expression de φ ; loi de Fourier.

Le flux de chaleur φ s'exprime à l'aide de la loi phénoménologique de Fourier liant les flux aux forces représentées par les gradients de température

$$\varphi = -\Lambda \cdot \nabla T$$

Le tenseur du second ordre Λ est appelé tenseur de conductivité thermique. Si le corps est homogène, le tenseur repéré dans ses directions propres se réduit à trois termes non nuls sur la diagonale . Si le corps est isotrope, le tenseur est sphérique :

$$\Lambda = k\mathbf{I}$$

La conductivité thermique k (scalaire positif) est en général une fonction de la température

$$\varphi = -k(T) \cdot \nabla T$$

L'équation de l'énergie s'écrit en tenant compte de l'expression de la dérivée particulaire

$$\rho\, c_p \left(\frac{\partial T}{\partial t} + \mathbf{V} \cdot \nabla T \right) = \nabla \cdot (k \nabla T) + \beta\, T \frac{dp}{dt} + q + \Phi$$

ou bien :

$$\rho\, c_p \left(\frac{\partial T}{\partial t} + \mathbf{V} \cdot \nabla T \right) = \nabla \cdot (k \nabla T) + \beta\, T \frac{dp}{dt} + 2\mu D_{ij} \frac{\partial V_i}{\partial x_j} - \frac{2}{3} \mu\, (\nabla \cdot \mathbf{V})^2$$

Une autre forme de l'équation de l'énergie peut être obtenue en remarquant que :

$$\frac{dp}{dt} = \left(\frac{\partial p}{\partial \rho} \right)_T \frac{d\rho}{dt} + \left(\frac{\partial p}{\partial T} \right)_\rho \frac{dT}{dt}$$

expression qui fait intervenir la chaleur spécifique à volume constant :

$$\beta T \left(\frac{\partial p}{\partial T} \right)_\rho = -\frac{T}{\rho} \left(\frac{\partial \rho}{\partial T} \right)_p \left(\frac{\partial p}{\partial T} \right)_\rho = \rho\, (c_p - c_v)$$

Soit enfin :

$$\rho\, c_v \left(\frac{\partial T}{\partial t} + \mathbf{V} \cdot \nabla T \right) = \nabla \cdot (k \nabla T) - \frac{\beta}{\chi_T} T \nabla \cdot \mathbf{V} + 2\mu D_{ij} \frac{\partial v_i}{\partial x_j} - \frac{2}{3} \mu\, (\nabla \cdot \mathbf{V})^2$$

Il est préférable de laisser cette équation de conservation de l'énergie sous cette forme même si l'on peut remarquer que

$$\nabla \cdot (k \nabla T) = k \nabla^2 T + \nabla T \cdot \nabla k$$

et :

$$\nabla k(T) = \frac{dk}{dT} \nabla T$$

$$\nabla \cdot (\nabla T) = k \nabla^2 T + \frac{dk}{dT} (\nabla T)^2$$

Si l'écart caractéristique de température $(T_1 - T_2)$ du système est suffisamment faible pour pouvoir admettre que les variations de k en fonction de T sont aussi faibles on peut définir une conductivité moyenne :

$$k = k_m = \frac{1}{(T_1 - T_2)} \int_{T_1}^{T_2} k(T)\, dT$$

Si la vitesse est nulle ainsi que la fonction de dissipation et la production on a :

$$\frac{\partial T}{\partial t} = \frac{k}{\rho\, c_p} \nabla^2 T$$

La quantité $k/\rho\, c_p$ est la diffusité thermique du matériau.

2.6 Equations d'état

D'une manière générale, un problème où coexistent des transferts couplés de quantités de mouvements et d'énergie thermique est caractérisé par la connaissance des variables fonction des coordonnées d'espace et du temps [20] ; ces variables sont au nombre de 6 : la température T, les trois composantes de la vitesse $\mathbf{V}$, la pression p et la masse volumique ρ. Les équations sont au nombre de 5 : l'équation de conservation de masse, les équations de Navier-Stokes et l'équation de l'énergie.

La loi d'état du milieu permet de fermer le système. On peut distinguer deux lois d'état couramment utilisées.

- **Gaz parfait**

  La loi des gaz parfaits liant p, ρ, T :

$$p = \rho\, r\, T$$

  est une bonne approximation du comportement des gaz réels à basse pression et haute température.

- **Fluide faiblement dilatable et compressible**

  Si les écarts de température et de pression sont faibles l'équation d'état du fluide est définie comme une fonction linéaire de la température et de la pression :

$$\rho = \rho_0 (1 - \beta(T - T_0) + \chi_T (p - p_0))$$

  où β est le coefficient de dilatation volumique, χ_T est le coefficient de compressibilité isotherme et T_0 une température de référence.

Chapitre 3
Propriétés générales des équations

Les équations ne sont pas faites eclusivement pour être résolues. La modélisation physique des phénomènes qui a permis l'établissement des équations de conservation confère à celles-ci des propriétés qu'il convient d'analyser attentivement avant toute résolution. Une équation de conservation comporte une somme de termes qui ne sont pas forcément du même ordre de grandeur mais sans un travail préalable d'analyse il est impossible d'en négliger un par rapport aux autres. Une simple analyse en ordre de grandeur des différentes variables du problème permet sans difficulté de pouvoir comparer chacun des termes aux autres afin de le supprimer éventuellement et de simplifier l'équation.

Les solutions exactes d'un système d'équations simplifiées ne constituent pas des solutions du problème réel. Par exemple la solution de Blasius de la couche limite laminaire n'est qu'une approximation grossière près du bord d'attaque, les termes négligés lors de l'établissement du modèle se révèlent importants dans cette zone. Un modèle établi sur une dégénérescence des équations de la mécanique des fluides peut donner un comportement erroné physiquement; toute solution exacte ne représente fidèlement que le modèle qui lui a donné naissance. Il est donc très important de garder à l'esprit toutes les approximations et hypothèses à l'origine du modèle théorique établi.

3.1 Système d'équations générales

Les méthodes exposées ici sont appliquées au cas des écoulements de fluides incompressibles et compressibles de fluide newtonien. Toutefois elles sont d'une portée très générale et peuvent être utilisées dans l'étude de tout phénomène physique.

La formulation de tout problème physique consiste à écrire :

- les lois générales régissant les phénomènes,
- les conditions aux limites et initiales du problème particulier.

J.-P. Caltagirone, *Physique des Écoulements Continus*,
Mathématiques et Applications 74, DOI: 10.1007/978-3-642-39510-9_3,

L'ensemble de cette formulation constitue la relation de départ (D):

$$(D)\begin{cases} \dfrac{d\rho}{dt}+\rho\,\nabla\cdot\mathbf{V}=0 \\ \rho\left(\dfrac{\partial\mathbf{V}}{\partial t}+\mathbf{V}\cdot\nabla\mathbf{V}\right)=-\nabla p+\mathbf{f}+\nabla\cdot\left(\mu\left(\nabla\mathbf{V}+\nabla^t\mathbf{V}\right)\right)+\nabla\left(\lambda\nabla\cdot\mathbf{V}\right) \\ \rho\, c_p\left(\dfrac{\partial T}{\partial t}+\mathbf{V}\cdot\nabla T\right)=\nabla\cdot(k\nabla T)+\beta\, T\,\dfrac{dp}{dt}+q+\Phi \end{cases}$$

Résoudre le problème posé par la relation de départ (D) consiste à rechercher en fonction des grandeurs connues les diverses grandeurs inconnues $(\rho,\mathbf{V},p,T)$ qui interviennent dans (D) ; l'ensemble des relations auxquelles on veut aboutir constitue la relation finale (F).

Dans certains problèmes physiques il peut arriver que l'on sache écrire la solution générale du problème, c'est-à-dire plus précisément la forme analytique que doit prendre (F), indépendamment des conditions initiales et des conditions limites propres au problème particulier étudié. Ce n'est pas le cas du système précédent.

Nous sommes conduits à envisager deux types d'approches :

- 1 - Rechercher (F) ou tout au moins le plus de renseignements possibles sur (F), en utilisant les propriétés de la totalité de la relation de départ (D) ; c'est l'objet de l'analyse dimensionnelle et de la similitude qui permettent parfois d'obtenir des solutions exactes et sont, de toute façon, d'importance capitale pour une étude expérimentale, en dégageant la notion de paramètre de similitude.
- 2 - Rechercher, non plus (F) mais une approximation (F') de (F) en partant d'une relation de départ approchée (D') plus commode ; c'est le but des méthodes de perturbation d'une part et des méthodes numériques d'autre part.

Quelle que soit l'approche retenue, nous supposerons toujours que la nature physique du problème entraîne que sa formulation mathématique (D) conduise à un problème bien posé, c'est-à-dire qui admette en particulier une solution et une seule. Pour les équations de Navier- Stokes, ces questions d'existence et d'unicité sont très complexes ; seules quelques unes sont résolues [14], [18], [33].

3.2 Conditions aux limites

Afin de trouver une solution particulière d'un problème posé à partir des équations de continuité, de quantité de mouvement et de l'énergie, il est nécessaire de fixer les conditions aux limites thermiques et mécaniques ainsi que les conditions initiales des diverses variables.

3.2.1 Conditions aux limites mécaniques :

Considérons le problème général du mouvement d'une interface entre deux fluides immiscibles (Fig. 3.1). Si $F(\mathbf{x},t)$ est l'équation de l'interface et le point géométrique M correspondant aux coordonnées de Lagrange $x^{(1)}(t) = x^{(2)}(t)$ on a, au cours de l'évolution :

$$F(\mathbf{x}^{(1)},t) = F(\mathbf{x}^{(2)},t) = 0 \ \ \forall t$$

En coordonnées de Lagrange la dérivée de F s'écrit :

$$\frac{dF}{dt} = 0$$

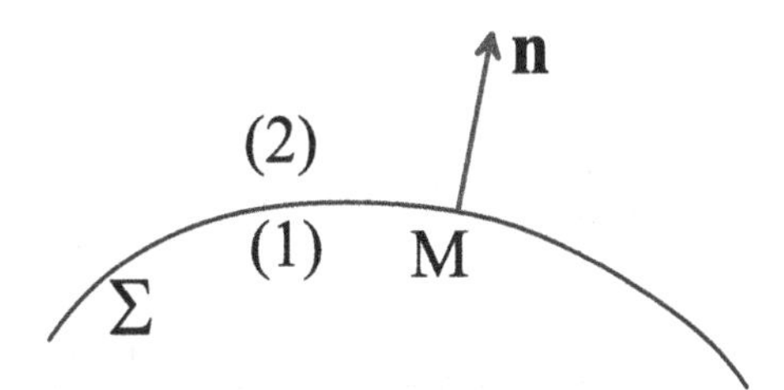

Fig. 3.1 Interface Σ séparant deux milieux non miscibles (1) et (2) avec une normale orientée vers (2)

Soit, en variables d'Euler :

$$\begin{cases} \dfrac{\partial F}{\partial t} + \mathbf{V}^{(1)} \cdot \nabla F = 0 \\ \\ \dfrac{\partial F}{\partial t} + \mathbf{V}^{(2)} \cdot \nabla F = 0 \end{cases}$$

La vérification simultanée de ces équations conduit à :

$$\left(\mathbf{V}^{(1)} - \mathbf{V}^{(2)}\right) \cdot \nabla F = 0$$

Comme ces deux vecteurs sont colinéaires entre eux et orthogonaux à l'interface, la vitesse normale est la même pour les deux fluides. Si les composantes tangentielles sont les mêmes, la condition cinématique s'écrit :

$$\mathbf{V}^{(1)}(M,t) = \mathbf{V}^{(2)}(M,t)$$

La condition dynamique s'exprime en admettant que l'interface soumise à des contraintes de pression, de viscosité et de tensions interfaciales est en équilibre.

La tension superficielle est par définition l'énergie libre par unité de surface (ou force par par unité de longueur) associée à la formation de la surface considérée. La prise en compte de la tension superficielle induit deux forces surfaciques supplémentaires:

$$\frac{d\gamma}{ds}\tau \text{ et } -\frac{\gamma}{R}\mathbf{n}$$

qui caractérisent respectivement l'influence tangentielle et l'influence normale de la tension superficielle; R est le rayon de courbure.

Une condition plus générale encore peut être écrite si, en plus de la force normale, on considère que la tension superficielle γ varie sur l'interface. C'est le cas si la température varie sur celle-ci, c'est l'effet Marangoni.

Une force tangentielle $f_t = \nabla\gamma$ s'exerce tangentiellement à l'interface. La condition générale s'écrit alors :

$$\left(\sigma_{ik}^{(2)} - \sigma_{ik}^{(1)}\right) n_k = \gamma\left(\frac{1}{R} + \frac{1}{R'}\right) n_i - \frac{\partial\gamma}{\partial x_i}$$

soit

$$\left(\tau_{ik}^{(1)} - \tau_{ik}^{(2)}\right) n_k = \left(p^{(1)} - p^{(2)}\right) n_i - \gamma\left(\frac{1}{R} + \frac{1}{R'}\right) n_i + \frac{\partial\gamma}{\partial x_i}$$

γ est la tension superficielle du couple de fluide; R et R' sont les deux rayons de courbure principaux de l'interface et τ est le déviateur des contraintes.

Dans la cas statique où les vitesses et le tenseur du taux de déformation sont nuls et sans effet Marangoni on retrouve la loi de Laplace :

$$p^{(1)} - p^{(2)} = \gamma\left(\frac{1}{R} + \frac{1}{R'}\right)$$

qui exprime la surpression due à la courbure de l'interface. La surpression est localisée dans le fluide qui a sa surface convexe.

Pour une goutte sphérique de rayon R on obtient :

$$\Delta p = \frac{2\gamma}{R}$$

et pour une bulle, qui comprend deux interfaces, on a :

$$\Delta p = \frac{4\gamma}{R}$$

3.2.1.1 Cas particuliers

Dans certaines situations il est possible d'idéaliser les conditions aux limites et de les simplifier en fonction des approximations et hypothèses qui sont adoptées :

- $\mathbf{V} = \mathbf{0}$, **Adhérence** : lorsque le libre parcours moyen des molécules est très petit devant la dimension caractéristique de l'objet on suppose que les vitesses du fluide à l'interface est la même que celle du solide au même point géométrique, c'est ce que l'on nomme l'adhérence. Pour une surface solide imperméable immobile la vitesse est nulle.
- $\mathbf{V} \cdot \mathbf{n} = 0$ et $p = Cte$, **Surface libre** : pour une surface séparatrice de 2 fluides de caractéristiques très différentes, typiquement un gaz et un liquide, il est possible de négliger, dans certaines situations, les contraintes appliquées par le gaz sur le liquide et de ne retenir qu'une condition cinématique de vitesse normale nulle sur la surface du liquide.
- $\mathbf{V} \cdot \mathbf{n} = Q$, **Aspiration** (ou soufflage) : si la surface est poreuse, un débit volumique par unité de surface Q peut être extrait du domaine par aspiration. Par exemple les décollements de la couche limite sur une aile d'avion peuvent être retardés par l'aspiration de celle-ci vers l'intérieur de l'aile. Les effets sur la traînée et sur le C_z peuvent être importants.

3.2.2 *Conditions aux limites thermiques*

Dans les cas classiques de conduction ou convection elles sont de trois types (Fig. 3.2) :

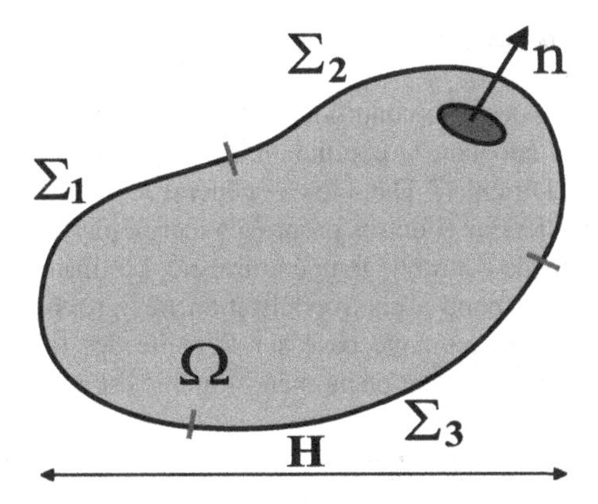

Fig. 3.2 Conditions aux limites thermiques; Σ_1 est une surface à température fixée, Σ_2 est une surface à flux fixé et Σ_3 est une surface soumise à des conditions mixtes

- **Condition de Dirichlet :**

$$T(x,y,z,t) = T_1(x,y,z,t) \text{ sur } \Sigma_1$$

la surface Σ_1 est dite isotherme.
L'isothermicité d'une surface est difficile à obtenir avec une grande précision particu-lièrement sur des surfaces de grandes dimensions. En fait il est nécessaire, pour appliquer une telle condition strictement, de pouvoir extraire instantanément tout flux de chaleur résultant d'un apport extérieur à travers la surface d'échange. Celle-ci doit donc être de grande conductivité thermique. De grandes densités de flux de chaleur peuvent être extraites en utilisant la chaleur de vaporisation de fluides caloporteurs.

- **Condition de Neumann :**

$$\varphi \cdot \mathbf{n} = -k\nabla T \cdot \mathbf{n} = \varphi_0 \text{ sur } \Sigma_2$$

la surface Σ_2 est soumise à un flux constant. On impose un flux φ_0 sur la surface. Si le flux est nul $\varphi_0 = 0$, on dit que la surface est adiabatique, parfaitement isolée thermiquement. Cette condition est applicable très souvent pour des raisons de symétrie : plans de symétrie, symétrie axiale etc. Il est toujours judicieux dans ces cas de localiser l'origine d'une des coordonnées sur ce plan et de rechercher la solution du problème que sur une partie du domaine.
De manière pratique on applique ce type de condition à la limite en disposant une source radiative à proximité de la surface ou bien en répartissant une résistance électrique de manière homogène sur celle-ci.

- **Condition de Fourier ou mixte :**

$$\varphi \cdot \mathbf{n} = -k\nabla T \cdot \mathbf{n} = h\,(T - T_0) + \varphi_0 \text{ sur } \Sigma_3$$

Le coefficient d'échange h caractérise le flux emporté par convection par le fluide extérieur à température T_0.
Il est à noter que la dernière condition de type Fourier permet de retrouver les deux premières en adoptant le coefficient d'échange à une valeur nulle (Neumann) ou infinie (Dirichlet). Dans le cas général le coefficient h dépend de la vitesse du fluide extérieur et de ses propriétés thermophysiques mais aussi de la topologie du solide, de l'écart de température, etc. L'utilisation de ce coefficient non intrinsèque correspond à une modélisation très grossière des phénomènes où le concept thermodynamique basé sur l'égalité des flux et des forces par l'intermédiaire d'un coefficient phénoméno-logique est encore appliqué.

3.2.3 Conditions aux limites périodiques

La condition de périodicité n'est pas incluse parmi les conditions exposées précédemment. Elle s'exprime simplement que les variables retrouvent les mêmes valeurs périodiquement lorsque x parcours l'espace. On parle alors de milieux périodiques constitués de l'assemblage par translation de motifs identiques. Si Γ est la longueur caractéristique du motif , on a :

$$u(x,t) = u(x+\Gamma,t)$$

Considérons l'exemple donné sur la figure (Fig. 3.3) où un fluide s'écoule dans

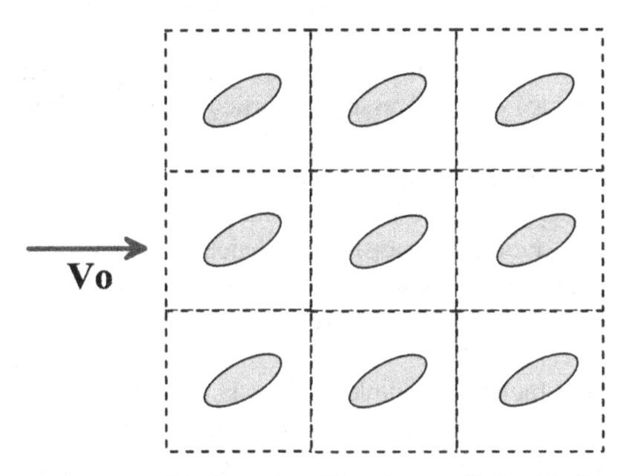

Fig. 3.3 Conditions aux limites périodiques à appliquer à une cellule périodique superposable aux autres par translation dans deux directions de l'espace

un milieu périodique constitué de particules solides 2D, immobiles, avec la vitesse moyenne caractéristique V_0. L'écoulement peut être analysé sur la base d'un seul motif en adoptant des conditions aux limites périodiques sur les variables :

$$\begin{cases} u(0,z,t) = u(\Gamma,z,t), \ \ u(x,0,t) = u(x,\Gamma,t) \\ w(0,z,t) = w(\Gamma,z,t), \ \ w(x,0,t) = w(x,\Gamma,t) \\ p'(0,z,t) = p'(\Gamma,z,t), \ \ p'(x,0,t) = p'(x,\Gamma,t) \end{cases}$$

où p' est la perturbation de pression générée par le motif périodique par rapport à la perte de charge globale :

$$p(x,z,t) = \tilde{p}(x,z,t) + p'(x,z,t)$$

où la variable $\tilde{p}$ est la perte de charge moyenne. La pression en elle même n'est pas périodique et l'application des conditions de périodicité ne s'effectue que sur la perturbation.

Les milieux périodiques font l'objet de nombreuses applications pour les milieux poreux, les matériaux composites, etc. Des théories comme l'homogénéisation ou la prise de moyenne permettent d'obtenir des résultats analytiques significatifs sur les propriétés homogénéisés de ces milieux pour les cas limites (faibles concentrations, arrangements particuliers, ...). Le cas général de matériaux périodiques aléatoires ou non (comme dans cet exemple) peut être traité par la voie numérique en adoptant les conditions aux limites précisées ci-dessus.

3.2.4 Intégration des conditions aux limites dans les équations

Les différentes conditions aux limites mécaniques et thermiques exposées ci-dessus sont applicables lorsque l'on s'intéresse plus particulièrement à l'un des milieux. Par exemple pour le cas d'un écoulement autour d'une aile d'avion dans une soufflerie où la surface de l'aile est considérée comme un solide imperméable immobile. La condition d'adhérence suffit à elle seule pour analyser l'écoulement et de ne plus se préoccuper du solide. Le cas du transfert de chaleur dans un solide échangeant un flux avec le milieu extérieur peut aussi être modélisé par une simple loi d'échange linéaire si le phénomène important est précisément celui de la diffusion thermique interne.

Les situations sont bien plus complexes dans la plupart des cas où les couplages entre les différents milieux (en fluide-structure par exemple) conduisent à écrire explicitement toutes les conditions cinématiques, dynamiques et thermiques aux interfaces. La multiplication des interfaces au sein d'un même domaine (population de bulles dans un liquide) rend inextricable le problème à résoudre.

Une alternative consiste à impliciter les conditions aux limites dans l'équation de conservation considérée. Ce procédé ne facilite pas pour autant la résolution analytique du problème posé mais permet de rendre plus robustes les algorithmes numériques pour les simulations.

3.2.4.1 Equation de l'énergie

Prenons par exemple le cas du transfert de chaleur dans un fluide contenu dans un domaine Ω limité par la surface Σ. Ce domaine échange de la chaleur par convection avec le milieu extérieur dont la température T_0 est considérée comme uniforme et constante. Le problème posé conduirait classiquement au système d'équations suivant :

$$\begin{cases} \rho\, c_p \left(\dfrac{\partial T}{\partial t} + \mathbf{V} \cdot \nabla T \right) = \nabla \cdot (k\, \nabla T) \\ \\ -k \nabla T \cdot \mathbf{n} = h\,(T - T_0) \ \text{ sur } \Sigma \end{cases}$$

Supposons maintenant que le flux de chaleur s'écrit comme la superposition d'un flux de conduction fixé par la loi de Fourier et d'un flux convectif donné par la loi de Newton :

$$\varphi = -k\,\nabla T + h\,(T - T_0)\,\mathbf{n}$$

L'application du théorème de la divergence :

$$\iint_{\Sigma} \varphi \cdot \mathbf{n}\, ds = \iiint_{\Omega} \nabla \cdot \varphi\, dv$$

conduit à la forme locale

$$\nabla \cdot (-k\,\nabla T) + \nabla \cdot (h\,(T - T_0)\,\mathbf{n})$$

Le second terme s'écrit formellement :

$$\frac{\partial}{\partial n}\left(h\,(T - T_0)\right) = \frac{h}{\delta}\,(T - T_0)$$

où δ est la longueur caractéristique de la couche limite thermique où la température peut être considéré constante et égale à T_0. Dans la pratique numérique cette longueur sera égale à l'épaisseur de la demi-maille dans la direction normale à l'interface $\delta = \Delta n/2$.

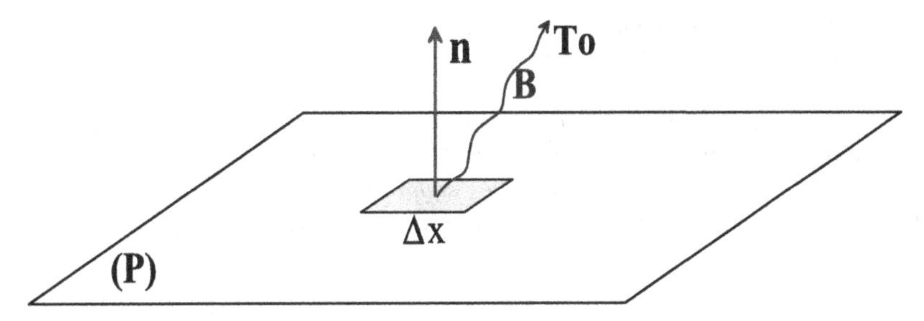

Fig. 3.4 Coefficient d'échange **B** volumique modélisant le transfert thermique par convection entre un domaine plan (P) et le milieu extérieur à température T_0

On peut définir ainsi un coefficient d'échange volumique $B = h/(\delta/2)$ qui servira à décrire l'échange entre un volume élémentaire inclus dans le domaine et le milieu extérieur (Fig. 3.4). Une image 2D donnée ici correspond à un transfert thermique entre le plan (P) et le milieu extérieur. Le transfert conductif s'effectue dans le plan P alors que l'échange convectif est normal à ce plan.

Le résultat de ce concept permet d'écrire une équation de l'énergie sans condition à la limite :

$$\rho\, c_p \left(\frac{\partial T}{\partial t} + \mathbf{V} \cdot \nabla T\right) = \nabla \cdot (k \nabla T) + B\,(T - T_0)$$

De manière pratique cette technique permet d'assurer tous types de conditions aux limites par un choix cohérent du paramètre B. Des valeurs très élevées de ce paramètre (10^{50} par exemple) n'affectent pas le conditionnement des matrices.

3.2.4.2 Equation de Navier-Stokes

De manière analogue il est possible d'intégrer des forces volumiques de même dimension que les autres termes de l'équation de Navier-Stokes.

Les forces de tension interfaciales seront introduites dans l'équation du mouvement comme un terme source de Dirac supplémentaire $\gamma C \mathbf{n}$ où C est la courbure locale de l'interface. Le terme correspondant à l'effet Marangoni peut être aussi intégré comme une force volumique dans l'équation du mouvement.

$$\rho \left(\frac{\partial \mathbf{V}}{\partial t} + \mathbf{V} \cdot \nabla \mathbf{V} \right) = -\nabla p + \mathbf{f} + \nabla \cdot \left(\mu \left(\nabla \mathbf{V} + \nabla^t \mathbf{V} \right) \right) + \gamma C \mathbf{n} \, \delta + \frac{d\gamma}{dT} \nabla T \, \delta$$

Le Dirac δ signifie que les forces volumiques ne s'appliquent qu'aux interfaces. Le calcul de la courbure, celui du gradient de température, ... nécessitent une modélisation des phénomènes et une ré-écriture volumique des forces interfaciales.

La notion d'intégration des conditions aux limites dans les équations de conservation bien que pratiquée couramment dans le domaine de la simulation numérique apporte un éclairage différent sur l'injection de contraintes diverses et variées au sein des équations. Le contexte classique "équations + conditions aux limites" peut être quelquefois délaissé au profit d'une approche globale et autonome.

3.2.5 Condition initiale :

Outre les conditions aux limites, il est nécessaire dans le cas général de fixer les conditions initiales en se donnant les champs de température $T(\mathbf{x}, 0)$, de vitesse $\mathbf{V}(\mathbf{x}, 0)$, de pression $p(\mathbf{x}, 0)$ et de masse volumique $\rho(\mathbf{x}, 0)$. Si l'on ne recherche que la solution stationnaire, ces conditions ne sont pas nécessaires ; toutefois comme les équations sont fortement couplées, la résolution doit s'effectuer à partir de champs arbitraires jouant le rôle de conditions initiales.

3.2.6 Grandeurs de références :

- **a - Longueur de référence**
  L'examen d'un problème physique fait apparaître une longueur H caractéristique ; le choix de cette longueur est arbitraire : dans le cas de deux plans parallèles on

prendra l'écartement ou le demi-écartement, dans le cas d'un cylindre on prendra le diamètre, etc...

En convection forcée on choisit une notion plus précise fondée sur une conception simple : la pression s'exerce sur la section droite $\mathscr{A}$ du conduit, les forces visqueuses sur le périmètre mouillé . La quantité $\mathscr{A}/p_m$ est homogène à une longueur. Par analogie au cas du tube cylindrique on choisit :

$$D_h = \frac{4\mathscr{A}}{p_m}$$

C'est cette longueur qui apparaît dans les divers nombres caractéristiques mis en évidence par l'analyse dimensionnelle et la similitude.

- **b - Vitesse de référence**

De multiples définitions de la vitesse caractéristique existent. Celle-ci doit être choisie en fonction de la géométrie (ouverte ou fermée) et surtout en fonction des phénomènes principaux (ondes, inertie ou viscosité). Par exemple :

- en convection forcée

$$V_0, \quad \text{vitesse de débit}$$

ici c'est la vitesse qui est imposée.

- en convection naturelle

$$V_0 = \frac{a}{D_h}, \quad a \text{ diffusivitethermique ou } V_0 = \sqrt{g\,\beta\,\Delta T\,D_h}$$

là c'est le phénomène de diffusion thermique qui est privilégié.

- **c - Pression de référence**

lorsque le phénomène dominant est l'inertie (pour de grandes valeurs du nombre de Reynolds), ce sont les forces associées à l'énergie cinétique qui sont utilisées :

$$p_0 = \rho\,V_0^2$$

- **d - Temps de référence**

$$t_0 = \frac{D_h}{V_0}$$

Généralement, une fois définies les grandeurs caractéristiques de longueur et de vitesse, il est facile de construire un temps caractéristique.

Il n'existe pas de règles générales pour définir les grandeurs de référence. Chaque problème doit être analysé objectivement pour en faire ressortir les phénomènes principaux. L'analyse dimensionnelle et la similitude se révéleront particulièrement efficaces pour dégager les caractères généraux des écoulements et connaître, a priori, les effets qui les gouvernent [13].

3.3 Analyse adimensionnelle

Pour déterminer complètement la relation finale (F), il est en général nécessaire de procéder à la résolution effective du problème posé par la relation de départ (D). Toutefois, on peut se demander s'il est possible, sans résoudre (D), de prévoir certains caractères de (F), et en particulier sa forme générale, à partir des seules propriétés de (D).

La première propriété qui vient à l'esprit est que toutes les relations entre grandeurs physiques sont dimensionnellement homogènes, c'est-à-dire invariantes quel que soit le système d'unités fondamentales choisi. On définit ainsi des grandeurs sans dimension dites "paramètres de similitude".

L'emploi de paramètres sans dimension pour représenter les données de l'expérience présente l'avantage de simplifier la présentation des résultats, tout en réduisant l'importance de l'expérimentation à effectuer pour étudier un phénomène particulier.

Supposons par exemple, qu'il s'agisse de déterminer par l'expérience la force R à laquelle est soumise une sphère à paroi lisse immergée dans un courant uniforme à faible vitesse. On peut supposer une loi du type :

$$R = F(D, V_0, \rho, \mu)$$

où D est le diamètre de la sphère, V_0 la vitesse du courant. L'analyse dimensionnelle permet d'établir que la relation donnant la résistance R est de la forme :

$$\frac{R}{\rho V_0^2 D^2} = \Phi\left(\frac{V_0 D \rho}{\mu}\right) = \Phi(Re)$$

relation où n'interviennent finalement que deux paramètres, le nombre de Reynolds et l'expression $R/(\rho V_0^2 D^2)$. Pour déterminer la forme de fonction Φ , il suffira de faire varier le nombre de Reynolds, ce qui pourra être obtenu par une simple variation de la vitesse.

L'analyse dimensionnelle repose sur le théorème de Vashy-Buckingham. D'une manière générale pour un phénomène physique quelconque, la forme générale de la relation donnant une grandeur q_1 peut être écrite :

$$q_1 = g(q_2, q_3, ..., q_n)$$

en supposant la grandeur q_1 fonction de $n-1$ paramètres indépendants $q_2, q_3, ..., q_n$. La relation précédente peut être mise sous la forme équivalente :

$$f(q_1, q_2, q_3, ..., q_n) = 0$$

Le **théorème de Vashy-Buckingham** *établit que partant d'une telle relation, il est possible de grouper les n paramètres en n-k produits indépendants sans dimension, formés par combinaison, avec des exposants convenables, de k grandeurs choisies parmi les n, successivement avec chacune des n-k restantes.*

Le nombre k est généralement égal au nombre minimal d'unités fondamentales nécessaires pour définir les dimensions des paramètres $q_1, q_2, q_3, ..., q_n$. Par exemple k sera égal à 3 si les grandeurs nécessaires se limitent aux unités fondamentales, masse, longueur, temps ; la valeur de k serait portée à 4 si la température devait intervenir.

D'après le théorème de Vashy-Buckingham, l'équation initiale est donc équivalente à une équation du type :

$$\Psi(\Pi_1, \Pi_2, ..., \Pi_{n-k}) = 0$$

c'est l'expérience qui fournira la forme de la fonction .

L'application du théorème de Vashy-Buckingham comportera donc les étapes suivantes:

- Etablir la liste de toutes les grandeurs physiques q intervenant dans le phénomène étudié et préciser les unités fondamentales correspondantes. Le nombre de ces dimensions a été désigné par k.
- Ecrire les équations dimensionnelles des n grandeurs q.
- Choisir parmi ces grandeurs un ensemble de k grandeurs de dimensions différentes, ensemble faisant intervenir toutes les unités fondamentales en cause et former la suite des produits Π en associant successivement les k variables choisies aux $n-k$ restantes.
- Etablir les équations aux dimensions des produits Π ainsi formés et exprimer que chacun d'eux est sans dimension. On obtiendra ainsi $n-k$ équations que l'on résoudra pour obtenir les expressions des $n-k$ groupes sans dimension.

On remarquera que le choix des k grandeurs initiales qui déterminent les produits Π est arbitraire et qu'il y a autant de solutions que de combinaisons à k. Cependant parmi les produits Π susceptibles d'être ainsi obtenus, seuls certains ont un intérêt pratique, ce sont ceux qui sont connus pour intervenir dans les lois physiques fondamentales, le nombre de Reynolds par exemple. On s'attachera à ne conserver dans la solution que ces coefficients. Si l'on a fait figurer deux grandeurs de même nature parmi les variables q elles interviendront dans la fonction Ψ uniquement par leur rapport d/d', deux longueurs par exemple.

3.3.1 Vitesse du son dans un gaz

La vitesse du son dans un gaz c dépend à priori d'un certain nombre de grandeurs physiques, la masse volumique ρ, la température T, la pression p, la viscosité μ, etc. Il s'agit de trouver les seuls paramètres physiques significatifs et de donner l'expression de la vitesse du son en fonction de ces paramètres.

On choisira la masse volumique ρ, la pression p, la viscosité μ pour exprimer dans un premier temps la vitesse du son et on montrera que la vitesse du son est indépendante de la viscosité.

Toutes ces grandeurs c, ρ, p, μ s'expriment en fonction des trois unités fondamentales longueur L, masse M, temps T, $k = 3$, $n - k = 1$ et l'équation précédente est équivalente à l'équation $\Psi(\Pi_1) = 0$.

Prenons μ, p, ρ comme variables fondamentales le coefficient sans dimensions Π_1 sera donné par :

$$[\Pi_1] = [\mu^\alpha p^\beta \rho^\gamma c] = [M^0 L^0 T^0]$$

soit

$$[M^\alpha L^{-\alpha} T^{-\alpha} M^\beta L^{-\beta} T^{-2\beta} M^\gamma L^{-3\gamma} L T^{-1}] = [M^0 L^0 T^0]$$

d'où le système

$$\begin{cases} \alpha + \beta + \gamma = 0 \\ -\alpha - \beta - 3\gamma + 1 = 0 \\ -\alpha - 2\beta - 1 = 0 \end{cases}$$

dont la solution est $\alpha = 0, \beta = -1/2, \gamma = 1/2$ et

$$[\Pi_1] = \frac{\sqrt{\rho} c}{\sqrt{p}}$$

La relation $\Psi(\Pi_1) = 0$ conduit à $\Pi = Cte$ et

$$c = A\sqrt{\frac{p}{\rho}}$$

La vitesse du son est donc indépendante de la viscosité μ. La valeur de la constante doit être fournie par l'expérience. Dans le cas d'un gaz parfait, on a :

$$\boxed{c = \sqrt{\gamma \frac{p}{\rho}}}$$

ici $\gamma = c_p/c_v$.

3.3.2 Corps solide dans un fluide en écoulement stationnaire

Soit un corps de forme géométrique donnée. Les grandeurs qui interviennent sont :

- une longueur caractéristique du corps L,
- la vitesse du courant non perturbé V,
- la masse volumique du fluide ρ ,
- sa viscosité μ,
- la force exercée sur le corps R,
- l'accélération de la pesanteur g,
- le coefficient de compressibilité adiabatique ou la célérité du son dans le fluide c, $\chi_s = 1/\rho c^2$

soit sept grandeurs de nature physique différente (n=7).

L'équation physique est de la forme

$$f(q_1, q_2, q_3, q_4, q_5, q_6, q_7) = 0$$

Les unités fondamentales sont au nombre de trois : longueur, masse et temps L, M, T, (k=3), n-k = 4 et l'équation précédente peut être remplacée par l'équation $\Psi(\Pi_1, \Pi_2, \Pi_3, \Pi_4) = 0$.

Prenons comme variables fondamentales L, V, ρ. On aura

$$\begin{aligned}
\Pi_1 &= [L^{\alpha_1} V^{\beta_1} \rho^{\gamma_1} R] = [M^0 L^0 T^0] \\
\Pi_2 &= [L^{\alpha_2} V^{\beta_2} \rho^{\gamma_2} \mu] = [M^0 L^0 T^0] \\
\Pi_3 &= [L^{\alpha_3} V^{\beta_3} \rho^{\gamma_3} g] = [M^0 L^0 T^0] \\
\Pi_4 &= [L^{\alpha_4} V^{\beta_4} \rho^{\gamma_4} a] = [M^0 L^0 T^0]
\end{aligned}$$

En écrivant que Π_1 est sans dimension on trouve $\alpha_1 = -2, \beta_1 = -2, \gamma_1 = -1$ d'où

$$\Pi_1 = \frac{R}{\rho V^2 L^2}$$

Pour Π_2, on a :

$$\Pi_2 = \frac{\mu}{\rho V L}$$

On prend plutôt comme coefficient sans dimension l'inverse du nombre précédent ou nombre de Reynolds $Re = \rho V L/\mu$ qui intervient dans les écoulements visqueux.

$$\Pi_3 = \frac{L g}{V^2}$$

On utilise ici aussi l'inverse ou nombre de Froude

$$Fr = \frac{V^2}{Lg}$$

$$\Pi_4 = \frac{c}{V} \text{ ou } \mathrm{M} = \frac{\mathrm{V}}{\mathrm{c}} \text{ nombre de Mach}$$

La loi de la résistance d'un corps placé dans un fluide en écoulement est donc de la forme :

$$\Psi\left(\frac{R}{\rho V^2 L^2}, \frac{VL}{\nu}, \frac{V^2}{Lg}, \frac{V}{c}\right) = 0$$

soit

$$\frac{R}{\rho V^2 L^2} = \Phi(Re, Fr, M)$$

La forme précise de la fonction doit être demandée à l'expérience. Les forces de pesanteur (Fr) n'interviennent en fait que dans les liquides, la compressibilité seulement pour les gaz.

3.3.3 Ecoulement en régime stationnaire établi d'un fluide incompressible visqueux dans un conduit

On cherche à mettre en forme la relation liant la perte de charge $p_s - p_e/L$ par unité de longueur dans un conduit cylindrique à section circulaire de diamètre d et de longueur L. Le fluide de masse volumique ρ et de viscosité μ circule en régime laminaire et turbulent à la vitesse de débit V_0.

A partir de la solution théorique de ce problème en régime laminaire la corrélation exacte de la perte de charge adimensionnelle en fonction du nombre de Reynolds peut être calculée et mettre en évidence le coefficient de perte de charge.

Dans certains cas, lorsque un petit nombre de grandeurs physiques intervient on peut utiliser une méthode plus simple que les précédentes. L'équation physique peut se mettre sous la forme :

$$\frac{p_s - p_e}{L} = f(d, \mu, \rho, V)$$

Une forme approchée de la précédente peut être obtenue

$$\frac{p_s - p_e}{L} = Cte\, d^{\alpha}\, \mu^{\beta}\, \rho^{\gamma}\, V^{\delta}$$

Introduisons les unités fondamentales masse, longueur, temps :

$$[M L^{-2} T^{-2}] = [L^{\alpha} M^{\beta} L^{-\beta} T^{-\beta} M^{\gamma} L^{-3\gamma} L^{\delta} T^{-\delta}]$$

d'où

$$\begin{aligned} 1 &= \beta + \gamma \\ -2 &= \alpha - \beta - 3\gamma + \delta \\ -2 &= -\beta - \delta \end{aligned}$$

soit $\alpha = \gamma - 2$, $\beta = 1 - \gamma$, $\delta = 1 + \gamma$ et par conséquent en prenant $\gamma = 1$:

$$\frac{p_s - p_e}{L} = Cte\, \mu \left(\frac{V}{d^2} \frac{V \rho d}{\mu} \right)$$

ou en généralisant

$$\frac{p_s - p_e}{L} = Cte\, \frac{\mu V}{d^2} f \left(\frac{V \rho d}{\mu} \right)$$

La quantité $(d^2/\mu V)((p_s - p_e)/L)$ est sans dimension, on peut la multiplier par Re : soit

$$\frac{p_s - p_e}{L} = \frac{\lambda}{d} \rho \frac{V^2}{2}$$

où λ est le coefficient de perte de charge.

3.4 Similitude

Dans bien des cas le phénomène à étudier est trop difficile à analyser par voie analytique ou numérique et l'on est conduit à avoir recours à l'expérience. Nous appellerons prototype le modèle en vraie grandeur et maquette en réduction. Leur utilisation est très large : barrage, soufflerie, turbomachine, avion, coque de navire, destruction d'une construction, avalanche... Mais les résultats de mesures expérimentales et les conclusions établies sur ces maquettes ne sont transportables au prototype que si les données définissant chacun des deux problèmes satisfont à un certain nombre de relations que l'on appelle conditions de similitude. Elles définissent des analogies d'ordre géométrique, cinématique, dynamique et thermodynamique.

Deux catégories de mouvement sont à envisager :

- les écoulements en charge,
- les écoulements à surface libre.

3.4.1 Ecoulements en charge d'un fluide visqueux incompressible dans le champ de pesanteur

En désignant par h la cote d'un point, les équations du mouvement (Navier-Stokes) s'écrivent :

$$\frac{du}{dt} = -\frac{1}{\rho}\frac{\partial}{\partial x}(p+\rho g h) + \frac{\mu}{\rho}\nabla^2 u$$
$$\frac{dv}{dt} = -\frac{1}{\rho}\frac{\partial}{\partial y}(p+\rho g h) + \frac{\mu}{\rho}\nabla^2 v$$
$$\frac{dw}{dt} = -\frac{1}{\rho}\frac{\partial}{\partial z}(p+\rho g h) + \frac{\mu}{\rho}\nabla^2 w$$

avec

$$\frac{d}{dt} = \frac{\partial}{\partial t} + u\frac{\partial}{\partial x} + v\frac{\partial}{\partial y} + w\frac{\partial}{\partial z}$$

Equation de continuité

$$\frac{\partial u}{\partial x} + \frac{\partial v}{\partial y} + \frac{\partial w}{\partial z} = 0$$

Equation d'état : $\rho = Cte$.

L'écoulement est isotherme ; l'équation de l'énergie n'intervient pas. On écrit d'autre part la pression motrice $p^* = p + \rho g h$.

Nous avons donc quatre équations à quatre inconnues u, v, w et p considérées comme fonctions de x, y, z, t. La pesanteur n'apparaît plus explicitement dans les écoulements en charge.

a - variables réduites

Désignons par D une dimension linéaire caractéristique de l'écoulement étudié : largeur, diamètre, etc... à partir de laquelle on construit des grandeurs de référence

$$x = \frac{x'}{D},\ y = \frac{y'}{D},\ z = \frac{z'}{D}$$

On choisit de même une vitesse de référence V_0; le temps étant alors rendu adimensionnel par D/V_0 homogène à un temps ; la pression étant rendue adimensionnelle par ρV_0^2. d'où

$$\mathbf{x} = \frac{\mathbf{x}'}{D},\ V = \frac{V'}{V_0},\ t = \frac{t' V_0}{D},\ p = \frac{p'}{\rho V_0^2}$$

Les primes correspondant aux variables réelles n'apparaissaient pas auparavant.

Le système d'équations avec les variables réduites devient

$$\frac{du}{dt} = -\frac{\partial p}{\partial x} + \frac{1}{Re}\nabla^2 u$$
$$\frac{dv}{dt} = -\frac{\partial p}{\partial y} + \frac{1}{Re}\nabla^2 v$$
$$\frac{dw}{dt} = -\frac{\partial p}{\partial z} + \frac{1}{Re}\nabla^2 w$$

ou sous forme vectorielle

$$\frac{\partial \mathbf{V}}{\partial t} + \mathbf{V} \cdot \nabla \mathbf{V} = -\nabla p + \frac{1}{Re}\nabla^2 \mathbf{V}$$

où seul le nombre de Reynolds de l'écoulement intervient.

Il faut aussi traduire en variables réduites les conditions aux limites et initiale. sur une surface libre horizontale, sur une surface donnée par exemple par l'adhérence à la paroi.

- $p = p_0$ sur une surface libre horizontale
- $V = V_0$ sur une surface définie par $f(x,y,z) = 0$ par exemple l'adhérence sur une paroi solide.
- condition initiale $\mathbf{V} = \mathbf{V}_0$ sur $g(x,y,z) = 0$ pour $t < t_0$.

b - condition de similitude de deux écoulements

Considérons deux écoulements en charge. Les équations du mouvement sont identiques si les nombres de Reynolds des deux écoulements sont égaux :

$$Re_1 = Re_2$$

C'est la condition de Reynolds.

En conséquence, leurs solutions sont identiques si la définition de chaque système s'exprime de la même façon en variables réduites. On voit que la similitude des frontières géométriques est indispensable ; les parois solides doivent être géométriquement semblables (Fig. 3.5). La condition de similitude des équations est unique, c'est une égalité entre nombres de Reynolds.

Les coordonnées de deux points homologues M_1 et M_2sont telles que :

$$x = \frac{x'_1}{D_1} = \frac{x'_2}{D_2}, \; \frac{y'_1}{D_1} = \frac{y'_2}{D_2}, \; \frac{z'_1}{D_1} = \frac{z'_2}{D_2}$$
$$\frac{x_1}{x_2} = \frac{y_1}{y_2} = \frac{z_1}{z_2} = \frac{D_1}{D_2} = Cte$$

Ces relations traduisent **la similitude géométrique**

Les temps homologues sont tels que :

$$t = \frac{t'_1}{D_1/V_{01}} = \frac{t'_2}{D_2/V_{02}}$$

Les composantes de vitesses homologues sont telles que :

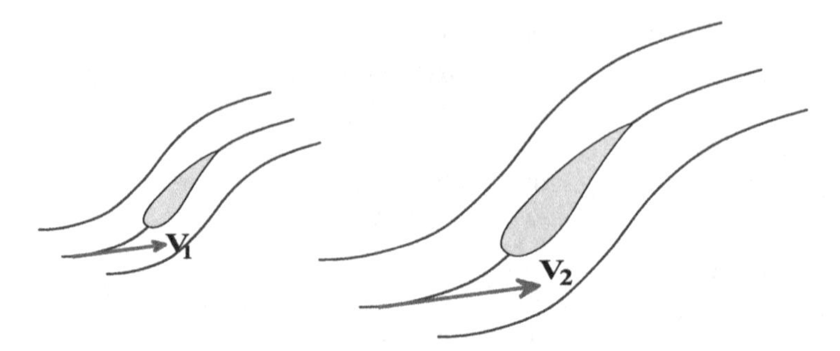

Fig. 3.5 Maquette (à gauche) et Prototype (à droite) schématisant les conditions de similitude géométriques; V_1 est la vitesse mesurée sur la maquette et V_2 est la vitesse transposée à l'échelle réelle

$$u = \frac{u'_1}{V_{01}} = \frac{u'_2}{V_{02}}, \; v = \frac{v'_1}{V_{01}} = \frac{v'_2}{V_{02}}, \; w = \frac{w'_1}{V_{01}} = \frac{w'_2}{V_{02}}$$

Nous en tirons :

$$\frac{t'_1}{t'_2} = \frac{D_1/V_{01}}{D_2/V_{02}} = Cte$$
$$\frac{u'_1}{u'_2} = \frac{v'_1}{v'_2} = \frac{w'_1}{w'_2} = \frac{V_{01}}{V_{02}}$$

Ces relations traduisent **la similitude cinématique** des deux écoulements.

Les pressions motrices sont entre elles comme :

$$\frac{p'_1}{p'_2} = \frac{\rho_1 V_{01}^2}{\rho_2 V_{02}^2} = Cte$$

Les forces sont entre elles comme :

$$\frac{F'_1}{F'_2} = \frac{\rho_1 V_{01}^2 D_1^2}{\rho_2 V_{02}^2 D_2^2} = Cte$$

Ces relations traduisent **la similitude dynamique** des deux écoulements.

Les puissances mises en jeu sont entre elles comme :

$$\frac{P'_1}{P'_2} = \frac{F'_1 V'_{01}}{F'_2 V'_{01}} = \frac{\rho_1 V_{01}^3 D_1^2}{\rho_2 V_{02}^3 D_2^2} = Cte$$

Tous ces rapports sont constants et calculables. Toute grandeur particulière de l'un des écoulements peut donc être calculée à partir de la grandeur correspondante de l'autre à l'aide de ces relations.

De tels écoulements, bien que différents, sont semblables au sens général : ils le sont géométriquement, cinématiquement, dynamiquement. Les effets thermiques feraient intervenir la similitude thermodynamique.

3.4.2 Ecoulement à surface libre

Il s'agit d'écoulements de fluides incompressibles, pesants avec une ou plusieurs surfaces libres non horizontales.

a - Condition de similitude de deux écoulements

Le long de toute surface libre la pression reste constante mais il n'est plus possible de laisser groupés les termes. En effet pour une condition à la limite telle que $p = Cte$ nous n'aurons pas $h = Cte$ et la valeur de p^* ne sera pas constante. Dans les deux premières équations de Navier-Stokes, ne doit plus figurer h, quant à la troisième elle s'écrit :

$$\frac{dw}{dt} = -\frac{1}{\rho}\frac{\partial p}{\partial z} - \frac{1}{\rho}\frac{\partial \rho g h}{\partial z} + \frac{\mu}{\rho}\nabla^2 w$$

soit

$$\frac{dw}{dt} = -\frac{1}{\rho}\frac{\partial p}{\partial z} - g + \frac{\mu}{\rho}\nabla^2 w$$

En reprenant les mêmes grandeurs de référence on obtient le système adimensionnel suivant :

$$\begin{aligned} \frac{du}{dt} &= -\frac{\partial p}{\partial x} + \frac{1}{Re}\nabla^2 u \\ \frac{dv}{dt} &= -\frac{\partial p}{\partial y} + \frac{1}{Re}\nabla^2 v \\ \frac{dw}{dt} &= -\frac{\partial p}{\partial z} - \frac{1}{Fr} + \frac{1}{Re}\nabla^2 w \end{aligned}$$

où $Fr = V_0^2/gD$ est le nombre de Froude ou de Reech-Froude.

Si nous considérons maintenant deux écoulements différents à surface libre, l'identité des équations du mouvement est acquise si on a simultanément :

$$\begin{aligned} Re_1 &= Re_2 \text{ condition de Reynolds} \\ Fr_1 &= Fr_2 \text{ condition de Froude} \end{aligned}$$

Quand les surfaces qui limitent les deux écoulements sont géométriquement semblables, la similitude mécanique des deux mouvements est assurée avec ces conditions.

b - interprétation de Re et de Fr

Le rapport des forces d'inertie aux forces de viscosité donne :

$$\frac{\rho V_0^2/D}{\mu V_0/D^2} = \frac{\rho V_0 D}{\mu} = Re$$

Le rapport des forces d'inertie aux forces de pesanteur donne

$$\frac{\rho V_0^2/D}{\rho g} = \frac{V_0^2}{D g} = Fr$$

La nécessité de vérifier à la fois la condition de Reynolds et celle de Froude entraîne :

$$\frac{g_1^{1/2} D_1^{3/2}}{\nu_1} = \frac{g_2^{1/2} D_2^{3/2}}{\nu_2}$$

ce qui limite les possibilités de similitude complète.

Si, en plus des forces de tension superficielles interviennent, elles doivent apparaître dans les équations du mouvement sous forme de termes supplémentaires. On doit faire intervenir la tension interfaciale en faisant apparaître le nombre de Weber $We = \rho V_0^2 D/\sigma$, force d'inertie/force de tension interfaciale.

3.4.3 Ecoulements compressibles

Avec la compressibilité se manifestent des phénomènes thermiques importants et par conséquent nous devons prendre en compte aussi bien l'équation de l'énergie que les équations de continuité et de quantité de mouvement ainsi que l'équation d'état.

a - nombres sans dimension

Dans l'étude du mouvement du gaz, on néglige l'influence des forces de gravité devant celle des autres forces. Soit :

$$\frac{\partial \rho}{\partial t} + \nabla \cdot (\rho \mathbf{V}) = 0$$

$$\rho \left(\frac{\partial \mathbf{V}}{\partial t} + \mathbf{V} \cdot \nabla \mathbf{V} \right) = -\nabla p + \nabla \cdot \tau$$

$$\rho c_p \frac{dT}{dt} = \frac{dp}{dt} + \nabla \cdot (k \nabla T) + \Phi$$

et l'équation loi d'état $p/\rho = rT$ où

$$\tau_{ij} = \mu \left(\frac{\partial V_i}{\partial x_j} + \frac{\partial V_j}{\partial x_i} \right) + \eta \frac{\partial V_i}{\partial x_i} \delta_{ij}, \quad \Phi_{ij} = \tau_{ij} \frac{\partial V_i}{\partial x_i}$$

avec la relation de Stokes : $\eta = -2/3\mu$.

A ces équations, il faut y ajouter les relations de définition du système qui précisent les conditions initiales et aux limites et qui sont d'ordre géométrique, cinématique, dynamique et thermique. Les grandeurs caractéristiques sont : une longueur D, une vitesse V_0, une température T_0 et une masse volumique ρ_0, une viscosité μ_0 et une conductivité k_0.

Les variables réduites s'écrivent :

$$\mathbf{x} = \frac{\mathbf{x}'}{D},\ V_i = \frac{V_i'}{V_0},\ t = \frac{t' V_0}{D},\ p = \frac{p'}{\rho_0 V_0^2},$$
$$\rho = \frac{\rho'}{\rho_0},\ T = \frac{T'}{T_0},\ \mu = \frac{\mu'}{\mu_0},\ k = \frac{k'}{k_0},$$

Les équations adimensionnelles s'écrivent ainsi :

$$\frac{\partial \rho}{\partial t} + \nabla\cdot(\rho\,\mathbf{V}) = 0$$
$$\rho\left(\frac{\partial \mathbf{V}}{\partial t} + \mathbf{V}\cdot\nabla\mathbf{V}\right) = -\nabla p + \frac{1}{Re}\nabla\cdot\tau$$
$$\rho\,\frac{dT}{dt} = E_c\,\frac{dp}{dt} + \frac{1}{Re\,Pr}\nabla\cdot(k\nabla T) + \frac{1}{Re\,E_c}\Phi$$

où

$$\text{nombre de Reynolds } Re = \frac{V_0 D}{\nu_0}$$
$$\text{nombre de Prantdl } Pr = \frac{\mu_0 c_p}{k_0}$$
$$\text{nombre d'Eckert } Ec = \frac{c_p T_0}{V_0^2}$$

Le groupement $Pe = RePr$ est le nombre de Peclet. La combinaison $c_p T_0/V_0^2$ peut être transformée de la manière suivante en introduisant le rapport $\gamma = c_p/c_v$ on a $c_p = \gamma r/(\gamma - 1)$ et par suite :

$$\frac{c_p T_0}{V_0^2} = \frac{\gamma r T_0}{(\gamma-1)\,V_0^2} = \frac{1}{(\gamma-1)}\frac{c_0^2}{V_0^2}$$

où $c_0^2 = \gamma r T_0$ est la célérité du son à la température T_0, on a :

$$\frac{V_0^2}{c_p T_0} = (\gamma - 1)\,M_0^2$$

en faisant apparaître $M_0 = V_0/c_0$ le nombre de Mach.

Par ailleurs l'expérience montre que l'on a :

$$\mu = \frac{\mu'}{\mu_0} = f(T/T_0), \; k = \frac{k'}{k_0} = g(T/T_0)$$

Les fonctions f et g sont d'ailleurs sensiblement les mêmes et on peut écrire :

$$\frac{\mu'}{\mu_0} \approx \frac{k'}{k_0} \approx \left(\frac{T'}{T_0}\right)^n$$

soit $\mu \approx k \approx T^n$

Les équations contiennent ainsi 5 nombres sans dimension : Re, Pr, M, γ, n.

Si nous n'avions pas négligé les forces de gravité dans les équations, leur réduction aurait fait apparaître un sixième paramètre, le nombre de Froude $Fr = V_0^2/Dg$.

b - conditions initiales et conditions aux limites

Les conditions initiales interviennent peu dans les problèmes de dynamique des gaz. Supposons que le fluide soit en contact avec les parois solides immobiles d'équation f (x, y, z)=0 et à la température T_0, la même que celle règnant à l'infini (V_0, T_∞). Sous forme réduite les conditions aux limites s'écrivent à l'infini:

- Si les parois solides sont à température différente : $V = 1$ et $T = 1$ à l'infini; $V = 0$ et $T = 1$ sur $f(x,y,z) = 0$.
- Si les parois solides sont à température T_p : $V = 1$ et $T = 1$ à l'infini; $V = 0$ et $T = T_p/T_0 = 1 + (T_p - T_0)/T_0$ sur $f(x,y,z) = 0$.

c - conditions de similitude

Deux écoulements sont semblables si les équations qui les définissent s'écrivent sous forme réduite de la même façon. Dans le cas précédent où les conditions aux limites font apparaître 1 vitesse et 2 températures, les conditions de similitude sont au nombre de 6 :

- 5 proviennent des équations générales et se traduisent par l'égalité respective des nombres sans dimension,
- 1 provient des relations de définitions et se traduit par l'égalité du rapport T_p/T_0.

Quand $(T_p - T_0)/T_0 << 1$ et si on peut négliger les variations de k et μ en fonction de T, on peut séparer l'étude du problème dynamique et celui du problème thermique. Le problème dynamique est uniquement régi par le nombre de Reynolds. Le problème thermique s'étudie ensuite à l'aide de l'équation de l'énergie, mais alors, puisque T n'y figure que sous forme de dérivées, il est possible de prendre en considération des températures relatives en adoptant une origine quelconque, par exemple T_0 et prendre $T_p - T_0$ au lieu de T_0 pour définir les températures réduites.

Le nombre de Mach M représente le rapport des forces d'inertie aux forces d'élasticité. Quant au nombre de Prandtl il peut sécrire :

$$Pr = \frac{\nu/k}{k/\rho\, c_p} = \frac{\text{viscosite cinematique}}{\text{diffusivite thermique}}$$

et traduit l'importance relative des effets dus à la viscosité du fluide par rapport à ceux de sa conductivité thermique. Pour un gaz, Pr est de l'ordre de l'unité Pr Hg : $0,02$; air Pr : $0,71$; eau : $6,7$; huiles 10 à 10^5 .

3.4.4 Utilisation pratique des conditions de similitude

En résumé, la similitude de deux écoulements requiert :

- une condition, celle de Reynolds, s'il s'agit d'écoulements incompressibles en charge,
- deux conditions, celles de Reynolds et de Froude, s'il s'agit d'écoulements incompressibles à surface libre,
- cinq conditions, celles de Reynolds, de Prandtl, de Mach et l'égalité des nombres γ et n s'il s'agit d'écoulements compressibles.

En général, l'observation rigoureuse de plusieurs conditions de similitude conduit à l'impossibilité de réaliser des essais sur maquettes mais l'expérience montre que moyennant quelques précautions, on peut se contenter d'une similitude approchée. En admettant que la similitude géométrique soit maintenue, on arrive aux résultats suivants :

- a - Pour des fluides incompressibles dénués de viscosité, les écoulements permanents se produisent avec potentiel des vitesses. La similitude géométrique des parois qui les limitent entraîne automatiquement leur similitude dynamique.
- b - Pour des écoulements permanents incompressibles en charge la condition de similitude est celle de Reynolds $Re_1 = Re_2$. Mais si ces écoulements s'effectuent à grands nombres de Reynolds, la condition de Reynolds n'est plus nécessaire, on retombe dans le cas précédent.
- c - Pour des écoulements permanents incompressibles à surface libre s'effectuant à grand nombre de Reynolds, la condition de similitude impérative est celle de Froude $Fr_1 = Fr_2$.
- d - Pour des écoulements compressibles à nombre de Mach relativement petit $(M < 0,2)$ on se ramène au cas d'écoulements de fluides incompressibles en charge.
- e - Pour des fluides compressibles s'écoulant à une vitesse se rapprochant de celle du son, et s'il s'agit du même fluide ou de fluides de même atomicité (γ et n sont les mêmes), la condition impérative à observer est celle de Mach $M_1 = M_2$.

C'est toujours l'expérience et une certaine connaissance de l'allure des phénomènes qui permettent l'énoncé des conditions de cette similitude approchée et en précisant les limites d'application.

3.5 Approximation de Boussinesq

Reprenons le système d'équations de Navier-Stokes et de l'énergie dans sa formulation incompressible.

$$\nabla \cdot \mathbf{V} = 0$$
$$\rho \left(\frac{\partial \mathbf{V}}{\partial t} + \mathbf{V} \cdot \nabla \mathbf{V} \right) = -\nabla p + \mathbf{f} + \nabla \cdot \left(\mu \left(\nabla \mathbf{V} + \nabla^t \mathbf{V} \right) \right)$$
$$\rho\, c_p \left(\frac{\partial T}{\partial t} + \mathbf{V} \cdot \nabla T \right) = \nabla \cdot (k \nabla T) + q + \Phi$$

Il faut y ajouter une équation d'état $f(p, \rho, T) = 0$.

Même dans cette formulation simplifiée de nombreux couplages subsistent entre les différentes équations, la vitesse dans plusieurs termes de l'équation de l'énergie, la température intervient implicitement dans l'équation de Navier-Stokes à travers la masse volumique qui apparait à son tour dans différents termes. Les différentes non-linéarités empêchent évidemment toute résolution directe de l'une de ces équations et à fortiori du système.

Une des questions, fondamentale en Mécanique des Fluides, réside dans le couplage de ces équations et le choix des variables de résolution. La physique contenue dans ces équations peut être obérée par un couplage inapproprié des équations et l'introduction de variables non naturelles qui facilitent leur résolution mais qui dénature la réalité simulée. Une simplification, l'approximation de Boussinesq, peut être utilisée à bon escient en adéquation avec l'incompressibilité de l'écoulement lorsque les écarts de température sont faibles. De fait si les écarts de température ne dépassent pas une dizaine de degrés pour les liquides et une trentaine de degrés pour les gaz (Gray et Giorgini) on admet que la loi d'état peut être linéarisée sous la forme $\rho = \rho_0 (1 - \beta (T - T_0))$ où ρ_0 est la masse volumique évaluée à la température moyenne T_0. L'approximation de Boussinesq consiste donc à négliger les variations de la masse volumique en fonction de la température sauf évidemment dans le terme $\mathbf{f} = \rho\, \mathbf{g}$ qui est le terme générateur de la convection naturelle d'origine thermique. La même analyse est bien sûr valable pour des variations de concentration qui modifierait la masse volumique.

Dans le cadre d'une approximation de Boussinesq généralisée on admet aussi que les autres propriétés physiques comme la viscosité, la chaleur massique, la conductivité thermique sont des constantes évaluées aussi à la température moyenne. Le système d'équations devient alors :

$$\nabla \cdot \mathbf{V} = 0$$
$$\rho_0 \left(\frac{\partial \mathbf{V}}{\partial t} + \mathbf{V} \cdot \nabla \mathbf{V} \right) = -\nabla p + \rho_0 \mathbf{g} - \rho_0 \beta (T - T_0) \mathbf{g} + \mu_0 \nabla^2 \mathbf{V}$$
$$\rho_0\, c_{p0} \left(\frac{\partial T}{\partial t} + \mathbf{V} \cdot \nabla T \right) = k_0 \nabla^2 T + q + \Phi$$

Le terme $\rho_0 \mathbf{g}$ pouvant à son tour être intégré dans le gradient de pression pour donner la pression motrice $\nabla p* = \nabla(p + \rho_0 \mathbf{g} \cdot \mathbf{e}_z)$.

3.5.1 Modèles "bas nombre de Mach"

Le système d'équations correspondant aux écoulements compressibles ci-dessous est adapté aux nombres faibles nombres de Mach typiquement inférieurs à $M = 0.2$.

$$\begin{aligned}
\frac{\partial \rho}{\partial t} + \nabla \cdot (\rho \mathbf{V}) &= 0 \\
\rho \left(\frac{\partial \mathbf{V}}{\partial t} + \mathbf{V} \cdot \nabla \mathbf{V} \right) &= -\nabla P + \mathbf{f} + \nabla \cdot \left(\mu \left(\nabla \mathbf{V} + \nabla^t \mathbf{V} \right) \right) + \nabla (\lambda \nabla \cdot \mathbf{V}) \\
\rho c_p \left(\frac{\partial T}{\partial t} + \mathbf{V} \cdot \nabla T \right) &= \nabla \cdot (k \nabla T) + \beta T \frac{dp}{dt} + q + \Phi
\end{aligned}$$

Suivant l'utilisation de ce système, en aérodynamique, hypersonique, ..., la formulation de l'équation de l'énergie doit être adaptée en écrivant celle-ci en terme d'enthalpie ou maintenue sous cette forme si les températures sont fixées sur certaines surfaces du domaine.

Les écoulements industriels ou même naturels font souvent intervenir des niveaux de vitesses très différentes au sein d'un même système. C'est le cas par exemple sur un avion ou certaines zones de recirculation où les vitesses sont proches de la vitesse de l'avion ou bien au sein des turbomachines qui présentent des sections de passage des gaz très différentes. La tendance actuelle, bien que cela ne soit pas la seule ni probablement pas la meilleure, est de simuler les écoulements dans une large gamme de nombre de Mach avec un même système d'équations (techniques appelées "Low Mach Number Methods"), celui présenté ci-dessus ou son équivalent et où les variables principales sont la masse volumique, la pression et la quantité de mouvement.

Pour des nombres de Mach supérieurs à l'unité ou pour des écoulements à nombres de Mach supérieurs à 0.2, les variations de la masse volumique sont suffisamment importantes puisqu'elles sont en $O(M^2)$:

$$\rho \approx \rho_0 \left(1 + M^2\right)$$

Dans le cas d'écoulements à faibles vitesse, par exemple en convection naturelle, le nombre de Mach est de l'ordre de $M \approx 10^{-6}$; les variations de masse volumique sont alors en $O(10^{-12})$. Corrélativement les variations de la pression thermodynamique sont de l'ordre de $p - p_0 \approx (\rho - \rho_0)\, r T_0$. Devant la pression totale, 10^5 pour la pression atmosphérique, ces variations de pression sont très petites et l'évaluation numérique de ∇p dans l'équation de Navier-Stokes devient erronée.

Formellement le calcul de $\nabla(1+\varepsilon)$ est identique à $\nabla(\varepsilon)$ où ε est une fonction d'ordre d'ordre de grandeur égale à $n \ll 1$ mais les évaluations sur un calculateur ne disposant que de N chiffres significatifs rend la première forme inutilisable si $n \approx N$. Un calculateur dispose suivant le cas de près de 15 chiffres significat-

ifs en double précision alors que la représentation du plus petit nombre est de l'ordre de 10^{-300}! La valeur zéro joue sur un calculateur un rôle très particulier par rapport à toutes les autres. La Mécanique des Fluides est devenue Numérique, inéluctablement, comme nos téléphones ou nos téléviseurs. Les mécaniciens des fluides doivent aussi être des numériciens ce qui n'empêche pas de conserver une vision physique et critique sur tout résultat issus de nos machines.

Pour pallier cette difficulté il est alors possible de décomposer la pression en une pression thermodynamique moyenne $p_m(t)$ et une pression dynamique $p(\mathbf{x},t)$; la pression totale s'écrit alors :

$$P(\mathbf{x},t) = p_m(t) + p(\mathbf{x},t)$$

Le gradient de pression totale fait alors disparaître la contribution moyenne.

Pour essayer d'utiliser des codes de calcul bâtis pour les écoulements compressibles, des techniques de préconditionnement ont été développées pour améliorer le conditionnement des matrices issus de ces codes CFD.

3.6 Couplage des équations de Navier-Stokes

3.6.1 Généralités

La résolution des équations de Navier-Stokes ne peut pas s'effectuer séparément par composante car la contrainte représentée par l'équation de continuité porte sur les trois composantes de la vitesse ou de la quantité de mouvement (ρV). Si toutefois la résolution est fractionnée par composante, on parle de prédiction de la vitesse et celle-ci doit être suivie d'une étape de correction pour satisfaire par exemple $\nabla \cdot \mathbf{V} = 0$ en incompressible.

Il existe plusieurs méthodes que l'on peut classer en deux familles : l'une ou l'on se débarrasse du problème de la pression en prenant le rotationnel de l'équation de Navier-Stokes et l'autre où l'on compose avec la pression en établissant une équation spécifique. Dans le premier cas on parle de formulation en Rotationnel-Potentiel Vecteur en 3D ou de Rotationnel-Fonction de Courant en 2D et dans le second cas on a une formulation en variables primitives $(p, \mathbf{V})$. L'équation de l'énergie peut être aussi couplée pour certaines applications.

$$\begin{cases} \dfrac{d\mathbf{V}}{dt} + \rho \nabla \cdot \mathbf{V} = 0 \\ \rho \left(\dfrac{\partial \mathbf{V}}{\partial t} + \mathbf{V} \cdot \nabla \mathbf{V} \right) = -\nabla p + \rho\, \mathbf{g} + \nabla \cdot \left(\mu \left(\nabla \mathbf{V} + \nabla^t \mathbf{V} \right) \right) - \dfrac{\mu}{K} \mathbf{V} + \dfrac{\beta \rho}{\sqrt{K}} \|\mathbf{V}\| \mathbf{V} - \nabla (\lambda \nabla \cdot \mathbf{V}) \\ \rho\, c_p \left(\dfrac{\partial T}{\partial t} + \mathbf{V} \cdot \nabla T \right) = \nabla \cdot (\Lambda \nabla T) - \beta\, T\, \nabla \cdot \mathbf{V} + q + \Phi \end{cases}$$

3.6.2 Formulation en variables primitives p, V, T

3.6.2.1 Méthodes de Projection Scalaire

On projette la vitesse sur un champ à divergence nulle [27], [31], [32]). Il faut $\nabla \cdot \mathbf{V} = 0$ et on pose $\mathbf{V} = \mathbf{V}^* + \mathbf{V}'$ où $\mathbf{V}^*$ est le champ de vitesse issu de l'étape de prédiction, à divergence non nulle, $\mathbf{V}$ est le champ de vitesse à divergence nulle et $\mathbf{V}'$ la correction recherchée.

On écrit que $\mathbf{V}'$ est un champ de gradient $\mathbf{V}' = \nabla \phi$ d'une fonction à déterminer ϕ. En effet tout champ vectoriel peut se décomposer en une somme d'un gradient d'une fonction scalaire ϕ et le rotationnel d'une fonction vectorielle Ψ. Comme $\nabla \cdot \nabla \times \Psi = 0$, il vient :

$$\nabla^2 \phi = -\nabla \cdot \mathbf{V}^*$$

On considère que la fonction ϕ est assimilée à la pression qui devient ainsi une variable secondaire permettant de satisfaire la contrainte d'incompressibilité.

Des techniques de couplage des équations de Navier-Stokes équivalentes à la technique de projection ont été élaborées et mise en oeuvre par Spalding et Patankar à l'Impérial Collège de Londres dans les années 1960-1970. Elles ont donné lieu à de multiples versions intitulées SIMPLE (Semi-Implicit Method for Pressure Linked Equation), SIMPLER, SIMPLEST, PISO, etc.

$$\begin{cases} \rho \left(\dfrac{\mathbf{V}^{n+1} - \mathbf{V}^n}{\Delta t} + \mathbf{V}^n \cdot \nabla \mathbf{V}^n \right) - \nabla \cdot \left(\mu \left(\nabla \mathbf{V}^n + \nabla^t \mathbf{V}^n \right) \right) = -\nabla p^{n+1} + \mathbf{f} \\ \nabla \cdot \mathbf{V}^{n+1} = 0 \end{cases}$$

$$\begin{cases} \rho \left(\dfrac{\mathbf{V}^* - \mathbf{V}^n}{\Delta t} + \mathbf{V}^n \cdot \nabla \mathbf{V}^n \right) - \nabla \cdot \left(\mu \left(\nabla \mathbf{V}^n + \nabla^t \mathbf{V}^n \right) \right) = -\nabla p^n + \mathbf{f} \\ \nabla \cdot \mathbf{V}^* \neq 0 \end{cases}$$

$$\nabla\left(p^{n+1}-p^n\right)=-\frac{\rho}{\Delta t}\left(\mathbf{V}^{n+1}-\mathbf{V}^*\right)$$

$$\nabla\cdot\left(\frac{\Delta t}{\rho}\nabla\left(p^{n+1}-p^n\right)\right)=-\nabla\cdot\mathbf{V}^*$$

$$\mathbf{V}^{n+1}=\mathbf{V}^*-\frac{\Delta t}{\rho}\nabla\left(p^{n+1}-p^n\right)$$

3.6.2.2 Méthode de Compressibilité Artificielle

Cette méthode est basée sur la constitution d'une équation sur l'évolution de la pression issue de la seule équation de continuité et en remontant la pression grâce à partir de la divergence de la vitesse. Reprenons l'équation de continuité en compressible :

$$\frac{d\rho}{dt}+\rho\nabla\cdot\mathbf{V}=0$$

mais

$$\frac{d\rho}{dt}=\left(\frac{\partial\rho}{\partial p}\right)_T\frac{dp}{dt}+\left(\frac{\partial\rho}{\partial T}\right)_p\frac{dT}{dt}$$

Comme

$$\chi_T=\frac{1}{\rho}\left(\frac{\partial\rho}{\partial p}\right)_T\quad\beta_T=-\frac{1}{\rho}\left(\frac{\partial\rho}{\partial T}\right)_p$$

il vient

$$\frac{d\rho}{dt}=\rho\,\chi_T\frac{dp}{dt}-\rho\,\beta\frac{dT}{dt}$$

en remplacant

$$\rho\,\chi_T\frac{dp}{dt}-\rho\,\beta\frac{dT}{dt}+\nabla\cdot\mathbf{V}=0$$

d'oùl'équation en p :

$$\frac{\partial p}{\partial t}=-\frac{1}{\chi_T}\nabla\cdot\mathbf{V}+\frac{\beta}{\chi_T}\frac{dT}{dt}-\mathbf{V}\cdot\nabla p$$

Pour un écoulement incompressible la vitesse du son est infinie et son coefficient de compressibilité nul. La procédure consiste ici à prendre $\chi_T = \varepsilon$ petit et à négliger les deux derniers termes du second membre. On trouve alors :

$$\frac{\partial p}{\partial t} = -\frac{1}{\varepsilon}\nabla \cdot \mathbf{V}$$

soit :

$$p^{n+1} = p^n - \frac{\Delta t}{\varepsilon}\nabla \cdot \mathbf{V}^n$$

où n correspond à la discrétisation temporelle, ici explicite d'ordre un.

Une version implicite de cet algorithme, la méthode du lagrangien augmenté, permet de considérer la pression comme un multiplicateur de Lagrange et d'intégrer la contrainte d'incompressibilité dans l'équation de Navier-Stokes.

3.6.2.3 Lagrangien augmenté

Les équations de Navier-Stokes dans leur formulation incompressible s'écrivent :

$$\nabla \cdot \mathbf{V} = 0$$
$$\rho\left(\frac{\partial \mathbf{V}}{\partial t} + \mathbf{V} \cdot \nabla \mathbf{V}\right) = -\nabla p + \nabla \cdot \left(\mu\left(\nabla \mathbf{V} + \nabla^t \mathbf{V}\right)\right) + \rho\,\mathbf{g}$$

La méthode du lagrangien augmenté intègre directement la contrainte d'incompressibilité dans l'équation de Navier-Stokes [16], [35]. En transformant l'équation de conservation de la masse en une équation explicite sur la pression, les équations deviennent :

$$\begin{cases} k = 1,..K : \\ \rho\left(\dfrac{\mathbf{V}^{k+1} - \mathbf{V}^n}{\Delta t} + \mathbf{V}^k . \nabla \mathbf{V}^{k+1}\right) - \nabla \cdot \left(\mu\left(\nabla \mathbf{V}^{k+1} + \nabla^t \mathbf{V}^{k+1}\right)\right) - r\nabla\left(\nabla \cdot \mathbf{V}^{k+1}\right) = -\nabla p^k + \mathbf{f} \\ p^{k+1} = p^k - r\nabla \cdot \mathbf{V}^{k+1} \end{cases}$$

Le processus itératif pour $k = 1,..K$ corrige la pression à chaque itération mais aussi la vitesse notamment dans le terme non linéaire d'inertie et conduit, à convergence, à la solution $(\mathbf{V}^{k+1}, p^{n+1})$.

Le paramètre r du lagrangien augmenté permet de régler l'importance relative de la contrainte d'incompressibilité et des autres termes de l'équation de Navier-Stokes. Pour des valeurs très faibles de r, la priorité est donnée à l'équation de Navier-Stokes ; pour une valeur nulle on retrouve l'algorithme de Uzawa. Lorsque r est grand c'est au contraire la contrainte de divergence nulle qui est satisfaite au mieux. Pratiquement on utilise des valeurs de r compatibles avec les autres termes, du niveau de la plus grande viscosité ; il est à noter que justement r a la dimension d'une viscosité.

3.6.3 *Formulation en Rotationnel, Potentiel-Vecteur*

Le système d'équations en variables adimensionnelles s'écrit :

$$\begin{aligned}
\nabla \cdot \mathbf{V} &= 0 \\
\frac{\partial \mathbf{V}}{\partial t} + \mathbf{V} \cdot \nabla \mathbf{V} &= -\nabla p + \frac{Ra}{Re^2\, Pr} \mathbf{k}\, T + \frac{1}{Re} \nabla^2 \mathbf{V} \\
\frac{\partial T}{\partial t} + \mathbf{V} \cdot \nabla T &= \frac{1}{Re\, Pr} \nabla^2 T
\end{aligned}$$

Reprenons uniquement l'équation du mouvement en variables adimensionnelles. La deuxième famille de méthodes pour coupler l'équation de continuité et l'équation de Navier-Stokes consiste à éliminer la pression de cette dernière et de tenir compte de $\nabla \cdot \mathbf{V} = 0$. Prenons donc le rotationnel de l'équation ci-dessus :

$$\frac{\partial}{\partial t} (\nabla \times \mathbf{V}) + \nabla \times (\mathbf{V} \cdot \nabla \mathbf{V}) = \frac{Ra}{Re^2\, Pr} \nabla \times (\mathbf{k}\, T) + \frac{1}{Re} \nabla^2 (\nabla \times \mathbf{V})$$

On introduit le potentiel-vecteur Ψ et on pose $\mathbf{V} = \nabla \times \Psi$ tel que $\nabla \cdot \Psi = 0$ (champ solénoïdal). Le rotationnel s'écrit quant à lui : $\Omega = \nabla \times \mathbf{V}$

$$\Omega = \nabla \times \nabla \times \Psi = \nabla (\nabla \cdot \Psi) - \nabla^2 \Psi = -\nabla^2 \Psi$$

En posant $\mathbf{l} = \nabla \times (\mathbf{k}\, T)$, il vient finalement :

$$\begin{aligned}
\nabla^2 \Psi &= -\Omega \\
\frac{\partial \Omega}{\partial t} + \mathbf{V} \cdot \nabla \Omega - \Omega \cdot \nabla \mathbf{V} &= \frac{Ra}{Re^2\, Pr} \mathbf{l}(T) + \frac{1}{Re} \nabla^2 \Omega
\end{aligned}$$

soit 6 équations à résoudre en 3D, trois équations de Poisson sur les composantes du potentiel-vecteur et trois équations de transport du tourbillon. La vitesse est déduite de $\mathbf{V} = \nabla \times \Psi$. Cette méthode est assez lourde à mettre en oeuvre et les conditions aux limites portent sur des dérivées des variables naturelles comme la vitesse. De plus cette méthode devient très difficile à implémenter lorsque les propriétés physiques sont variables.

3.6.3.1 Formulation en rotationnel-fonction de courant

En 2D cette formulation devient plus attractive et se réduit à deux équations seulement. On a $\mathbf{V} = (u, 0, w)$, $\Psi = (0, \psi, 0)$ et $\Omega = (0, \omega, 0)$ où ψ est la fonction de courant et ω le rotationnel. La fonction est définie par :

$$u = -\frac{\partial \psi}{\partial z}, \quad w = \frac{\partial \psi}{\partial x}$$

La contrainte d'incompressibilité est automatiquement satisfaite par la vitesse. On a enfin :

$$\nabla^2 \psi = -\omega$$
$$\frac{\partial \omega}{\partial t} + \mathbf{V} \cdot \nabla \omega = \frac{Ra}{Re^2\, Pr}\mathbf{l}(T) + \frac{1}{Re}\nabla^2 \omega$$

Ici les conditions s'écrivent plus simplement au moins pour la fonction de courant qui est par exemple constante sur les parois solides ou sur des obstacles.

Il est à remarquer que ce système de 2 équations d'ordre deux se réduit à une seule d'ordre quatre :

$$\frac{\partial}{\partial t}\left(\nabla^2 \psi\right) - \mathbf{V} \cdot \nabla\nabla^2 \psi = \frac{Ra}{Re^2\, Pr}\mathbf{l}(T) + \frac{1}{Re}\nabla^2\nabla^2 \psi$$

soit aussi :

$$\frac{\partial}{\partial t}\left(\nabla^2 \psi\right) + \frac{\partial \psi}{\partial z}\frac{\partial}{\partial x}\nabla^2 \psi - \frac{\partial \psi}{\partial x}\frac{\partial}{\partial z}\nabla^2 \psi = \frac{Ra}{Re^2\, Pr}\mathbf{l}_2(T) + \frac{1}{Re}\nabla^4 \psi$$

Les conditions aux limites portent ici sur ψ mais aussi sur ses dérivées.

3.6.4 Projection vectorielle

La résolution des équations de Navier-Stokes sous la contrainte d'incompressibilité de l'écoulement nécessite l'obtention, à chaque instant, d'un champ de pression et d'un champ de vitesse cohérents, satisfaisant aux équations du mouvement et à l'équation de conservation de la masse. Ce couplage vitesse-pression est délicat à traiter en incompressible car la pression n'apparaît pas explicitement dans la conservation de la masse. Plusieurs voies sont utilisées pour aborder ce problème et correspondent à des classes de méthodes différentes : les algorithmes de prédiction-correction du type Spalding-Patankhar, les méthodes de projection introduites par A.J. Chorin [10] et leurs diverses variantes et les méthodes de pénalisation ou de compressibilité artificielle décrites par R. Peyret et T. Taylor [27]. D'autres techniques sortant du cadre de cet exposé comme celles utilisant la dégénérescence à petits nombres de Mach des algorithmes compressibles permettent de résoudre les équations du mouvement sous la condition d'incompressibilité.

Les algorithmes de prédiction-correction de type SIMPLE sont basés sur la construction d'une équation de correction de pression en négligeant pour cela la contribution des voisins sur le point central ; la pseudo-équation de Poisson conduit à l'obtention de la correction de pression qui est aussi utilisée pour corriger les vitesses. Dans l'algorithme SIMPLER la correction de pression ne sert qu'à corriger les vitesses. Plusieurs étapes de correction comme pour PISO sont utilisées pour obtenir un champ de vitesse à divergence nulle.

Les méthodes de projection permettent de garder un formalisme mathématique plus rigoureux et l'algorithme se décompose en deux suites d'approximations de la vitesse, la seconde consistant à projeter le champ de vitesse issu de la première approximation sur un espace fonctionnel adéquat (à divergence nulle).

Ces deux types de méthodes ne permettent pas d'assurer la consistance des conditions aux limites sur la vitesse ; en effet, seule la composante normale de la vitesse est strictement nulle pour des conditions physiques décrivant l'adhérence. L'erreur sur les conditions aux limites des composantes tangentielles de la vitesse est toutefois d'ordre deux ou trois suivant les méthodes [8].

Présentation de la méthode

Une nouvelle approche du couplage vitesse-pression pour la résolution numérique des équations de Navier-Stokes est proposée par J.P. Caltagirone et J. Breil [5]. Considérons pour cela un ouvert borné de limité par sa frontière . A partir des équations discrétisées dans le temps, représenté par l'indice n, nous obtenons le système linéarisé suivant :

$$\rho\left(\frac{\mathbf{V}^{n+1}-\mathbf{V}^{n}}{\Delta t}+\mathbf{V}^{n}\cdot\nabla\mathbf{V}^{n+1}\right)-\nabla\cdot\left(\mu\left(\nabla\mathbf{V}^{n+1}+\nabla^{t}\mathbf{V}^{n+1}\right)\right)-\mathbf{f}=-\nabla p^{n+1}$$

La solution d'un problème d'écoulement est donnée par la résolution de cette équation où $\mathbf{V}=u\,\mathbf{e}_x+v\,\mathbf{e}_y+w\,\mathbf{e}_z$ est la vitesse, p la pression, ρ la masse volumique et μ la viscosité dynamique. Le terme source $\mathbf{f}$ sera supposé suffisamment régulier sur Ω.

La réalisation de la contrainte d'incompressibilité de l'écoulement sera assurée de manière implicite par l'introduction d'un paramètre de Lagrange, en l'occurrence la pression, en transformant le problème en une recherche de point selle suivant les méthodes développées notamment par Fortin et Glowinski [16].

$$\begin{cases}\rho\left(\frac{\mathbf{V}^{n+1}-\mathbf{V}^{n}}{\Delta t}+\mathbf{V}^{n}\cdot\nabla\mathbf{V}^{n+1}\right)-\nabla\cdot\left(\mu\left(\nabla\mathbf{V}^{n+1}+\nabla^{t}\mathbf{V}^{n+1}\right)\right)-r\nabla\left(\nabla\cdot\mathbf{V}^{n+1}\right)=-\nabla p^{n}+\mathbf{f}\\ p^{n+1}=p^{n}-r\nabla\cdot\mathbf{V}^{n+1}\\ \nabla\cdot\mathbf{V}^{n+1}|_{\Omega}=0\end{cases}$$

Les conditions limites que l'on imposera sur la frontière Γ du domaine Ω pourront être soit des conditions de Neumann homogènes soit des conditions de Dirichlet.

Le paramètre r de la première équation est un terme de couplage des contraintes sur le champ de vitesse qui doit satisfaire à la fois à l'équation de Navier-Stokes et à l'équation de continuité. En prenant r = 0 dans l'équation de Navier-Stokes et en gardant une valeur finie pour le calcul de la pression alors on retrouve l'algorithme d'Uzawa où les composantes de cette équation sont résolues séparément. Pour $r \to \infty$, alors le champ est bien à divergence nulle mais ne satisfait pas les équations de Navier-Stokes. Lorsque r est d'ordre un ou plus exactement lorsque r est d'ordre de grandeur de $\rho V_0/\delta t$ (où V_0 est l'ordre de grandeur de la vitesse et δt le pas de temps), les deux conditions sont quasiment vérifiées à la fois. La satisfaction des deux contraintes n'est possible qu'associée à un processus itératif interne au lagrangien augmenté. Telle quelle cette méthode est robuste et efficace mais conduit à une convergence faible sur l'incompressibilité et à des temps de calcul prohibitifs pour des approximations élevées. L'objectif de cette présentation n'étant pas d'expliquer le lagrangien augmenté et dans un souci de clarté nous ne ferons pas apparaître les sous itérations (voir la référence [9]).

La technique proposée consiste à garder la formulation implicite du lagrangien augmenté comme étape de prédiction; une seule itération du lagrangien augmenté représente en effet une bonne approximation de la solution à divergence non nulle.

$$\begin{cases} \rho \left(\dfrac{\mathbf{V}^* - \mathbf{V}^n}{\Delta t} + \mathbf{V}^n \cdot \nabla \mathbf{V}^* \right) - \nabla \cdot \left(\mu \left(\nabla \mathbf{V}^* + \nabla^t \mathbf{V}^* \right) \right) - r \nabla \left(\nabla \cdot \mathbf{V}^* \right) = -\nabla p^n + \mathbf{f} \\ \\ p^{n+1} = p^n - r \nabla \cdot \mathbf{V}^* \end{cases}$$

Suivant la raideur du problème physique posé, l'augmentation du paramètre r permettra de converger vers la solution avec des pas de temps raisonnables. Dans notre méthode, à la différence des méthodes de projection classiques, seule la correction de la vitesse $\mathbf{V}'$ sera prise en compte pour calculer le champ à divergence nulle, $\mathbf{V}^{n+1}$ sera calculée directement :

$$\mathbf{V}^{n+1} = \mathbf{V}^* + \mathbf{V}'$$

L'introduction de ce changement de variable dans le système d'équations de Navier-Stokes conduit, après différence entre les deux systèmes d'équations portant sur $\mathbf{V}^{n+1}$ et sur $\mathbf{V}^*$, et en prenant $r \to \infty$, à la forme finale de l'équation correspondant à l'étape de correction :

$$\nabla \left(\nabla \cdot \mathbf{V}^{n+1} \right) = -\nabla \left(\nabla \cdot \mathbf{V}^* \right)$$

La divergence du champ de vitesse $\mathbf{V}'$ qui est la solution de cette équation n'est définie qu'à une constante additive près. Cette constante est maintenue à zéro en assurant $\nabla \cdot \mathbf{V}^* = 0$ en un point de Γ et $\nabla \cdot \mathbf{V}' = 0$ en ce même point.

Cette formulation est équivalente à $\mathbf{V} = \mathbf{P}_H^{\perp} \mathbf{V}^*$ où $H = H(div, \Omega) = \{\mathbf{V} \in L^2_{\Omega} / \nabla \cdot \mathbf{V} = 0\}$ est le sous-espace de L^2 à divergence nulle et $\mathbf{P}_H^{\perp}$ la projection orthogonale de L^2 sur H.

Les champs de vitesses $\mathbf{V}^{n+1}$ et $\mathbf{V}^*$ satisfont tous deux les conditions aux limites physiques du problème. Nous pouvons en déduire les conditions aux limites sur $\mathbf{V}'$ qui sont des conditions aux limites homogènes.

Avantages et inconvénients de la méthode

L'algorithme de résolution des équations de Navier-Stokes dans leur formulation incom-pressible peut ainsi s'écrire :

$$\begin{cases} \rho \left(\dfrac{\mathbf{V}^* - \mathbf{V}^n}{\Delta t} + \mathbf{V}^n \cdot \nabla \mathbf{V}^* \right) - \nabla \cdot \left(\mu \left(\nabla \mathbf{V}^* + \nabla^t \mathbf{V}^* \right) \right) - r \nabla (\nabla \cdot \mathbf{V}^*) = -\nabla p^n + \mathbf{f} \\ p^{n+1} = p^n - r \nabla \cdot \mathbf{V}^* \\ \nabla \left(\nabla \cdot \mathbf{V}^{n+1} \right) = -\nabla (\nabla \cdot \mathbf{V}^*) \\ \mathbf{V}^{n+1} = \mathbf{V}^* + \mathbf{V}', \quad p^{n+1} = p^* \end{cases}$$

avec p^{n+1} qui n'est que la réactualisation de la pression pour le pas de temps suivant. Il est évident que l'étape de correction est indépendante de la méthode que l'on utilise pour obtenir le champ de vitesse de l'étape de prédiction $\mathbf{V}^n *$.

L'intérêt de cette méthode originale de projection réside dans :

- la correction de vitesse qui est indépendante du contraste de masse volumique des fluides pour un écoulement à surface libre contrairement à la méthode de projection scalaire,
- la réalisation, à l'étape de projection, des conditions aux limites du problème sur toutes les composantes de la vitesse,
- la correction de pression qui ne nécessite pas l'écriture de conditions aux limites spécifiques,
- le maintien de l'ordre des schémas en espace et en temps de l'étape de prédiction,
- une convergence très rapide de la solution de l'équation de projection; une ou deux itérations de gradient conjugué suffisent à faire passer la divergence par exemple d'ordre un de l'étape de prédiction à la précision machine, indépendamment du nombre de degrés de liberté,
- la constitution d'un solveur autonome indépendant de la méthode utilisée lors de l'étape de prédiction.

L'opérateur $(\nabla\nabla \cdot \Psi)$ est plus complexe à programmer que l'équation de Poisson $(\nabla \cdot \nabla\Psi)$ dans la mesure où l'équation est vectorielle et couple fortement toutes les composantes de la vitesse.

La figure 3.6 représente l'évolution de la divergence en fonction du nombre d'itérations obtenues pour les méthodes de Projection Scalaire et Vectorielle. L'exemple correspond à un problème de convection naturelle en cavité carrée pour un nombre de Rayleigh de 10^5 réalisé avec un maillage de 512^2.

Comme on peut le constater l'efficacité des deux techniques sont sensiblement différentes. Par ailleurs la pression n'est pas corrigée après l'étape de correction vectorielle. Il s'avère toutefois que la pression p^* obtenue en appliquant directement $p^{n+1} = p^n - \Delta t\, \nabla \cdot \mathbf{V}^*$ n'est autre que celle calculée par une méthode de projection scalaire.

La nécessité de résoudre toutes les composantes de la correction de vitesse simultanément est largement compensée par les avantages énoncés.

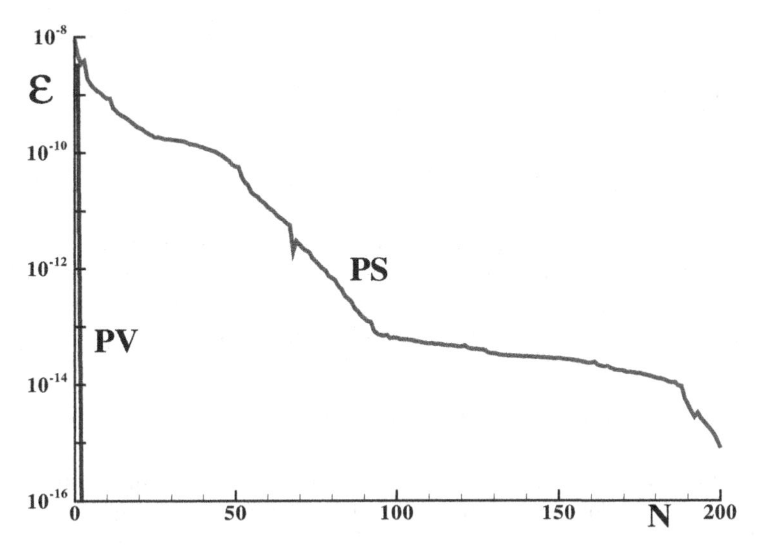

Fig. 3.6 Evolution de la divergence en fonction du nombre d'itérations pour la méthode de Projection Scalaire (PS) et pour la méthode de Projection Vectorielle (PV) obtenue avec une méthode de gradient conjugué BiCGStab

Les contrastes maximum de masse volumique et de viscosité actuellement réalisés en simulation sont de $\rho_1/\rho_2 = 10^7$ pour la masse volumique et de $\mu 1/\mu_2 = 10^{12}$ pour la viscosité.

La méthode de couplage vitesse-pression du lagrangien augmenté et la méthode de projection permettent ainsi d'assurer la contrainte d'incompressibilité aussi bien pour les écoulements monophasiques que multiphasiques.

La réalisation de la contrainte d'incompressibilité de l'écoulement sera assurée de manière implicite par l'introduction d'un paramètre de Lagrange, en l'occurrence la pression, en transformant le problème en une recherche de point selle suivant les méthodes développées notamment par Fortin et Glowinski [16].

$$\begin{cases} \rho\left(\dfrac{\mathbf{V}^{n+1}-\mathbf{V}^n}{\Delta t}+\mathbf{V}^n.\nabla\mathbf{V}^{n+1}\right)-\nabla\cdot\left(\mu\left(\nabla\mathbf{V}^{n+1}+\nabla^t\mathbf{V}^{n+1}\right)\right)-r\nabla\left(\nabla\cdot\mathbf{V}^{n+1}\right)=-\nabla p^n+\mathbf{f} \\ p^{n+1}=p^n-r\nabla\cdot\mathbf{V}^{n+1} \\ \nabla\cdot\mathbf{V}^{n+1}|_\Omega=0 \end{cases}$$

Les conditions limites que l'on imposera sur la frontière Γ du domaine Ω pourront être soit des conditions de Neumann homogènes soit des conditions de Dirichlet.

La technique proposée consiste à garder la formulation implicite du lagrangien augmenté comme étape de prédiction ; une seule itération du lagrangien augmenté représente en effet une bonne approximation de la solution à divergence non nulle.

$$\begin{cases} \rho\left(\dfrac{\mathbf{V}^* - \mathbf{V}^n}{\Delta t} + \mathbf{V}^n \cdot \nabla \mathbf{V}^*\right) - \nabla \cdot \left(\mu\left(\nabla \mathbf{V}^* + \nabla^t \mathbf{V}^*\right)\right) - r\nabla(\nabla \cdot \mathbf{V}^*) = -\nabla p^n + \mathbf{f} \\ p^{n+1} = p^n - r\nabla \cdot \mathbf{V}^* \end{cases}$$

Suivant la raideur du problème physique posé, l'augmentation du paramètre r permettra de converger vers la solution avec des pas de temps raisonnables. Dans notre méthode, à la différence des méthodes de projection classiques, seule la correction de la vitesse $\mathbf{V}'$ sera prise en compte pour calculer le champ à divergence nulle, $\mathbf{V}^{n+1}$ sera calculée directement :

$$\mathbf{V}^{n+1} = \mathbf{V}^* + \mathbf{V}'$$

L'introduction de ce changement de variable dans le système d'équations de Navier-Stokes conduit, après différence entre les deux systèmes d'équations portant sur $\mathbf{V}^{n+1}$ et sur $\mathbf{V}^*$, et en prenant $r \to \infty$, à la forme finale de l'équation correspondant à l'étape de correction :

$$\nabla\left(\nabla \cdot \mathbf{V}^{n+1}\right) = -\nabla\left(\nabla \cdot \mathbf{V}^*\right)$$

La divergence du champ de vitesse $\mathbf{V}'$ qui est la solution de cette équation n'est définie qu'à une constante additive près. Cette constante est maintenue à zéro en assurant $\nabla \cdot \mathbf{V}^* = 0$ en un point de Γ et $\nabla \cdot \mathbf{V}' = 0$ en ce même point.

Cette formulation est équivalente à $\mathbf{V} = \mathbf{P}_H^{\perp} \mathbf{V}^*$ où $H = H(div, \Omega) = \{\mathbf{V} \in L^2_{\Omega} / \nabla \cdot \mathbf{V} = 0\}$ est le sous-espace de L^2 à divergence nulle et $\mathbf{P}_H^{\perp}$ la projection orthogonale de L^2 sur H.

Les champs de vitesses $\mathbf{V}^{n+1}$ et $\mathbf{V}^*$ satisfont tous deux les conditions aux limites physiques du problème. Nous pouvons en déduire les conditions aux limites sur $\mathbf{V}'$ qui sont des conditions aux limites homogènes.

3.7 Dégénérescences des équations de Navier-Stokes

Les équations complètes de Navier-Stokes quelle que soit la formulation adoptée sont non linéaires et difficiles à résoudre. Dans certaines situations les contraintes de l'écoulement, niveaux de vitesses, étirement dans une direction privilégiée, permettent d'adopter des approximations qui conduisent à des formes plus simples des équations. Celles-ci ne donnent plus des solutions exactes du problème initial posé mais uniquement des approximations de cette solution. Ce sont des "modèles" appelées aussi dégénérescences des équations de Navier-Stokes et dont l'utilisation doit être effectuée à bon escient.

On donne ici qu'un bref apercu de ces théories qui constituent une des avancées marquantes du vingtième siècle en Mécanique des Fluides avec l'utilisation de développements asymptotiques raccordés et les méthodes de perturbations.

On reprend l'équation du mouvement stationnaire en termes de fonction de courant :

$$\frac{\partial \psi}{\partial z}\frac{\partial}{\partial x}\nabla^2\psi - \frac{\partial \psi}{\partial x}\frac{\partial}{\partial z}\nabla^2\psi = \frac{1}{Re}\nabla^4\psi$$

associée aux conditions aux limites.

3.7.1 Choix des échelles

Afin de fixer les échelles le domaine de la figure 3.7 est défini. Le domaine fait

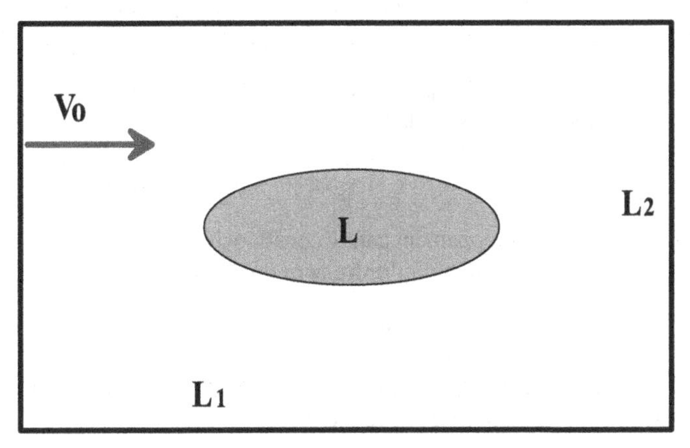

Fig. 3.7 Choix des échelles pour la définition des dégénérescences des équations; V_0 est la vitesse caractéristiques et L, L_1 et L_2 sont les longueurs caractéristiques de l'objet étudié et du domaine

apparaître trois longueurs et une vitesse. Si on définit le nombre de Reynolds par $Re = V_0 L/\nu$, on peut faire apparaître deux paramètres adimensionnels qur l'on va choisir comme paramètres caractéristiques de l'écoulement et de la géométrie.

$$\begin{cases} \lambda = \dfrac{L_1}{L_2} \\ \varepsilon = \dfrac{1}{Re} \end{cases}$$

λ et ε sont des petits paramètres. Suivant que le nombre de Reynolds est grand ou petit on choisit $\varepsilon = 1/Re$ ou son inverse $\varepsilon = Re$.

Le principe des méthodes de perturbations consiste à rechercher la solution dans "un certain voisinage" qui peut être géométrique (point singulier, bord de fuite, couche limite, ...) ou qui peut caractériser l'écoulement (grand nombres de

Reynolds, peitis nombres de Reynolds, ...). La solution est recherchée sous la forme de série de fonctions à deux paramètres :

$$\psi(x,z) = \psi^{(0)}(x,z) + f_1(\varepsilon,\lambda)\ \psi^{(1)}(x,z) + f_2(\varepsilon,\lambda)\ \psi^{(2)}(x,z) + \ldots$$

Cette suite peut être utilisée soit pour rechercher directement la solution soit pour trouver les principales dégénérescences des équations de Navier-Stokes.

La première question que l'on peut se poser est la suivante : de quelle équation $\psi^{(0)}$ est solution?

3.7.2 Principales dégénérescences

Afin de rechercher l'équation dont la solution est $\psi^{(0)}$, plusieurs cas de dégénérescences significatives sont présentés [34]. Celles qui ne sont pas significatives, qui sont en fait déjà contenues dans les premières, ne seront pas évoquées ici.

- **Cas où $\varepsilon = Re \ll 1$, $\lambda = 1$, approximation de Stokes**
  Recherchons donc $\psi(x,z)$ sous la forme :

  $$\psi(x,z) = \psi^{(0)}(x,z) + Re\ \psi^{(1)}(x,z) + O(Re^2)$$

  En introduisant ce développement dans l'équation du mouvement et en identifiant les termes en *Re*, on trouve qu'à l'ordre zéro on a l'équation :

  $$\nabla^4 \psi^{(0)} = 0$$

  C'est l'équation de Stokes en terme de fonction de courant. Dans la formulation pression-vitesse, l'équation de Stokes serait :

  $$-\nabla p + \nabla^2 \mathbf{V} = 0$$

- **Cas où $\varepsilon = 1/Re \ll 1$, $\lambda = 1$, approximation d'Euler**
  Dans ce cas on écrit $\psi(x,z)$ sous la forme :

  $$\psi(x,z) = \psi^{(0)}(x,z) + \frac{1}{Re}\ \psi^{(1)}(x,z) + O((1/Re)^2)$$

  et on trouve

  $$\left(\frac{\partial \psi^{(0)}}{\partial z}\ \frac{\partial}{\partial x} - \frac{\partial \psi^{(0)}}{\partial x}\ \frac{\partial}{\partial z}\right) \nabla^2 \psi^{(0)} = 0$$

  C'est l'équation d'Euler qui s'écrirait en terme de vitesse :

  $$\mathbf{V} \cdot \nabla \mathbf{V} = -\nabla p$$

- **Cas où $\lambda \ll 1$, approximation de Prandtl**

Dans cette situation on recherche l'équation représentative de l'écoulement de couche limite près d'une paroi solide. Les dimensions caractéristiques de la couche limite sont très différentes dans les directions x et z, leur rapport est de l'ordre de $1/\sqrt{Re}$ pour la couche limite laminaire. En développant $\psi(x,z)$ en puissance de λ et en identifiant on trouve

$$\left(\frac{\partial \psi^{(0)}}{\partial z}\frac{\partial^2 \psi^{(0)}}{\partial x \partial z}-\frac{\partial \psi^{(0)}}{\partial x}\frac{\partial^2 \psi^{(0)}}{\partial z^2}\right)=\frac{\partial^3 \psi^{(0)}}{\partial z^3}+f(x)$$

où $f(x)$ représente le gradient de pression extérieur. Cette équation est celle de la couche limite ou équation de Prandtl.

3.7.3 *Méthodes de perturbations*

La résolution de l'équation de Navier-Stokes

$$\frac{\partial \psi}{\partial z}\frac{\partial}{\partial x}\nabla^2\psi-\frac{\partial \psi}{\partial x}\frac{\partial}{\partial z}\nabla^2\psi=\frac{1}{Re}\nabla^4\psi$$

peut être réalisée à partir de tels développements en série de fonctions :

$$\psi(x,z)=\sum_0^\infty \varepsilon^n \psi^{(n)}(x,z)$$

L'introduction d'un tel développement fournit un système d'équations que l'on peut résoudre en séquence.

Par exemple prenons une série limitée où $\varepsilon = Re$:

$$\psi(x,z)=\psi^{(0)}(x,z)+Re\ \psi^{(1)}(x,z)+\ldots$$

En identifiant les termes en Re^n, on trouve :

$$\begin{cases}\nabla^4\psi^{(0)} &= 0\\ \nabla^4\psi^{(1)} &= \left(\frac{\partial \psi^{(0)}}{\partial z}\frac{\partial}{\partial x}-\frac{\partial \psi^{(0)}}{\partial x}\frac{\partial}{\partial z}\right)\nabla^2\psi^{(0)}\\ \nabla^4\psi^{(2)} &= f\left(\psi^{(0)},\psi^{(1)}\right)\\ \ldots\ldots\ldots\ldots &= \ldots\ldots\ldots\ldots\\ \nabla^4\psi^{(n)} &= f\left(\psi^{(n-1)},\psi^{(n-2)},\ldots\right)\end{cases}$$

La démonstration de ces séries de fonctions est délicate et certaines ne convergent pas. Elles permettent toutefois une analyse fine de problèmes de discontinuité ou de bifurcations de solutions. Une littérature spécialisée datant de la moitié du siècle dernier existe sur ce sujet.

Chapitre 4
Solutions exactes des équations de Navier-Stokes

Seules un certain nombre de solutions exactes des équations de Navier-Stokes, quelques dizaines au plus, sont d'un intérêt pratique. Sinon il est possible de créer des solutions synthétiques en introduisant des expressions analytiques dans l'équation de Navier-Stokes pour en calculer un second membre adapté. Celles-ci servent généralement à réaliser des comparaisons avec des simulations numériques.

Il est essentiel de ne pas confondre et de considérer les solutions d'équations dégénérées comme des équations de Navier-Stokes. C'est ainsi que les équations de de la couche limite Prandtl donnent la solution de Blasius qui ne fournit pas le comportement des équations complètes près du bord d'attaque. Ce sont des approximations des équations de Navier-Stokes. Par contre la solution de Poiseuille d'un écoulement laminaire dans un canal à section constante est une solution exacte de l'équation de Stokes, valable tant que l'écoulement reste laminaire.

Comme on le voit il est important d'analyser chaque problème en précisant toutes les approximations et hypothèses attachées au système d'équations utilisé.

4.1 Solutions exactes, solutions semblables

En appliquant les notions d'analyse dimensionnelle à la détermination de la forme locale des solutions (par exemple $\mathbf{V}(x,y,z,t)$) on peut parfois réduire au moyen du groupe d'invariance G le nombre de variables intervenant dans la fonction cherchée ; d'un point de vue analytique cela est très intéressant, surtout dans le cas où il ne reste plus qu'une variable η, dite variable de similitude et qui est une combinaison de type monôme des variables initiales (x,y,z,t) dans ce dernier cas en effet, les équations aux dérivées partielles se réduisent à un système différentiel ordinaire pour lequel on dispose de méthodes analytiques de résolution. On obtient ainsi ce que l'on nomme des solutions semblables, solutions exactes des équations de Navier-Stokes [28].

J.-P. Caltagirone, *Physique des Écoulements Continus*,
Mathématiques et Applications 74, DOI: 10.1007/978-3-642-39510-9_4,

4.1.1 Premier problème de Rayleigh

Pour $t < 0$, un fluide incompressible est au repos dans la région en contact avec la plaque plane $y = 0$. A l'instant $t = 0$ la plaque est mise impulsivement dans un état de mouvement uniforme, de sorte que chacun de ses points a pour vecteur vitesse $\mathbf{V}(x,0) = V_0(t)$. On suppose que $\mathbf{V}$ reste parallèle à Ox.

Le fluide est non pesant à masse volumique constante ρ. La pression est constante dans tout l'écoulement et les équations s'écrivent :

$$\begin{aligned}
\frac{\partial u}{\partial t} - \nu \frac{\partial^2 u}{\partial y^2} &= 0 \\
u(y,0) &= 0 \\
u(y,t) &= V_0 \\
u(\infty,t) &= 0
\end{aligned}$$

La relation cherchée est de la forme $F(u,y,t,V_0,\nu) = 0$. Il manque une distance pour rendre adimensionnel le système, elle peut être construite à partir du temps t et de la viscosité ν sous la forme $\eta = y/\sqrt{\nu t}$.

$$\begin{aligned}
\frac{\partial^2 u}{\partial y^2} &= \frac{\partial}{\partial y}\left(\frac{\partial u}{\partial \eta}\frac{1}{\sqrt{\nu t}}\right) = \frac{\partial^2 u}{\partial \eta^2}\frac{\partial \eta}{\partial y}\frac{1}{\sqrt{\nu t}} = \frac{\partial^2 u}{\partial \eta^2}\frac{1}{\nu t} \\
\frac{\partial u}{\partial t} &= \frac{\partial u}{\partial \eta}\frac{\partial \eta}{\partial t} = -\frac{\partial u}{\partial \eta}\frac{y\nu}{2(\nu t)^{3/2}}
\end{aligned}$$

Soit finalement

$$-\frac{\partial u}{\partial \eta}\frac{y\nu}{2\sqrt{\nu t}} = \frac{\partial^2 u}{\partial \eta^2}$$

D'autre part en rendant adimensionnel $u = u'/V_0$, on a

$$\begin{aligned}
2u'' + \eta u' &= 0 \\
u(0) &= 1 \\
u(\infty) &= 0
\end{aligned}$$

dont la solution s'écrit

$$u = 1 - erf(\eta) = 1 - \frac{2}{\sqrt{\pi}}\int_0^\eta e^{-z^2}\,dz$$

Soit

$$u = erfc(\eta)$$

4.1.2 Tourbillon self-similaire

On considère un écoulement instationnaire en rotation autour de l'axe Oz. Un tourbillon de circulation Γ est imposé (par exemple par la rotation d'un fil) initialement.

$$\begin{cases} u = 0 \\ v = v(r,\theta,z,t) \\ w = 0 \end{cases}$$

L'équation de continuité donne $\partial v/\partial\theta = 0$ et $v = v(r,z,t)$. L'équation de quantité de mouvement s'écrit :

$$\begin{cases} -\dfrac{v^2}{r} &= -\dfrac{1}{\rho}\dfrac{\partial p}{\partial r} \\ 0 &= -\dfrac{1}{\rho}\dfrac{\partial p}{\partial z} \\ \dfrac{\partial v}{\partial t} &= -\dfrac{1}{\rho}\dfrac{\partial p}{\partial \theta} + \nu\left(\dfrac{\partial}{\partial r}\left(\dfrac{1}{r}\dfrac{\partial}{\partial r}(r v)\right) + \dfrac{\partial^2 v}{\partial z^2}\right) \end{cases}$$

De la seconde équation on déduit que p ne dépend pas de z et comme le problème est à symétrie axiale, elle ne dépend pas non plus de θ (on doit retrouver la même pression sur un tour). La dernière composante devient :

$$\frac{\partial v}{\partial t} = \nu\left(\frac{\partial}{\partial r}\left(\frac{1}{r}\frac{\partial}{\partial r}(r v)\right)\right)$$

La solution stationnaire est d'abord obtenue :

$$\frac{1}{r}\frac{\partial}{\partial r}(r v_s) = C_1$$

soit

$$v_s(r) = \frac{C_1}{2}r + \frac{C_2}{r}$$

La vitesse est ainsi la superposition d'un mouvement de rotation solide et d'un mouvement tourbillonnaire bidimensionnel. La vitesse devant être nulle pour $r \to \infty$, seul le second terme subsiste. La solution est :

$$\begin{cases} v_s(r) = \dfrac{C_2}{r} \\ p_s(r) = -\rho\dfrac{C_2}{r} \end{cases}$$

et la constante C_2 est donc égale à $\Gamma/2\pi$:

$$\Gamma = \int_0^{2\pi} v_s(r)\, r\, dr = 2\pi C_2$$

soit

$$v_s(r) = \frac{\Gamma}{2\pi r}$$

La solution instationnaire correspond au retour au repos du tourbillon initial (Fig. 4.1) et il est naturel de rechercher cette solution sous la forme :

$$v(r,t) = \frac{\Gamma}{2\pi r} f(r,t)$$

avec comme condition initiale $v(r,0) = v_s(r)$.

Le système d'équations devient :

$$\begin{cases} \dfrac{\Gamma}{2\pi r}\dfrac{\partial f}{\partial t} = \nu \left(\dfrac{\partial}{\partial r} \left(\dfrac{1}{r} \dfrac{\partial}{\partial r}(r\, v) \right) \right) \\ f(r,0) = 1 \\ f(r,\infty) = 0 \end{cases}$$

Nous allons rechercher une solution sous la forme $f = f(\eta)$ avec $\eta = r^2/4\nu t$. Il vient

$$\frac{\partial f}{\partial t} = -f' \frac{r^2}{4\nu t^2}, \quad \frac{\partial f}{\partial r} = f' \frac{r}{2\nu t}, \quad \frac{\partial^2 f}{\partial r^2} = f'' \left(\frac{r}{2\nu t} \right)^2 + f' \frac{1}{2\nu t}$$

On trouve :

$$f'' + f' = 0$$

dont la solution est :

$$f(\eta) = C_1 + C_2 e^{-\eta}$$

Les conditions aux limites permettent de déterminer les constantes : $C_1 = 1,\ C_2 = -1$.

$$v(r,t) = \frac{\Gamma}{2\pi r} \left(1 - e^{-r^2/4\nu t} \right)$$

4.2 Autres solutions exactes

Outre les solutions semblables obtenues par des considérations d'analyse dimensionnelle, il existe de nombreuses solutions exactes des équations de Navier-Stokes.

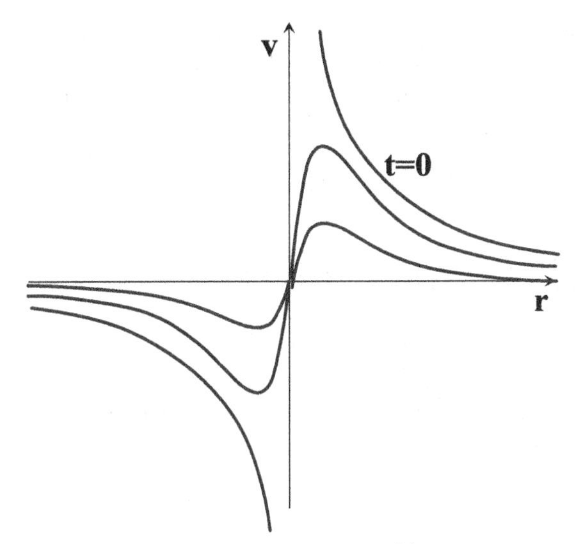

Fig. 4.1 Tourbillon autosimilaire : évolution de la vitesse $V_\theta(r)$ en fonction du temps qui tend vers zéro par diffusion

Ces solutions sont obtenues à partir d'hypothèses simplificatrices diverses (mouvement unidimensionnel, écoulement presque parallèle...) conduisant à des expressions analytiques simples des champs $\mathbf{V}, p, \rho, T$. Toutefois il y en a peu qui satisfont à des situations physiques d'intérêt physique.

4.2.1 L'écoulement de Poiseuille plan et axi-symétrique

L'écoulement dit de Poiseuille correspond à celui généré par un gradient de pression sur un fluide inclus entre deux plans parallèles ou dans un tube de section constante. L'écoulement est supposé laminaire, incompressible, stationnaire, établi. La laminarité dans cette situation conduit à considérer que chaque particule fluide se déplace parallèlement aux parois solides; les composantes transversales de la vitesses sont donc nulles ($v = w = 0$).

En tenant compte de l'incompressibilité, $\nabla \cdot \mathbf{V} = 0$, l'équation sur u devient :

$$\frac{dp}{dz} = \mu \frac{\partial^2 u}{\partial z^2}$$

Les conditions aux limites sur les parois solides sont de type Dirichlet, à vitesse nulle sur $z = \pm H$; elles permettent de déterminer les constantes d'intégration. On impose ici la vitesse de débit V_0 qui est la vitesse moyenne. Les deux premières composantes de l'équation du mouvement permettent de montrer que la pression est une constante dans chaque section droite.

Compte tenu des symétries de la géométrie du système, le gradient de pression dans la direction de l'écoulement est une constante $dp/dx = -Cte$.

La distribution de vitesse solution de l'équation de Navier-Stokes et aux conditions aux limites s'écrit :

$$u(z) = \frac{3}{2} V_0 \left(1 - \frac{z^2}{H^2}\right)$$

Pour le cas du conduit à section circulaire de rayon R, la vitesse axiale devient :

$$u(r) = 2 V_0 \left(1 - \frac{r^2}{R^2}\right)$$

La vitesse maximum est égale à 1.5 fois la vitesse moyenne pour le cas plan et 2 fois pour le cas du tube.

4.2.2 Ecoulement instationnaire dans un tube

On cherche la solution $u(r,t)$ correspondante à l'écoulement instationnaire d'un fluide initialement au repos dans un tube de longueur L et de rayon R. On impose un gradient de pression constant :

$$-G = -\frac{p_e - p_s}{L} = \frac{\partial p}{\partial x}$$

On pose $\mathbf{V} = u\mathbf{e}_x + v\mathbf{e}_r + w\mathbf{e}_\theta$. L'écoulement est laminaire ($v = w = 0$) et axisymétrique ($\partial p/\partial \theta = 0$). La composante axiale de l'équation du mouvement s'écrit :

$$\frac{\partial u}{\partial t} = -\frac{G}{\rho} + \nu \left(\frac{\partial^2 u}{\partial r^2} + \frac{1}{r}\frac{\partial u}{\partial r}\right)$$

Les conditions aux limites expriment l'adhérence à la paroi ($u(R,t) = 0$ et la symétrie sur l'axe ($\partial u(0,t)/\partial r = 0$). La condition initiale correspond au repos $u = 0$. Lorsque $t \to \infty$, la solution stationnaire est

$$u_\infty = \frac{G}{4\mu}\left(R^2 - r^2\right)$$

La solution instationnaire est recherchée sous la forme :

$$u(r,t) = u_\infty(r) - v(r,t)$$

Le système à résoudre s'écrit :

$$\begin{cases} \dfrac{\partial v}{\partial t} = \nu \left(\dfrac{\partial}{\partial r} \left(\dfrac{1}{r} \dfrac{\partial}{\partial r}(r\,v) \right) \right) \\ v(R,t) = 0 \\ v(r,0) = u_\infty \end{cases}$$

Une solution particulière de ce système d'équation est :

$$J_0\left(\lambda_n r/R\right) exp\left(-\lambda_n^2\, \nu\, t/R^2\right)$$

où J_0 est la fonction de Bessel de première espèce d'ordre zéro et λ_n est la racine de $J_0(\lambda) = 0$.

La solution générale s'écrit :

$$v(r,t) = \frac{G}{4\mu} \sum_{n=1}^{\infty} A_n J_0\left(\lambda_n r/R\right) exp\left(-\lambda_n^2\, \nu\, t/R^2\right)$$

Les coefficients A_n doivent satisfaire la condition :

$$R^2 - r^2 = \sum_{n=1}^{\infty} A_n J_0\left(\lambda_n r/R\right)$$

soit

$$A_n = \frac{2R^2}{J_1^2(\lambda_n)} \int_0^1 x\,(1-x^2) J_0\left(\lambda_n x\right) dx = \frac{8\,R^2}{\lambda_n^3\, J_1(\lambda_n)}$$

avec $x = r/R$. Soit finalement la solution générale

$$u(r,t) = \frac{G}{4\,\mu}\left(R^2 - r^2\right) - \frac{2\,G\,R^2}{\mu} \sum_{n=1}^{\infty} \frac{J_0\left(\lambda_n r/R\right)}{\lambda_n^3\, J_1(\lambda_n)} exp\left(-\lambda_n^2\, \nu\, t/R^2\right)$$

4.2.3 Ecoulement instationnaire entre deux plans

Le lecteur vérifiera aisément que la solution instationnaire pour un écoulement plan s'écrit :

$$u(z,t) = \frac{k\,e^2}{2\,\mu}\left(1 - \frac{z^2}{e^2}\right) + \sum_{n=0}^{\infty} a_n(0) exp\left(-\frac{(2n+1)^2\,\pi^2\,\mu}{4\,\rho\,e^2}\,t\right) cos\left((2n+1)\frac{\pi}{2}\frac{z}{e}\right)$$

$$a_n(0) = -\frac{k\,e^2}{\mu}\frac{16\,(-1)^n}{(2n+1)^3\,\pi^3}$$

4.2.4 Ecoulement entre deux plans à viscosité variable

Afin de rechercher une solution analytique à viscosité variable, on propose ici de se donner une variation simple de celle-ci en fonction d'une coordonnée spatiale.

$$\mu = \mu_0 \, exp\left(a^2 \frac{z^2}{e^2}\right)$$

avec $a = 2, e = 0.01, \mu_0 = 1.85 \cdot 10^{-5}$

La solution de l'équation de Navier-Stokes dans les hypothèses habituelles s'écrit :

$$u(z,t) = \frac{k\, e^2\, e^{-a^2}}{2\, a^2\, \mu_0}\left(exp\left(a^2\left(1 - \frac{z^2}{e^2}\right)\right) - 1\right)$$

avec $k = 0.25$

4.2.5 Ecoulement entre deux plans avec dissipation visqueuse

L'objectif est ici de tenir compte du terme de dissipation visqueuse apparaissant dans l'équation de l'Energie lorsque celle-ci est prise en compte. L'écoulement incompressible de Poiseuille entre deux plans se prête bien à cette analyse car le profil de vitesse est simple mais qu'il permet cependant des variations spatiales importantes de la contrainte locale. Dans ce cas test l'espace entre les deux plans est très réduit de manière à augmenter les effets de dissipation.

L'équation de l'énergie s'écrit sous les hypothèses mentionnées et en négligeant la diffusion axiale sous la forme :

$$\rho\, c_p\, u(z)\,\frac{\partial T}{\partial x} = \lambda \frac{\partial^2 T}{\partial z^2} + \mu\left(\frac{\partial u}{\partial z}\right)^2$$

La solution est recherchée sous la forme $T(x,z) = k\,x + \theta(x,z)$. On trouve :

$$T(x,z) = \frac{3\,\mu\, V_0}{\rho\, c_p\, e^2} x + \frac{9\,\mu\, V_0^2}{8\,\lambda\, e^2}\left(2\,z^2 - \frac{z^4}{e^2}\right)$$

La solution théorique obtenue n'est qu'une approximation dans la mesure où les termes représentatifs de la diffusion axiale sont négligeables devant ceux de la diffusion transversale soit :

$$\frac{\partial^2 T}{\partial x^2} << \frac{\partial^2 T}{\partial z^2}$$

4.2.6 *Ecoulement laminaire dans un conduit à section rectangulaire*

On considère ici un écoulement dans un canal cylindrique de section rectangulaire $S = a\,b$. Le gradient de pression est imposé orthogonalement à la section droite du canal. On suppose que les effets de bords qui induisent des recirculations dans les coins sont faibles devant la vitesse orthogonale imposée. En fait les lignes de courant seraient des hélices près des coins. Dans ces conditions la vitesse s'écrit $\mathbf{V} = u(x,z)\mathbf{e}_y$ et la pression est $p(x,y,z) = p(x,z) - G\,y$ où G est le gradient de pression imposé. L'écoulement est aussi supposé incompressible, stationnaire, établi. Dans ces conditions les équations se réduisent à $\nabla^2 u = G$.

Recherchons la solution du problème plus général (P) :

$$\mathbf{P}\begin{cases} \nabla^2 u = f(x,z) \\ u(0,z) = u(a,z) = 0 \\ u(x,0) = u(x,b) = 0 \end{cases}$$

Le problème préliminaire consiste à rechercher f sous la forme :

$$f(x,z) = \sum_n^{\infty} u_n(x,y)$$

Il existe alors un réel positif λ tel que :

$$\begin{cases} \nabla^2 u + \lambda\, u = 0 \\ L(u) = 0 \end{cases}$$

Un théorème assure que les fonctions propres correspondant à deux valeurs propres distinctes sont orthogonales.

On cherche des solutions de P en séparant les variables; cela est possible si l'équation est linéaire et c'est le cas. Si ce n'était pas le cas on a d'autres moyens... On cherche la solution du problème sans second membre $u(x,z)$ sous la forme :

$$u(x,z) = g(x)\,h(z)$$

ce qui donne :

$$\frac{g''}{g} + \frac{h''}{h} + \lambda = 0$$

ce sont deux fonctions de variables différentes donc au plus égales à une constante : λ

$$\frac{g''}{g} = -\alpha^2; \; \frac{h''}{h} = -\beta^2$$

avec

$$\alpha^2+\beta^2=\lambda$$

Une solution particulière s'écrit :

$$u(x,z)=(A_1\,cos\alpha x+A_2\,sin\alpha x)(B_1\,cos\beta z+B_2\,sin\beta z)$$

Compte tenu des conditions aux limites une solution particulière s'écrit:

$$u_{ln}(x,z)=sin\frac{l\pi x}{a}\,sin\frac{n\pi z}{b}$$

l,n entiers.

Le système n'admet pas de solution non triviale hormis pour des valeurs particulières de λ, valeurs propres de l'opérateur linéaire:

$$\lambda_{ln}=\pi^2\left(\frac{l^2}{a^2}+\frac{n^2}{b^2}\right)$$

Les solutions u_{ln} sont les fonctions propres.

La solution générale s'obtient par superposition des solutions particulières :

$$u(x,z)=\sum_{l=1}^{\infty}\sum_{n=1}^{\infty}a_{ln}\,sin\frac{l\pi x}{a}\,sin\frac{n\pi z}{b}$$

Pour la solution avec second membre on développe celui-ci sur la même base :

$$f(x,z)=\sum_{l=1}^{\infty}\sum_{n=1}^{\infty}b_{ln}sin\frac{l\pi x}{a}\,sin\frac{n\pi z}{b}$$

les b_{ln} sont les coefficients de Fourier de $f(x,z)$:

$$b_{ln}=\frac{\int_0^a\int_0^b f(x,z)\,sin\frac{l\pi x}{a}\,sin\frac{n\pi z}{b}dx\,dz}{\int_0^a\int_0^b sin\frac{l\pi x}{a}\,sin\frac{n\pi z}{b}dx\,dz}$$

soit

$$b_{ln}=\frac{4}{ab}\int_0^a\int_0^b f(x,z)\,sin\frac{l\pi x}{a}\,sin\frac{n\pi z}{b}dx\,dz$$

On a donc en reprenant l'équation initiale :

$$-\sum_{l=1}^{\infty}\sum_{n=1}^{\infty}\lambda_{ln}\,a_{ln}\,sin\frac{l\pi x}{a}\,sin\frac{n\pi z}{b}=\sum_{l=1}^{\infty}\sum_{n=1}^{\infty}b_{ln}sin\frac{l\pi x}{a}\,sin\frac{n\pi z}{b}$$

On ne peut pas trouver de solution satisfaisant cette relation quelque soit (x,z). On peut toutefois trouver les coefficients a_{ln} au sens d'une certaine moyenne en utilisant les propriétés d'orthogonalités des fonctions de Fourier. On multiplie des deux membres de cette relation par $sin\frac{i\pi x}{a}\, sin\frac{j\pi z}{b}$ et on intègre a tout le volume. On trouve donc :

$$a_{ij} = -\frac{b_{ij}}{\lambda_{ij}}$$

d'où :

$$u(x,z) = \sum_{i=1}^{\infty}\sum_{j=1}^{\infty} a_{ij}\, sin\frac{i\pi x}{a}\, sin\frac{j\pi z}{b}$$

Cas particulier $f(x,z) = G = 1$

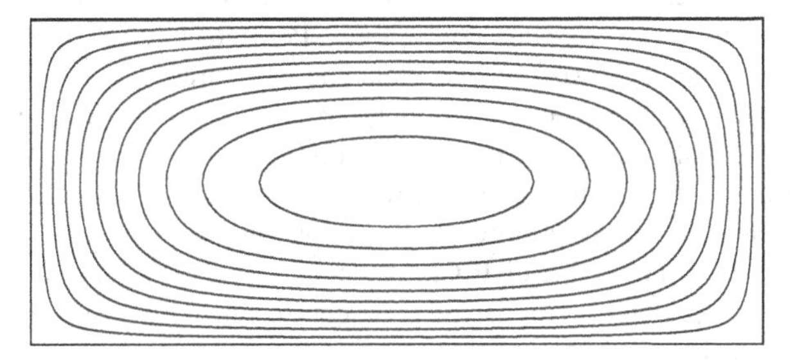

Fig. 4.2 Isovaleurs de la vitesse normale au plan (x,z); la vitesse est maximale au centre du domaine et satisfait les conditions d'adhérence aux bords

$$b_{ln} = \frac{4}{ab}\int\int sin\frac{l\pi x}{a}\, sin\frac{n\pi z}{b} dx\, dz$$

$$b_{ln} = \frac{4}{ab}\int sin\frac{l\pi x}{a} dx \int sin\frac{n\pi z}{b} dz = \frac{4}{ab}\left(\frac{2a}{l\pi}\,\frac{2b}{n\pi}\right) (l\, et\, n\, impairs)$$

soit

$$a_{ij} = \frac{16}{\pi^4\,(2i+1)\,(2j+1)\left(\frac{(2i+1)^2}{a^2} + \frac{(2j+1)^2}{b^2}\right)}$$

et enfin

$$u(x,z) = \sum_{i=0}^{\infty}\sum_{j=0}^{\infty} \frac{16}{\pi^4\,(2i+1)\,(2j+1)\left(\frac{(2i+1)^2}{a^2} + \frac{(2j+1)^2}{b^2}\right)}\, sin\frac{i\pi x}{a}\, sin\frac{j\pi z}{b}$$

La solution est représentée sur la figure 4.2 sous la forme d'isovaleurs de la vitesse axiale avec $a = 2b$.

4.2.7 L'écoulement de Couette cylindrique

On considère l'écoulement incompressible d'un fluide visqueux newtonien entre deux cylindres coaxiaux horizontaux en rotation de longueur infinie et de rayon intérieur R_1 et de rayon extérieur R_2. Le cylindre intérieur est entraîné avec une vitesse de rotation de Ω_1 et le cylindre extérieur à Ω_2. Le fluide a une viscosité égale à μ et une masse volumique égale à ρ.

4.2.7.1 Physique de l'écoulement

La rotation différentielle de deux cylindres coaxiaux met en mouvement le fluide visqueux par entraînement. L'écoulement est laminaire si le nombre de Reynolds est faible; dans ce cas seule la composante polaire de la vitesse V_θ est non nulle et le régime devient stationnaire aux temps longs. Pour des nombre de Reynolds plus élevés, l'écoulement reste stationnaire mais une structuration convective s'installe sous la forme de rouleaux (Rayleigh-Taylor) suivant l'axe z dont le rapport de forme est proche de la distance $r_2 - r_1$. Lorsque le nombre de Reynolds augmente encore, des fluctuations instationnaires dans la direction azimutale sont transportées dans le courant principal. Pour des nombres de Reynolds très élevés, l'écoulement devient turbulent, voir la monographie de P. Chossat et G. Iooss[11] pour plus de détails.

Les solutions calculées dans le cadre de cet exercice sont associées à des très faibles nombres de Reynolds.

4.2.7.2 Hypothèses et approximations

On considère que l'écoulement est stationnaire et que les composantes radiale et axiale de la vitesse sont nulles. De plus l'écoulement est plan, indépendant de la coordonnée z. L'équation de continuité conduit ainsi à une indépendance de la vitesse tangentielle avec θ. Comme V_θ ne dépend que de r et que la seconde composante de Navier-Stokes se réduit à $\partial p/\partial r = 0$, et que la troisième donne $\partial p/\partial z = 0$, la pression ne peut admettre qu'une solution affine sur r. Lorsqu'un tour est effectué on doit bien sûr retrouver la même pression donc la celle-ci ne dépend pas de θ et $p = p(r)$.

L'équation de continuité devient:

$$\frac{\partial V_\theta}{\partial \theta} = 0$$

Quant aux équations de Navier-Stokes elles s'écrivent :

$$-\rho \frac{V_\theta^2}{r} = -\frac{dp}{dr}$$

$$0 = \mu \frac{d}{dr}\left(\frac{1}{r}\frac{d}{dr}(rV_\theta)\right)$$

4.2.7.3 Solution stationnaire

La résolution des équations de Navier-Stokes dans le cadre des hypothèses retenues fournit la solution, en particulier la composante tangentielle de la vitesse et la pression :

$$V_\theta(r) = \frac{a}{2}r + \frac{b}{r}$$
$$p(r) = \rho\left(\frac{a^2}{8}r^2 + a\,b\,Ln(r) - \frac{b^2}{2\,r^2}\right)$$

avec

$$a = 2\frac{\Omega_2\,r_2^2 - \Omega_1\,r_1^2}{r_2^2 - r_1^2}$$
$$b = (\Omega_1 - \Omega_2)\,\frac{r_1^2\,r_2^2}{r_2^2 - r_1^2}$$

où Ω_1 et Ω_2 sont les vitesses de rotation des cylindres interne et externe.

si la vitesse extérieure est nulle

$$V_\theta(r) = V_1\frac{r_1\,r_2}{r_1^2 - r_2^2}\left(\frac{r}{r_2} - \frac{r_2}{r}\right)$$

4.2.7.4 Contrainte à la paroi

Le tenseur des taux de déformations **D** se réduit à la seule composante tangentielle :

$$d_{r\theta} = d_{\theta r} = \frac{1}{2}\left(r\frac{\partial}{\partial r}\left(\frac{V_\theta}{r}\right) + \frac{1}{r}\frac{\partial V_r}{\partial \theta}\right)$$

D'où la contrainte tangentielle :

$$\tau_{r\theta} = \mu\; r\frac{d}{dr}\left(\frac{V_\theta}{r}\right)$$

en tenant compte de l'expression de V_θ on a :

$$\tau_{r\theta} = -\mu\;\frac{2\,b}{r^2}$$

Cet écoulement facile à mettre en oeuvre expérimentalement permet de caractériser la rhéologie d'un liquide en imposant la vitesse de rotation et en mesurant la force tangentielle ou bien en pilotant le rhéomètre en contrainte et en mesurant la vitesse de rotation.

4.2.8 Mise en rotation d'un fluide visqueux dans un cylindre

Ici on recherche la solution correspondant à la mise en rotation d'un fluide visqueux initialement au repos par un cylindre de rayon $r_e = R$ doté d'une vitesse circonférentielle égale à $V_0 = \Omega\, R$ avec $\Omega = 1$ et $R = 0.1$. Le rayon intérieur r_i est nul.

$$\begin{cases} -\rho \dfrac{V_\theta^2}{r} = -\dfrac{\partial p}{\partial r} \\ \dfrac{\partial V_\theta}{\partial t} = \nu \dfrac{\partial}{\partial r}\left(\dfrac{1}{r}\dfrac{\partial}{\partial r}(r V_\theta)\right) \\ r = R \;\rightarrow V_\theta = V_0 \\ r = 0 \;\rightarrow V_\theta = 0 \\ t < 0 \;\rightarrow V_\theta = 0 \end{cases}$$

La résolution est obtenue en séparant partie stationnaire et instationnaire :

$$V_\theta(r,t) = U_\theta(r) + v_\theta(r,t)$$

Solution stationnaire

$$U_\theta(r) = a\, r + \frac{b}{r}$$

avec les conditions aux limites on trouve :

$$U_\theta(r) = V_0 \frac{r}{R}$$

On cherche une solution par séparation des variables :

$$v_\theta(r,t) = f(r)\, g(\theta)$$

on trouve

$$\begin{cases} \dfrac{g'}{g} = -\nu\, \alpha^2 \\ \dfrac{d}{dr}\left(\dfrac{1}{r}\dfrac{d}{dr}(r\, f)\right) + \alpha^2 f = 0 \end{cases}$$

L'équation différentielle sur $f(r)$ est une équation de Bessel d'ordre un, on trouve :

$$\begin{cases} g(t) = A\,e^{-\nu\alpha^2 t} \\ f(r) = B\,J_1(\alpha\, r/R) + C\,Y_1(\alpha\, r/R) \end{cases}$$

Soit la solution générale obtenue par superposition :

$$v_\theta(r,t) = \sum_{n=0}^{\infty} \left(a_n J_1\left(\alpha_n \frac{r}{R}\right) + b_n Y_1\left(\alpha_n \frac{r}{R}\right)\right) e^{-\nu \frac{\alpha_n^2}{R^2} t}$$

avec les conditions aux limites :

$$\begin{cases} r = 0 \;\; v_\theta = 0 \text{ soit } b_n = 0 \\ r = R \;\; v_\theta = 0 \text{ soit } J_1(\alpha_n) = 0 \end{cases}$$

Les α_n sont les racines réelles de cette dernières équation.

Il reste à satisfaire la condition initiale :

$$-\frac{V_0\, r}{R} = \sum_{n=1}^{\infty} a_n J_1\left(\alpha_n \frac{r}{R}\right) e^{-\nu \frac{\alpha_n^2}{R^2} t}$$

pour $t = 0$

Cette relation ne peut pas être satisfaite localement mais seulement au sens d'une moyenne. Pour cela on multiplie les deux membres de cette relation par $r\,J_1(\alpha_m\, r)$ et on intègre sur $[0,R]$.

On a à calculer les deux intégrales :

$$\int_0^R r^2 J_1^2(\alpha_m r/R)\,dr = -\frac{R^3}{\alpha_m^2}\left(\alpha_m J_0(\alpha_m) - 2\,J_1(\alpha_m)\right)$$

$$\int_0^R r\,J_1(\alpha_m r/R)\,J_1(\alpha_n r/R)dr = -\frac{R^2}{2\,\alpha_m}\left(\alpha_m J_0^2(\alpha_m) - 2\,J_0(\alpha_m) J_1(\alpha_m) + \alpha_m J_1^2(\alpha_m)\right)\delta_{nm}$$

en utilisant les propriétés d'orthogonalité des fonctions de Bessel. Les relations de récurrence permettraient quant à elles de simplifier cette écrite en introduisant la fonction $J_2(\alpha_m)$. Les coefficients a_n s'écrivent alors :

$$a_n = \frac{2\,V_0}{\alpha_n} \frac{\left(\alpha_n J_0(\alpha_n) - 2\,J_1(\alpha_n)\right)}{\left(\alpha_n J_0^2(\alpha_n) - 2\,J_0(\alpha_n) J_1(\alpha_n) + \alpha_n J_1^2(\alpha_n)\right)}$$

La solution s'écrit alors :

$$V_\theta(r,t) = V_0\,\frac{r}{R} + \sum_{n=1}^{\infty} a_n J_1\left(\alpha_n \frac{r}{R}\right) e^{-\nu \frac{\alpha_n^2}{R^2} t}$$

Les séries sont alternées mais convergent lentement, environ 50 termes sont nécessaires pour bien représenter la condition initiale (Fig. 4.3) avec toutefois le phénomène de Gibbs.

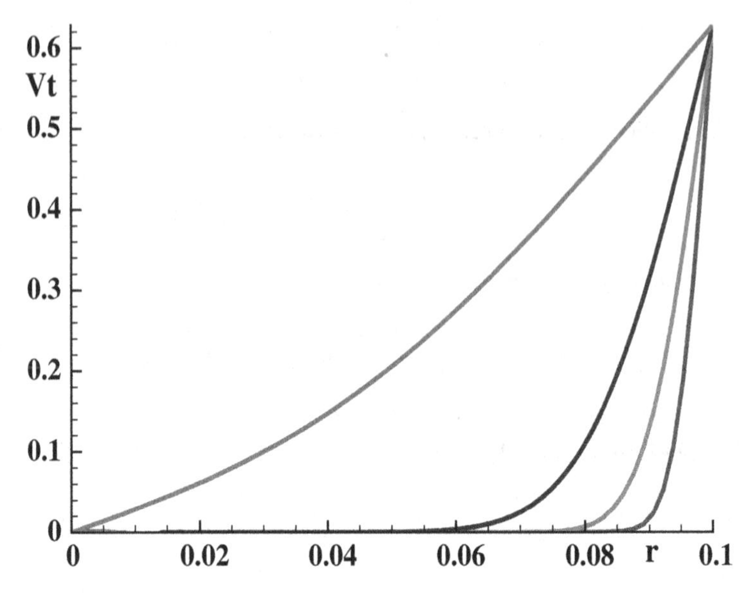

Fig. 4.3 Evolution de la vitesse V_θ en fonction du rayon pour t = 1, 3, 10, 100 s pour une vitesse de rotation de $\Omega = 1\, rd\, s^{-1}$

4.2.9 Ecoulement de Couette pour un fluide de Bingham

Des solutions analytiques peuvent être obtenues lorsque la viscosité du fluide n'est plus constante. C'est le cas du fluide de Bingham présentant une rhéologie particulière où la viscosité devient quasiment infinie pour de faibles taux de déformation. C'est ce que appelle un fluide à seuil. La contrainte est donnée par

$$\begin{aligned} \tau_{r\theta} &= \tau_0 + \eta_\infty d_{r\theta} \\ d_{r\theta} &= r\frac{\partial}{\partial r}\left(\frac{V_\theta}{r}\right) \end{aligned}$$

Comme

$$\frac{1}{r^2}\frac{\partial}{\partial r}\left(r^2\tau_{r\theta}\right) = 0$$

La viscosité s'écrit en fonction du taux de déformation :

La figure 4.4 montre l'évolution de la viscosité en fonction de γ.

$$\mu = \eta_\infty + \frac{\tau_0}{\gamma}$$

Le système d'équation est :

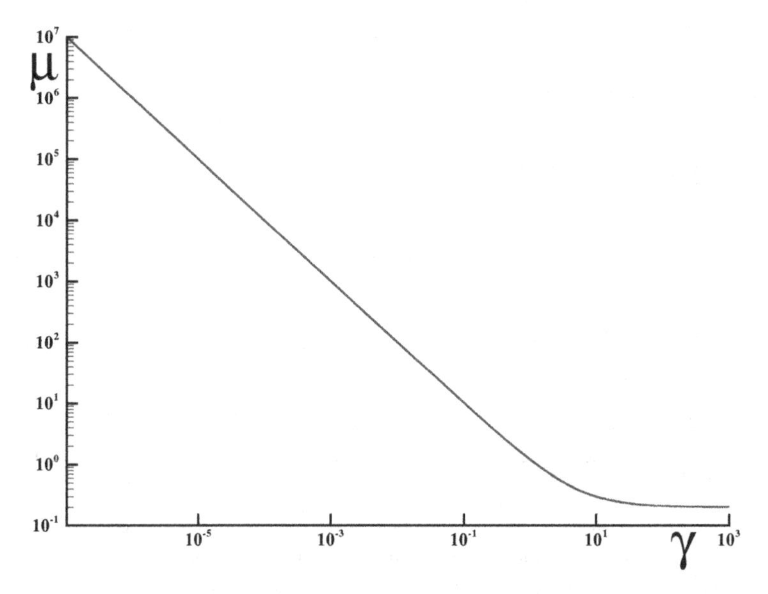

Fig. 4.4 Ecoulement de Couette pour un fluide de Bingham; évolution de la viscosité $\mu = f(\gamma)$

$$\begin{cases} \dfrac{d}{dr}\left(r^2\left(\tau_0 + \eta_\infty r \dfrac{d}{dr}\left(\dfrac{V_\theta}{r}\right)\right)\right) = 0 \\ r = R_1, V_\theta = V_0 \\ r = R_2, V_\theta = 0 \end{cases}$$

La solution s´écrit alors :

$$V_\theta = \frac{\tau_0\, r}{2\,\eta_\infty}\left(\frac{r_0^2}{r^2} - Ln\frac{r_0^2}{r^2} - 1\right)$$

Le rayon r_0 à partir duquel la vitesse est nulle est solution de l'équation suivante :

$$V_0 = \frac{\tau_0\, R_1}{2\,\eta_\infty}\left(\frac{r_0^2}{R_1^2} - Ln\frac{r_0^2}{R_1^2} - 1\right)$$

La figure 4.5 donne l'évolution de la vitesse tangentielle en fonction du rayon. On constate que la vitesse est quasiment nulle pour $r > 0.08$, le domaine se divise en deux, un noyau où la contrainte est suffisante pour provoquer un mouvement et l'extérieur où la vitesse est nulle.

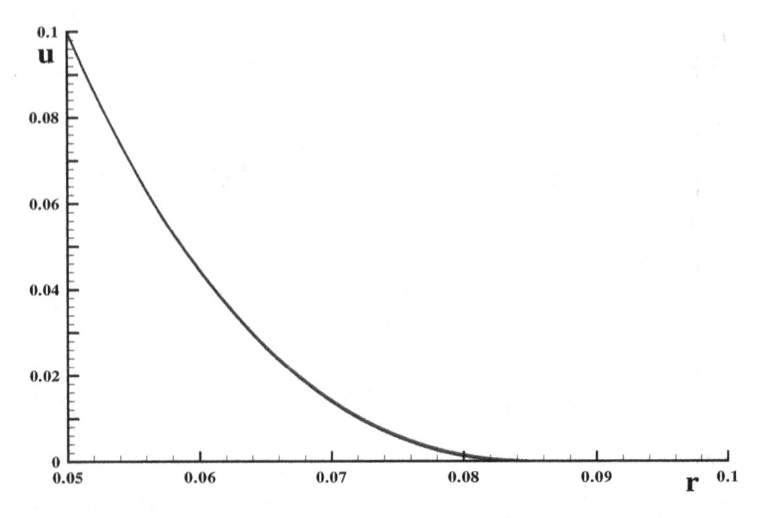

Fig. 4.5 Ecoulement de Couette pour un fluide de Bingham, les solutions théorique et numérique sont pratiquement confondues; la vitesse devient nulle au-delà de la contrainte critique τ_0

Chapitre 5
Dynamique des fluides parfaits - $Re \to \infty$

La notion de fluide parfait est associée dans l'esprit de chacun au fait que l'on néglige les effets de viscosité en donnant une valeur nulle à la viscosité du fluide. En fait la perfection de ce fluide est purement imaginaire et de plus ce n'est pas vraiment le problème, on s'intéresse ici aux écoulements de fluides et non aux fluides. Prenons les fluides tels qu'ils sont avec leur lois d'état et leur rhéologie et essayons de construire une approximation que nous appellerons de "fluide parfait" pour consacrer à la tradition mais qui est basée sur une analyse d'ordre de grandeur des termes d'inertie, de viscosité, etc.

5.1 Théorème de la quantité de mouvement

Considérons un domaine Ω quelconque occupé par le fluide. Ce domaine peut contenir des obstacles, mobiles ou fixes, mais la frontière Σ de Ω doit toujours être formée de particules fluides et constituer une surface fluide, certaines parties de Σ pouvant être des limites de parois solides.

Soit $\mathbf{V}(M)$ le champ de vitesse, $\mathbf{T}(P,\mathbf{n})$ le champ de contrainte, $\mathbf{f}(M))$ la densité volumique des efforts extérieurs.

Le théorème général de la quantité de mouvement exprime que le torseur de la somme des forces extérieures volumiques et de surface est égal à la dérivée particulaire du torseur des quantités de mouvement du système considéré.

$$\frac{d}{dt}[\rho\,\mathbf{V}]_\Omega = [\mathbf{f}]_\Omega + [\mathbf{T}(P,\mathbf{n})]_\Sigma$$

En appliquant l'expression de la dérivée particulaire :

$$\frac{d}{dt}[\rho\,\mathbf{V}]_\Omega = \left[\frac{\partial}{\partial t}\rho\mathbf{V}\right]_\Omega + [\rho\mathbf{V}\,(\mathbf{V}\cdot\mathbf{n})]_\Sigma$$

J.-P. Caltagirone, *Physique des Écoulements Continus*,
Mathématiques et Applications 74, DOI: 10.1007/978-3-642-39510-9_5,

soit

$$\left[\frac{\partial \rho \mathbf{V}}{\partial t}\right]_{\Omega} + [\rho \mathbf{V}(\mathbf{V}\cdot\mathbf{n})]_{\Sigma} = [\mathbf{f}]_{\Omega} + [\mathbf{T}(P,\mathbf{n})]_{\Sigma}$$

Ce théorème conduit à une autre forme de l'équation locale du mouvement d'un milieu continu. Soit en effet l'égalité des résultantes :

$$\iiint_{\Omega} \frac{\partial \rho \mathbf{V}}{\partial t} dv + \iint_{\Sigma} \rho \mathbf{V}(\mathbf{V}\cdot\mathbf{n})\, ds = \iiint_{\Omega} \mathbf{f}\, dv + \iint_{\Sigma} \mathbf{T}\, ds$$

En projection sur $\mathbf{e}_i$ (base associée à un repère rectiligne).

$$\iiint_{\Omega} \frac{\partial \rho V_i}{\partial t} dv + \iint_{\Sigma} \rho V_i (\mathbf{V}\cdot\mathbf{n})\, ds = \iiint_{\Omega} f_i\, dv + \iint_{\Sigma} \sigma_{ij} n_j\, ds$$

$$\iiint_{\Omega} \frac{\partial \rho V_i}{\partial t} dv + \iiint_{\Omega} \nabla\cdot(\rho V_i \mathbf{V})\, dv = \iiint_{\Omega} f_i\, dv + \iiint_{\Omega} \frac{\partial \sigma_{ij}}{\partial x_j} dv$$

Soit, l'équation locale :

$$\boxed{\frac{\partial \rho V_i}{\partial t} + \frac{\partial \rho V_i V_j}{\partial x_j} = f_i + \frac{\partial \sigma_{ij}}{\partial x_j}}$$

5.2 Théorèmes de Bernouilli

5.2.1 Premier théorème de Bernoulli

5.2.2 Rotation et tourbillon

Nous avons défini précédemment le vecteur vitesse de rotation $\omega = \frac{1}{2}\nabla \times \mathbf{V}(M)$ qui traduit la rotation locale du milieu continu considéré ou de l'élément de volume en ce point.

En effet nous avons écrit à l'instant t pour 2 points infiniment voisins :

$$\mathbf{V}(M') = \mathbf{V}(M) + \mathbf{M'M} \times \omega(M) + \mathbf{D}(M)\cdot\mathbf{M'M}$$

cette forme inclue la translation, la rotation et la déformation de la particule fluide, les trois mouvements élémentaires fondamentaux.

A un instant t fixé on appelle surface de rotation toute surface qui, en chacun de ses points, est tangente à ω et ligne de rotation toute ligne qui, en chacun de ses points, est tangente à ω, et tube de rotation une surface de rotation engendrée par des lignes de rotation s'appuyant sur un contour fermé.

5.2.2.1 Equation du tourbillon

a - fluide visqueux newtonien en écoulement incompressible

$$\rho\left(\frac{\partial \mathbf{V}}{\partial t}+\frac{1}{2}\nabla \mathbf{V}^2+\nabla\times\mathbf{V}\times\mathbf{V}\right)=-\nabla p+\mathbf{f}+\mu\nabla^2\mathbf{V}$$

On applique à cette équation l'opérateur $\frac{1}{2}\nabla\times$ et on tient compte de $\nabla\times\nabla=0$ et en intervertissant l'ordre des dérivations :

5.2.2.2 Théorème de Kelvin

Le flux du vecteur tourbillon, à travers une surface que l'on suit dans son mouvement (Fig. 5.1), est constant au cours du temps

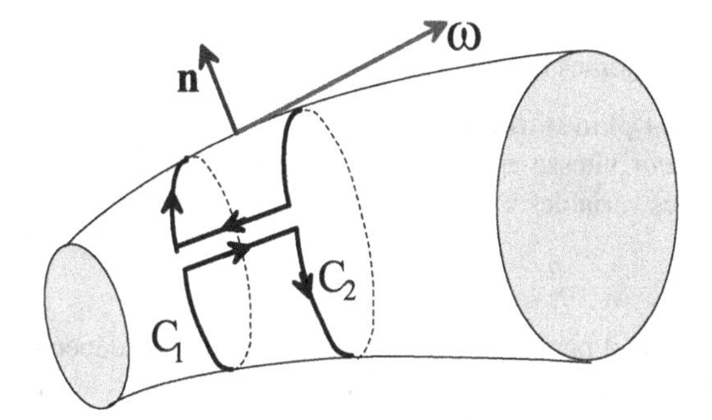

Fig. 5.1 Théorème de Kelvin sur la circulation sur un tube de courant le long d'un contour fermé

compte tenu de la relation

$$\frac{d}{dt}\iint_{\Sigma}\omega\cdot\mathbf{n}\,ds=\iint_{\Sigma}\left(\frac{\partial\omega}{\partial t}+\nabla\times(\omega\times\mathbf{V})+\mathbf{V}\nabla\cdot\omega\right)\cdot\mathbf{n}\,ds$$

de l'équation de la rotation et du fait que le champ de tourbillon est conservatif il vient :

$$\iint_{\Sigma}\omega\cdot\mathbf{n}\,ds=Cte$$

Un autre énoncé du théorème de Kelvin :

La circulation du vecteur vitesse le long d'une courbe fermée que l'on suit dans son mouvement se conserve au cours du temps

En effet :

$$\int_C \mathbf{V} \cdot \mathbf{t} dl = 2 \iint_\Sigma \omega \cdot \mathbf{n} ds = Cte$$

5.3 Ecoulements irrotationnels de fluides parfaits

5.3.1 *Intérêt du concept*

applications : profils, thermique, puits de pétrole, champs électriques

5.3.2 *Potentiel des vitesses, potentiel complexe, fonction de courant*

Exprimons les différentes hypothèses :

- **a - Ecoulement plan stationnaire :**
  $\mathbf{V}(M)$ le vecteur vitesse est constamment parallèle à un plan (x,y), fixe et ne dépend que des variables x et y.

  $$\mathbf{V} = u(x,y)\mathbf{e}_1 + v(x,y)\mathbf{e}_2$$

  L'écoulement étant permanent, la vitesse en un point ne dépend pas du temps et les lignes de courant (Fig. 5.2) sont des courbes fixes dans le temps.
- **b - Ecoulement irrotationnel**
  Soit $\nabla \times \mathbf{V} = 0$, Pour que Γ ne dépende pas du chemin suivi mais seulement des

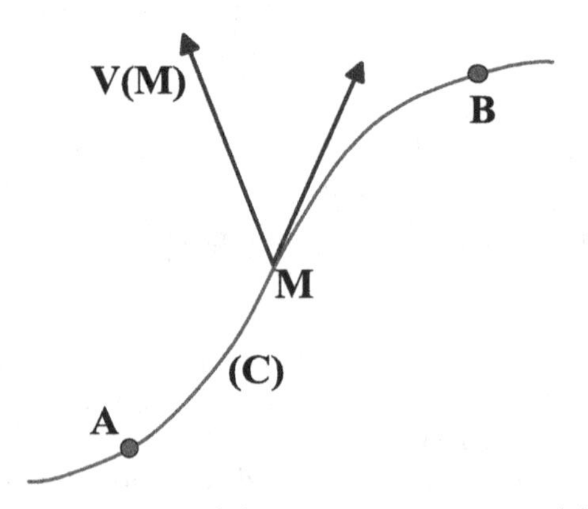

Fig. 5.2 Circulation du vecteur vitesse $\mathbf{V}(M)$ le long d'un contour ouvert (C)

points A et B, il suffit que l'expression $u(x,y)dx+v(x,y)dy$ soit une différentielle totale exacte ou ce qui revient au même $\nabla \times \mathbf{V} = 0$.

$$\Gamma = \int_C \mathbf{V}\, ds = \int_C u(x,y)dx + v(x,y)dy$$

Physiquement cela signifie qu'un élément de volume subit une translation et une déformation mais pas de rotation.

$$d\mathbf{V} = \frac{1}{2}\nabla \times \mathbf{V} \times d\mathbf{M} + \mathbf{D}\cdot d\mathbf{M}$$

D est le tenseur des taux de déformation et $\omega = 1/2\nabla \times \mathbf{V}$ traduit la rotation en bloc de l'élément de volume.

- **c - Fluide incompressible**
  Soit $\nabla \cdot \mathbf{V} = 0$ et $\rho = \rho_0$
- α **Regroupons les hypothèses a et b**

$$\frac{\partial u}{\partial y} - \frac{\partial v}{\partial x}$$

La quantité $udx + vdy$ est donc une différentielle exacte en x et y.
Soit ϕ la fonction telle que $d\phi = udx + vdy$

$$u = \frac{\partial \phi}{\partial x}, \quad v = \frac{\partial \phi}{\partial y} \text{ soit } \mathbf{V} = \nabla \phi$$

Résultat que l'on peut déduire directement de $\nabla \times \nabla \cdot = 0$.
ϕ est le potentiel des vitesses; le lieu des points tels que $\phi = Cte$ est une équipotentielle
D'après ce qui a été dit on a

$$\Gamma = \int_A^B \mathbf{V}\cdot \mathbf{ds} = \phi_B(x,y) - \phi_A(x,y)$$

En particulier, le long d'une courbe fermée, la circulation est nulle

- β **Regroupons les hypothèses a et c :**

$$\frac{\partial u}{\partial x} + \frac{\partial v}{\partial y} = 0$$

induit que $udy - vdx$ est la différentielle d'une fonction ψ telle que $d\psi = udy - vdx$. et

$$u = \frac{\partial \psi}{\partial y}, \quad v = -\frac{\partial \psi}{\partial x}$$

relations que l'on peut mettre sous la forme

$$\mathbf{V} = -\mathbf{e}_3 \times \nabla \psi$$

$\mathbf{e}_3$ est le vecteur unitaire porté par l'axe normal au plan (x,y)

$$d\psi = 0 \Rightarrow udy - vdx = 0 \text{ soit } \frac{u}{dx} = \frac{v}{dy}$$

qui est l'équation des lignes de courant $\psi = Cte$ où $\psi(x,y)$ est la fonction de courant

Remarque : le vecteur grand $\nabla \psi$ est normal aux lignes de courant et dirigé dans le sens des fonctions de courant croissantes.

- En effet soit $\mathbf{dM}$ un déplacement élémentaire sur une ligne de courant $d\psi = \nabla \psi \cdot \mathbf{dM} = 0$ et $\nabla \psi \perp \mathbf{dM}$.
- Soit maintenant $\mathbf{dM}\perp$ à 2 lignes de courant voisines

$$\nabla \psi \cdot \mathbf{dM} = d\psi \begin{cases} d\psi > 0 \Rightarrow \nabla \psi \text{ meme sens que } \mathbf{dM} \\ d\psi < 0 \Rightarrow \nabla \psi \text{ sens oppose a } \mathbf{dM} \end{cases}$$

Cette remarque est aussi valable pour ϕ et les équipotentielles.

En résumé, il existe deux fonctions ϕ et ψ appelées respectivement potentiel des vitesses et fonction de courant telles que :

$$\begin{cases} u = \dfrac{\partial \phi}{\partial x} = \dfrac{\partial \psi}{\partial y} \\ v = \dfrac{\partial \phi}{\partial y} = -\dfrac{\partial \psi}{\partial x} \end{cases}$$

ϕ et ψ vérifient les relations de Cauchy donc la fonction $f(z) = \phi(x,y) + i\psi(x,y)$ est une fonction analytique (continue, dérivable et à dérivées continues et dérivables) de la variable $z = x + iy$. La dérivée

$$\zeta(z) = \frac{df}{dz} = \frac{\partial \phi}{\partial x} + i\frac{\partial \psi}{\partial x} = u - iv$$

est la vitesse complexe de l'écoulement (Fig. 5.3).

$$\|\mathbf{V}\| = q, \ (\mathbf{V}, \mathbf{Ox}) = \omega, \ \zeta = qe^{-i\omega}$$

ζ est le vecteur conjugué du vecteur vitesse. Donc toute fonction analytique $f(z) = \phi(x,y) + i\psi(x,y)$ dans un domaine D peut décrire cinématiquement un écoulement plan irrotationnel, stationnaire d'un fluide incompressible dans ce domaine à condition que $\zeta(z)$ soit uniforme dans D (il ne peut y avoir physiquement non uniformité de la vitesse). $f(z)$ et $\zeta(z)$ donnent tous les renseignements permettant de décrire cinématiquement l'écoulement.

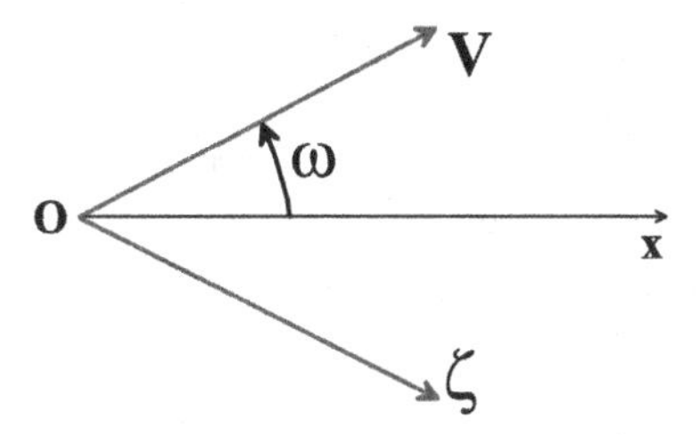

Fig. 5.3 Vitesse réelle **V** et vitesse complexe de l'écoulement ζ d'un écoulement plan irrotationnel

$$f(z) = \phi + i\,\psi = \begin{cases} \phi \text{ potentiel des vitesses} \\ \psi \text{ fonction de courant} \end{cases}$$

- $\phi = Cte$ est le réseau d'équipotentielles : $\mathbf{V}\perp$ équipotentielles et dirigé dans le sens des équipotentielles croissantes.
- $\psi = Cte$ est le réseau de lignes de courant : $\nabla\phi\perp$ lignes de courant et dirigé dans le sens des lignes de courant croissants

$\nabla\phi\perp\nabla\psi$, les deux réseaux sont orthogonaux.

Calcul de la vitesse complexe

$$f(z) = \phi(x,y) + i\,\psi(x,y),\ dz = dx + i\,dy,\ ,df = d(\phi(x,y) + i\,\psi(x,y)) = \frac{\partial\phi}{\partial x}dx + \frac{\partial\phi}{\partial y}dy + i\left(\frac{\partial\psi}{\partial x}dx + \frac{\partial\psi}{\partial y}dy\right)$$

Comme
$$\frac{\partial\psi}{\partial x} = -\frac{\partial\phi}{\partial y} \text{ et } \frac{\partial\phi}{\partial x} = \frac{\partial\psi}{\partial y}$$

$$df = \frac{\partial\phi}{\partial x}dx + i\frac{\partial\phi}{\partial y}dy + i\frac{\partial\psi}{\partial x}dx - \frac{\partial\psi}{\partial x}dy \Rightarrow df = \left(\frac{\partial\phi}{\partial x} + i\frac{\partial\psi}{\partial x}\right)dz$$

$$df = \frac{\partial\phi}{\partial x} + i\frac{\partial\psi}{\partial x} = \frac{\partial\phi}{\partial x} - i\frac{\partial\phi}{\partial y} = \frac{\partial\psi}{\partial y} - i\frac{\partial\phi}{\partial y} = \frac{\partial\psi}{\partial y} + i\frac{\partial\psi}{\partial x}$$

Remarques :

- a- le potentiel des vitesses ϕ et la fonction de courant ψ sont des fonctions harmoniques :

$$\mathbf{V} = \nabla\phi,\ \nabla\cdot\mathbf{V} = 0, \Rightarrow \nabla\cdot\nabla\phi = 0,\ \nabla^2\phi = 0$$

$$\begin{cases} u = \dfrac{\partial\phi}{\partial x} = \dfrac{\partial\psi}{\partial y} \quad v = \dfrac{\partial\phi}{\partial y} = -\dfrac{\partial\psi}{\partial x} \\ \dfrac{\partial^2\phi}{\partial x\partial y} - \dfrac{\partial^2\phi}{\partial x\partial y} = 0 \text{ soit } \nabla^2\psi = 0 \end{cases}$$

- b- Le débit volumique entre deux lignes de courant de cotes ϕ_1 et ψ_2 est égal à $\psi_2 - \psi_1$, il est donc constant. A travers un élément d'arc MN (Fig. 5.4), le débit est égal à $udy - vdx$ celui qui traverse l'arc C_1C_2 est donc :

$$q_v = \int_{C_1}^{C_2} udy - vdx = \int_{C_1}^{C_2} \frac{\partial \psi}{\partial y} dy + \frac{\partial \psi}{\partial x} dx = \int_{C_1}^{C_2} d\psi = \psi_2 - \psi_1$$

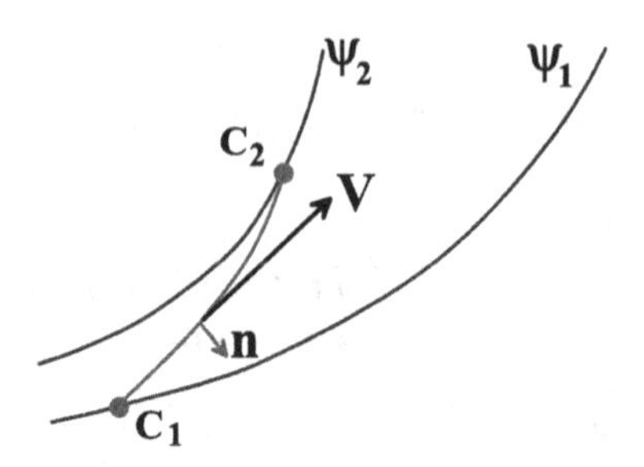

Fig. 5.4 Calcul du débit volumique entre deux lignes de courant de valeurs ψ_1 et ψ_2

- c- longueur d'un élément de ligne de courant ou d'équipotentielle. Sur $\psi = Cte$ l'élément d'arc a pour longueur $\delta s_{\psi=Cte} = \sqrt{\delta x^2 + \delta y^2}$ Cet élément est compris entre les équipotentielles ϕ et $\phi + d\phi$ et on a :

$$\delta\phi = \frac{\partial \phi}{\partial x}\delta x + \frac{\partial \phi}{\partial y}\delta y$$

Comme par ailleurs sur la ligne de courant :

$$\frac{\delta x}{\frac{\partial \phi}{\partial x}} = \frac{\delta y}{\frac{\partial \phi}{\partial y}}$$

On en tire, en éliminant δx et δy entre ces 3 équations :

$$\delta s_{\psi=Cte} = \frac{\delta\phi}{\sqrt{\left(\frac{\partial \phi}{\partial x}\right)^2 + \left(\frac{\partial \phi}{\partial y}\right)^2}} = \frac{\delta\phi}{V}$$

on a

$$V = \sqrt{\left(\frac{\partial \phi}{\partial x}\right)^2 + \left(\frac{\partial \phi}{\partial y}\right)^2} = \sqrt{\left(\frac{\partial \psi}{\partial x}\right)^2 + \left(\frac{\partial \psi}{\partial y}\right)^2}$$

On constate que le long d'une ligne de courant ($\psi = Cte$) la vitesse V est inversement proportionnelle à l'écartement des équipotentielles.

5.3.3 *Propriétés des potentiels complexes*

5.3.3.1 Holomorphie

La première question à résoudre est de savoir si toute fonction $f(z)$ détermine un écoulement irrotationnel de fluide parfait. Du point de vue physique, il est nécessaire que la vitesse complexe $\zeta(z)$ soit une fonction analytique de z, uniforme dans le domaine (D) de l'écoulement. Cette condition est suffisante car les conditions de Cauchy vérifiées par la fonction $\zeta(z) = u - iv$ s'écrivent :

$$\frac{\partial u}{\partial x} = -\frac{\partial v}{\partial y} \text{ et } \frac{\partial u}{\partial y} = \frac{\partial v}{\partial x}$$

Ceci montre que l'écoulement ainsi défini est incompressible et irrotationnel. Regardons ce que cela entraîne pour la fonction $f(z)$.

a - (D) est un domaine simplement connexe

Si le domaine (D) est simplement connexe, la fonction $f(z)$ est elle-même analytique et uniforme (holomorphe dans (D)) car l'intégrale

$$f(z) = f(z_0) + \int_{z_0}^{z} \zeta(z)dz$$

prise le long d'un contour arbitraire joignant le point d'affixe z_0 au point d'affixe z est indépendant de ce contour, ζ n'ayant aucune singularité dans (D) (Fig. 5.5)

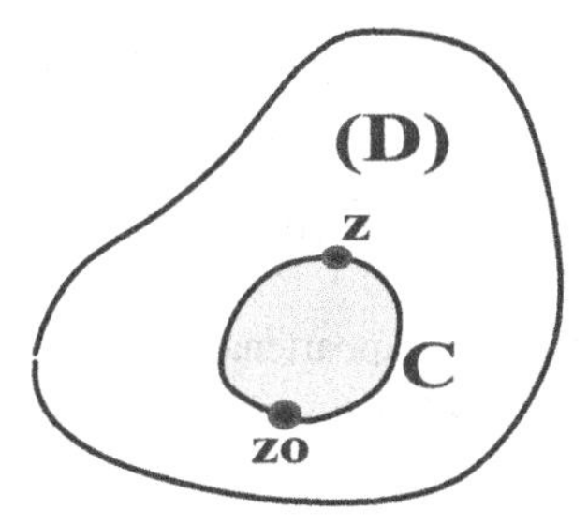

Fig. 5.5 Circulation sur un contour fermé (C) dans un domaine connexe (D) sans singularité

Théorème de Cauchy :

$$\int_C \zeta(z)dz = 0$$

b - (D) est un domaine multiplement connexe

Lorsque le domaine n'est pas simplement connexe la valeur de l'intégrale n'est pas nécessairement indépendante du chemin suivi por joindre z_o à z. La différence pour deux chemins représentés sur la figure (Fig. 5.6) est égale à la valeur de l'intégrale calculée sur un contour (c) entourant l'îlot (Δ).

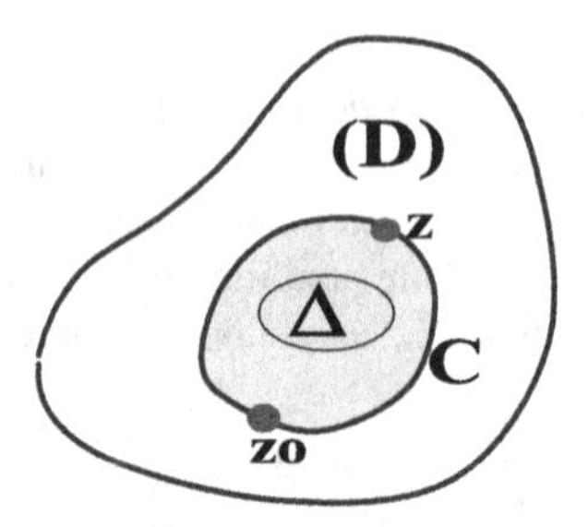

Fig. 5.6 Circulation sur un contour fermé (C) autour d'un îlot contenant une singularité (Δ)

$$\int_C \zeta(z)dz = \int_C (u-iv)(dx+idy) = \int_C (udx+vdy) + i\int_C udy - vdx$$
$$= \int_C \mathbf{V}\cdot\mathbf{t}ds + i\int_C \mathbf{V}\cdot\mathbf{n}ds = \int_C d\phi + id\phi = \Gamma + iD$$

Γ est la circulation du vecteur vitesse autour de l'obstacle (Δ).

D est le débit passant à travers (C) sur une hauteur unité.

Donc, si (D) est multiplement connexe, $f(z)$ est multiforme et sa valeur augmente de $\Gamma + iD$ chaque fois que l'on fait un tour complet autour de (Δ).

Mais la fonction

$$\frac{\Gamma + iD}{2i\pi} Log(z-a)$$

où a désigne l'affixe d'un point appartenant à (Δ) , possède la même propriété que $f(z)$. Il en résulte que la fonction

$$f(z) - \frac{\Gamma + iD}{2i\pi} Log(z-a)$$

est une fonction holomorphe dans (D).

Dans le cas d'un domaine multiplement connexe, on peut définir un domaine $(\bar{D})$ simplement connexe au moyen de coupures convenables du plan analytique, coupures que l'on s'interdit de traverser dans une intégration sur un contour (C).

La fonction $f(z)$ est holomorphe dans une domaine (D) muni de coupures convenables.

5.3.3.2 Théorème de Liouville

Une fonction holomorphe dans tout le plan complexe (y compris le point à l'infini) est une constante.

Il en résulte qu'une fonction analytique $f(z)$ est complètement déterminée à l'aide de ses seules singularités. En effet, au voisinage d'un point singulier z_i, on peut toujours développer la fonction $f(z)$ sous la forme :

$$f(z) \approx S_i(z) + a_0 + a_1(z - z_i) + \frac{a_2}{2}(z - z_i)^2 + \dots$$

où $S_i(z)$ désigne l'ensemble des termes singuliers au point z_i, le reste du développement étant une série de Taylor classique. Si on connaît tous les $S_i(z)$ correspondant aux z_i points singuliers de $f(z)$, la fonction :

$$g(z) = f(z) - \sum_{i=1}^{n} S_i(z)$$

ne présente plus aucune singularité dans tout le plan complexe, puisqu'elle est maintenant développable en série de Taylor en tout point du plan. Par application du théorème de Liouville, il résulte que $g(z)$ est une constante, que l'on peut toujours choisir nulle, le potentiel complexe étant défini à une constante additive près, et on en déduit :

$$f(z) = \sum_{i=1}^{n} S_i(z)$$

On voit ainsi se dessiner une première méthode de résolution du problème direct en trois étapes :

- Prolonger le domaine de définition de $f(z)$ à tout le plan,
- Reconnaître les singularités de $f(z)$ (singularités qui sont nécessairement en dehors de (D), où f est holomorphe, donc à l'intérieur des obstacles),
- Finalement, appliquer le résultat précédent et déterminer $f(z)$ dans tout le plan, donc, en particulier dans (D).

5.3.4 Problème inverse : champs élémentaires correspondant aux singularités des fonctions analytiques

D'après le théorème de Liouville, l'absence de singularités dans l'ensemble du plan complexe entraîne f constant, c'est à dire $\zeta = 0$ ce qui correspond à un fluide au repos à chaque instant. Ce cas trivial étant écarté, on voit qu'il ne peut y avoir mouvement que s'il y a des singularités (au moins en 1 point du plan complexe).

Celles-ci jouant un rôle essentiel, ainsi qu'on vient de le signaler, dans la recherche de $f(z)$, il est naturel d'étudier d'abord les champs induits par les divers types de singularités des fonctions analytiques. On classe ces singularités en trois catégories.

- 1 - Les pôles d'ordre n (n entier positif) au voisinage desquels $f(z)$ a les comportements suivants :

$$\begin{cases} f(z) = \dfrac{A}{(z-z_0)^n} \text{ si } z_0 \text{ est a distance finie} \\ f(z) = A\,z^n \text{ si le pole est a l'infini} \end{cases}$$

- 2 - Les points de branchement que l'on subdivise eux-même en 2 catégories :
  - points de branchement où :
  $f(z) \approx A(z-z_0)^{\alpha}$, α non entier positif ou négatif si z_0 est à distance finie
  $f(z) \approx Az^{\alpha}$ si le point de branchement est à l'infini ou à l'origine
  - points de branchements où :
  $f(z) = ALog(z-z_0)$ si z_0 est à distance finie
  $f(z) = ALogz$ si le point de branchement est à l'infini ou à l'origine
- 3 - Les singularités essentielles qui regroupent toutes les autres singularités possibles, par exemple :
  $f(z) \approx e^{1/(z-z_0)}$
  $f(z) \approx sin(z-z_0)$
  $f(z) \approx Log\,(Log(z-z_0))$
  etc.

5.3.5 Champs élémentaires

5.3.5.1 Ecoulement uniforme

Pôle simple à l'infini : $f(z) = a\,z + b$, a et b constantes.

$$\zeta(z) = \frac{df}{dz} = a = Cte$$

Posons $a = V_0 e^{i\alpha}$, $f(z)$ représente l'écoulement uniforme de vitesse V_0 dont les lignes de courant font l'angle α avec l'axe des x. Equation des lignes de courant $\psi = Cte$ (Fig. 5.7)

$$\begin{aligned} f(z) &= V_0\,(\cos\alpha - i\sin\alpha)\,(x+iy) \\ \psi &= V_0\,(-x\sin\alpha + y\cos\alpha) \\ \psi &= k \Rightarrow -x\sin\alpha = -y\cos\alpha + k \\ y &= x\tan\alpha + Cte \end{aligned}$$

ζ a pour image le vecteur symétrique $/Ox$ de $\mathbf{V}$.

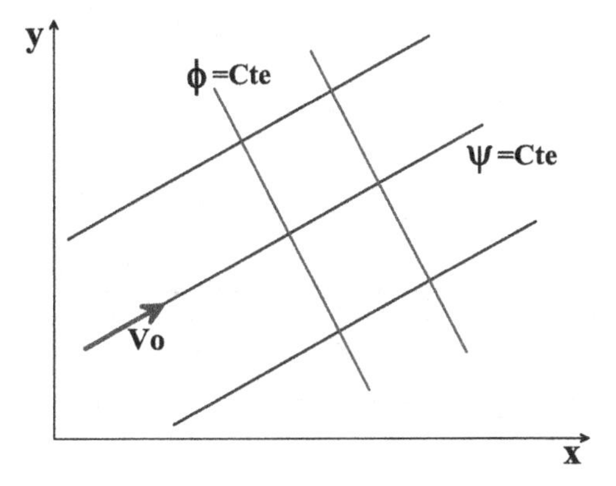

Fig. 5.7 Equipotentielles et lignes de courant pour un écoulement uniforme défini par un potentiel complexe de partie réelle ϕ et de partie imaginaire ψ

$f(z) = az + b$ représente l'écoulement du tour de plaques planes ou de portions de plaques placées sans incidence par rapport à la vitesse à l'infini.

5.3.5.2 Source et puits, $D > 0$ et $D < 0$

$$f(z) = \frac{D}{2\pi} Log(z)$$

$f(z)$ est analytique dans tout le plan sauf à l'origine où $f(z) \to \infty$

$\zeta(z)/2\pi z$ est bien une fonction uniforme.

Si l'on pose $z = re^{i\theta}$

$$\begin{aligned} f(z) &= \frac{D}{2\pi} Log(r) + \frac{iD}{2\pi}\theta \\ \zeta(z) &= \frac{D}{2\pi r} e^{-i\theta} = \frac{D}{2\pi r}(\cos\theta - i\sin\theta) \\ u &= \frac{D}{2\pi r}\cos\theta, \; v = \frac{D}{2\pi r}\sin\theta \end{aligned}$$

et $V^2 = u^2 + v^2 = D^2/4\pi r^2$.

$\psi = \Im(f(z)) = (D/2\pi)\theta$ les lignes de courant sont les droites $\theta = Cte$.

$\phi = \Re(f(z)) = (D/2\pi)Logr$ donc les équipotentielles sont des cercles centrés sur l'origine (Fig. 5.8).

Le débit à travers n'importe quel cercle C centré sur O est $V2\pi r = D/2\pi r * 2\pi r = D = Cte$ en vertu de la conservation de la masse pour un fluide incompressible.

Remarque : le potentiel complexe associé à l'écoulement d'une source ou d'un puits de débit D est placé au point d'affixe a est $f(z) = D/2\pi Log(z-a)$.

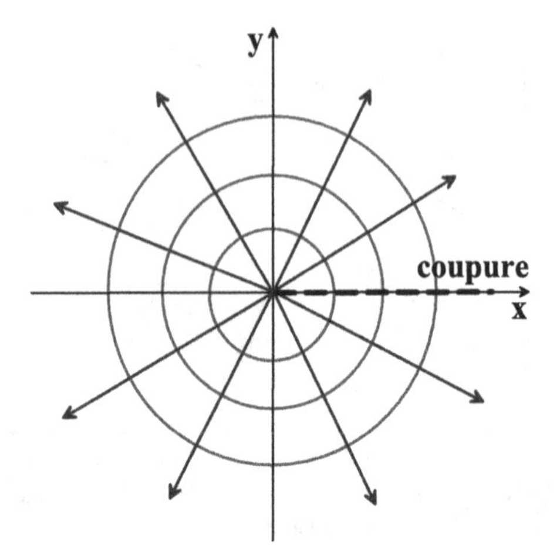

Fig. 5.8 Equipotentielles et lignes de courant pour un écoulement de type source ou puits défini par un potentiel complexe de partie réelle ϕ et de partie imaginaire ψ

5.3.5.3 Tourbillon régulier ponctuel

$$f(z) = -\frac{i\Gamma}{2\pi}Log(z)$$
$$\zeta(z) = -\frac{i\Gamma}{2\pi z}$$

Γ une constante réelle; $f(z)$ analytique dans tout le plan privé de l'origine; ζ est une fonction uniforme On pose $z = re^{i\theta}$

$$f(z) = -\frac{i\Gamma}{2\pi}(Log(r) + i\theta) = \frac{\Gamma}{2\pi}\theta - i\frac{\Gamma}{2\pi}Log(r)$$
$$\zeta(z) = -\frac{i\Gamma}{2\pi r}e^{-i\theta} = \frac{\Gamma}{2\pi r}e^{-i(\theta+\pi/2)} = \frac{\Gamma}{2\pi r}(\cos(-(\theta+\pi/2)) + i\sin(-(\theta+\pi/2))$$

Donc pour $\Gamma > 0$ le module de la vitesse est $\Gamma/2\pi r$ et l'angle qu'elle fait avec $Ox : \theta + \pi/2$, (image de ζ conjugué de l'image de la vitesse).

$\psi = \Im(f(z)) = -\Gamma/2\pi r * Log(r)$: les lignes de courant sont des cercles de centre O et de rayon r.

$\phi = \Re(f(z)) = \Gamma/2\pi * \theta$: les équipotentielles sont des droites issues de l'origine (Fig. 5.9).

La circulation du vecteur vitesse autour d'un cercle (C) de rayon r quelconque, dans le sens positif est égale à Γ

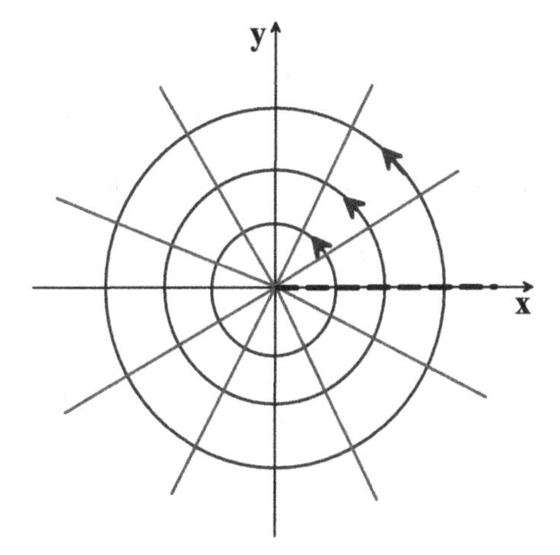

Fig. 5.9 Equipotentielles et lignes de courant pour un écoulement de type tourbillon ponctuel à l'origine défini par un potentiel complexe de partie réelle ϕ et de partie imaginaire ψ

$$\mathbf{V}\begin{cases} u = -\dfrac{\Gamma}{2\pi r}\sin\theta \\ v = \dfrac{\Gamma}{2\pi r}\cos\theta \end{cases} \quad \mathbf{dM}\begin{cases} -r\sin\theta\, d\theta \\ r\cos\theta\, d\theta \end{cases}$$

On sait que $\int d\phi$ est la circulation du vecteur vitesse $\int_0^{2\pi} d\phi = \Gamma$

Remarque : tourbillon autour de A d'affixe a $f(z) = -i\Gamma/2\pi r * Log(z-a)$.

5.3.5.4 Doublet à l'origine d'axe Ox

Soit K une constante réelle

$$f(z) = -\frac{K}{2\pi z}\text{holomorphe dans tout le plan prive de l'origine}$$
$$\zeta(z) = \frac{K}{2\pi z^2}\text{uniforme (holomorphe dans tout le plan prive de l'origine)}$$

on pose $z = re^{i\theta}$

$$f(z) = -\frac{K}{2\pi r}e^{-i\theta} = -\frac{K}{2\pi r}(\cos\theta - i\sin\theta)$$
$$\zeta(z) = \frac{K}{2\pi r^2}e^{-2i\theta}$$

$\psi = \Im(f(z)) = K/2\pi r * sin\theta$ les lignes de courant sont donc les lignes d'équation $K/2\pi r * sin\theta = Cte$ soit en coordonnées cartésiennes $r^2 = x^2 + y^2$, $\sin\theta = y/r$

$$\frac{K}{2\pi(x^2+y^2)}y = C \Rightarrow \frac{Ky}{2\pi C(x^2+y^2)} = 1$$
$$ky = (x^2+y^2) \Rightarrow x^2+y^2-ky = 0$$

équations de cercles centrés sur Oy , tangentes à Ox et de rayon $k/2$ (Fig. 5.10).

$$\left(y-\frac{k}{2}\right)^2 + x^2 = \left(\frac{k}{2}\right)^2$$

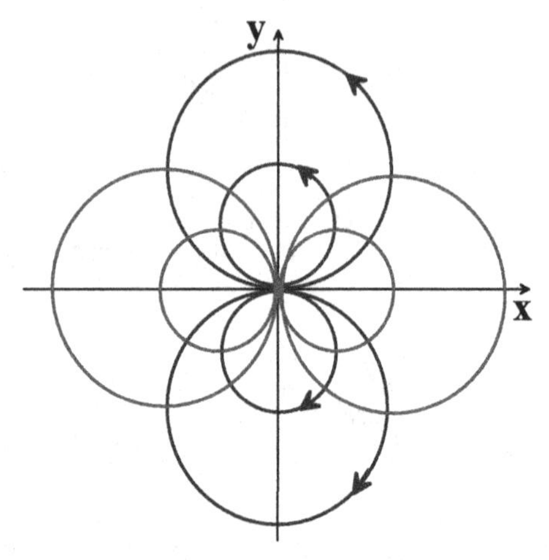

Fig. 5.10 Equipotentielles et lignes de courant pour un Doublet placé à l'origine défini par un potentiel complexe de partie réelle ϕ et de partie imaginaire ψ

$\phi = \Re(f(z)) = -K/2\pi r * \cos\theta$. Par un raisonnement analogue au précédent on montre que $\phi = Cte$ sont des cercles tangentes à Oy et centrés sur Ox.

Exemple : champ magnétique d'un aimant loin de celui-ci

Remarques :

- 1 - Le doublet est la limite d'un système puits-source disposé selon l'axe du doublet

  Considérons un puits à l'origine et un puits placé sur l'axe Ox à une distance ε de l'origine. Le potentiel complexe s'écrit :

$$f(z) = \frac{D}{2\pi}Log(z-\varepsilon) - \frac{D}{2\pi}Log(z);\ D>0$$
$$f(z) = -\frac{D}{2\pi}Log\left(\frac{z}{z-\varepsilon}\right) = -\frac{D}{2\pi}Log\left(\frac{1}{1-\varepsilon/z}\right)$$
$$Log\left(1-\frac{\varepsilon}{z}\right) = -\frac{\varepsilon}{z} - \frac{\varepsilon^2}{z^2} - ... = -\frac{\varepsilon}{z}$$

$$f(z) = -\frac{D\varepsilon}{2\pi z} = -\frac{K}{2\pi z};\; K > 0$$

$D \to \infty$ quand $\varepsilon \to 0$.
Démonstration identique pour un doublet de mouvement négatif (limite d'un système source-puits)

5.3.5.5 Ecoulement dans ou autour d'un angle

- Ecoulement dans un angle droit
  Soit $f(z) = az^2$, a réel. La vitesse complexe est alors :

$$\zeta = 2az = 2a\,(x+iy) \Rightarrow \mathbf{V}\begin{cases} u = 2ax \\ v = -2ay \end{cases}$$

$$f(z) = a\,(x+iy)^2 = a\left(x^2 - y^2 + 2ixy\right)$$
$$f(z) = a\left(x^2 - y^2\right) + 2iaxy$$
$$\psi = 2axy$$

Les lignes de courant sont les lignes d'équations $xy = Cte$: hyperboles équilatères d'asymptotes Ox et Oy qui sont aussi lignes de courant (Fig. 5.11). $\phi = a\left(x^2 + y^2\right)$

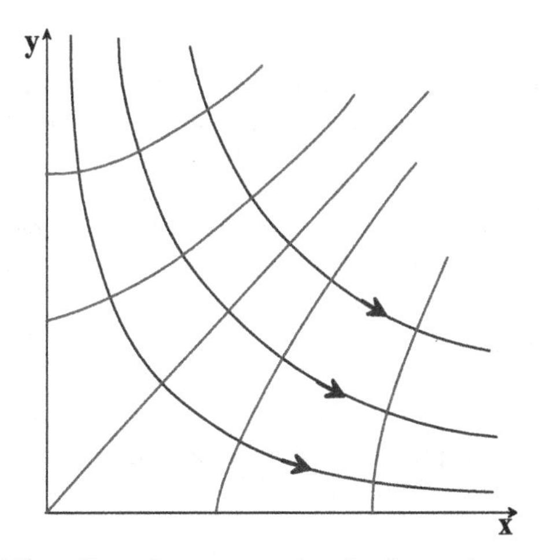

Fig. 5.11 Equipotentielles et lignes de courant pour un écoulement dans un angle droit défini par un potentiel complexe de partie réelle ϕ et de partie imaginaire ψ

donc $\phi = Cte \Rightarrow x^2 - y^2 = k$ soit $x^2/k - y^2/k = 1$: hyperboles équilatères d'axes de symétrie Ox et Oy. En matérialisant les lignes de courant Ox et Oy on obtient l'écoulement dans un angle.

- Généralisation

1 - $f(z) = az^n$, a réel et $n \geq 1$.
La vitesse s'écrit $\zeta = naz^{n-1}$ ζ non forcément uniforme : on ne peut pas étudier

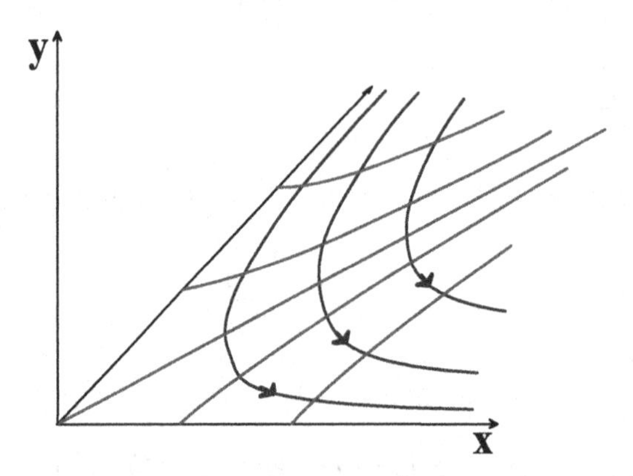

Fig. 5.12 Equipotentielles et lignes de courant pour un écoulement dans un angle aigu défini par un potentiel complexe de partie réelle ϕ et de partie imaginaire ψ

l'écoulement que dans le plan muni d'une coupure adéquate faite à priori du point de branchement à l'origine ou ce qui revient au même limiter de 0 à 2π la variation de θ.
$z = re^{i\theta} \Rightarrow f(z) = ar^n e^{in\theta} = ar^n (\cos\theta + i\sin\theta)$
$\psi = ar^n \sin(n\theta)$: les lignes de courant (Fig. 5.12) sont des lignes d'équation $r^n \sin(n\theta) = Cte$. Il existe en particulier deux lignes de courant que l'on peut matérialiser : $\theta = 0$ et $\theta = \pi/n$.

2 - $f(z) = az^n$, a réel et $1/2 \geq n < 1$.
En particulier $n = 1/2$: plaque semi-infinie on écoulement autour d'une parabole.
$\psi = ar^{1/2}\sin(\theta/2)$ donc $\psi = Cte$.
$\sqrt{r}\sin\theta/2 = k \Rightarrow r\sin^2(\theta/2) = k^2$.
soit $r/2\,(1-\cos\theta) = k^2$ ou $r'1 - \cos\theta) = k'$

et $\sqrt{x^2+y^2} - x = k' \Rightarrow x^2 + y^2 = k'^2 + x^2 + 2xk'$
$y^2 - 2k'x - k'^2 = 0$: équation des paraboles (Fig. 5.13).

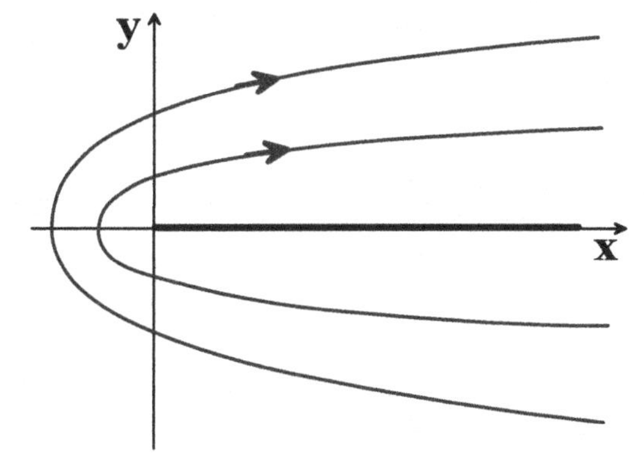

Fig. 5.13 Equipotentielles et lignes de courant pour un écoulement autour d'un angle obtu de 180° (plaque plane) défini par un potentiel complexe de partie réelle ϕ et de partie imaginaire ψEcoulement

Chapitre 6
Approximation de Stokes - $Re \to 0$

L'approximation de Stokes peut apparaître au premier abord comme un paradoxe : il est envisagé de calculer un champ de vitesse et le champ de pression associé lorsque cette vitesse tend vers zéro! En fait c'est le nombre de Reynolds qui doit tendre vers zéro et le champ de vitesse obtenu par cette approximation doit être considéré comme la limite, si elle existe, de la vitesse calculée à nombre de Reynolds non nul. Cette approximation conduit quelquefois à un problème mal posé, par exemple pour le cas d'un objet 2D dans un écoulement à vitesse constante où la solution obtenue est inconsistante avec les conditions aux limites du problème.

La simplicité de l'équation de Stokes, notamment sa linéarité n'exclut pas la complexité des solutions obtenues; Par exemple des recirculations, des décollements peuvent être observés pour des écoulements à priori très simples comme la cavité entraînée.

6.1 Equation de Stokes

6.1.1 Le problème de la pression

Lorsque le nombre de Reynolds tend vers zéro, l'adimensionnement des équations du mouvement mise en oeuvre pour les équations de Navier-Stokes devient inadéquat. Dans cette dernière situation la pression est rendue adimensionnelle par ρV_0^2 et l'équation de Navier-Stokes devient :

$$\frac{\partial \mathbf{V}}{\partial t} + \mathbf{V} \cdot \nabla \mathbf{V} = -\nabla p + \frac{1}{Re} \nabla^2 \mathbf{V}$$

Si l'on fait tendre directement vers zéro le nombre de Reynolds dans cette équation, on est conduit à une équation de Laplace $\nabla^2 \mathbf{V} = 0$. Associée à la contrainte d'incompressibilité $\nabla \cdot \mathbf{V} = 0$ cette équation est inconsistante.

J.-P. Caltagirone, *Physique des Écoulements Continus*,
Mathématiques et Applications 74, DOI: 10.1007/978-3-642-39510-9_6,

Pour le montrer prenons un exemple simple correspondant à un écoulement laminaire incompressible stationnaire entre deux plans :

$$\begin{cases} \dfrac{\partial^2 u}{\partial z^2} = 0 \\ \\ u = 0 \ pour \ z = 0 \ et \ 1 \end{cases}$$

La solution de ce système $u(z) = az + b$ associée aux conditions aux limites conduit à une vitesse identiquement nulle $u = 0$.

Ce comportement est dû au mauvais choix de l'adimensionnement de la pression basée sur les forces d'inertie négligés ici. Physiquement la pression tend vers zéro comme la vitesse et il est donc nécessaire de rendre la pression adimensionnelle avec les forces visqueuses par unité de surface $\mu V_0/H$

6.1.2 Les différentes formes de l'équation de Stokes

L'équation de Stokes [22] ne fait intervenir que le terme correspondant au tenseur des contraintes :

$$\nabla \cdot \sigma = 0$$

ou

$$\frac{\partial \sigma_{ij}}{\partial x_j} = 0$$

A partir de l'équation de Stokes sous la forme :

$$-\nabla p + \mu \nabla^2 \mathbf{V} = 0$$

En tenant compte de

$$\nabla^2 \mathbf{V} = \nabla (\nabla \cdot \mathbf{V}) - \nabla \times \nabla \times \mathbf{V}$$

et en posant

$$\omega = \nabla \times \mathbf{V}$$

il vient

$$-\nabla p + \mu \nabla \times \omega = 0$$

En prenant la divergence de cette équation il vient aussi :

$$\nabla^2 p = 0$$

Ou, en prenant le rotationnel on a :

$$\nabla^2 \omega = 0$$

On voit, qu'en régime stationnaire, qu'il n'y a pas de transport de vorticité en régime de Stokes.

Une dernière forme s'obtient en introduisant le potentiel vecteur défini par :

$$\mathbf{V} = \nabla \times \Psi$$

tel que $\nabla \cdot \Psi = 0$, soit

$$\nabla^4 \Psi = 0$$

6.2 Propriétés de l'équation de Stokes

6.2.1 Unicité

C'est une conséquence de la linéarité; pour un même gradient de pression :

$$\begin{cases} -\nabla p + \mu \nabla^2 \mathbf{V} = 0 \\ -\nabla p + \mu \nabla^2 \mathbf{V}' = 0 \end{cases}$$

on a

$$\mu \nabla^2 (V - V') = 0$$

soit :

$$\mathbf{V} \Rightarrow \mathbf{V}'$$

Le terme d'inertie $\mathbf{V} \cdot \nabla \mathbf{V}$ introduit une non-linéarité qui conduit à une infinité de solutions avec des bifurcations apparaissant lorsque l'effet de la non-linéarité augmente devant les termes linéaires.

6.2.2 Réversibilité

Lorsque l'on la vitesse imposée change de signe, la pression ou plutôt le gradient de pression est inversé

$$\mathbf{V} \to -\mathbf{V}$$
$$\nabla p \to -\nabla p$$

Voici ci-dessous un exemple célèbre avec l'expérience de G.I. Taylor d'un motif carré sur un écoulement de Couette cylindrique (Fig. 6.1).

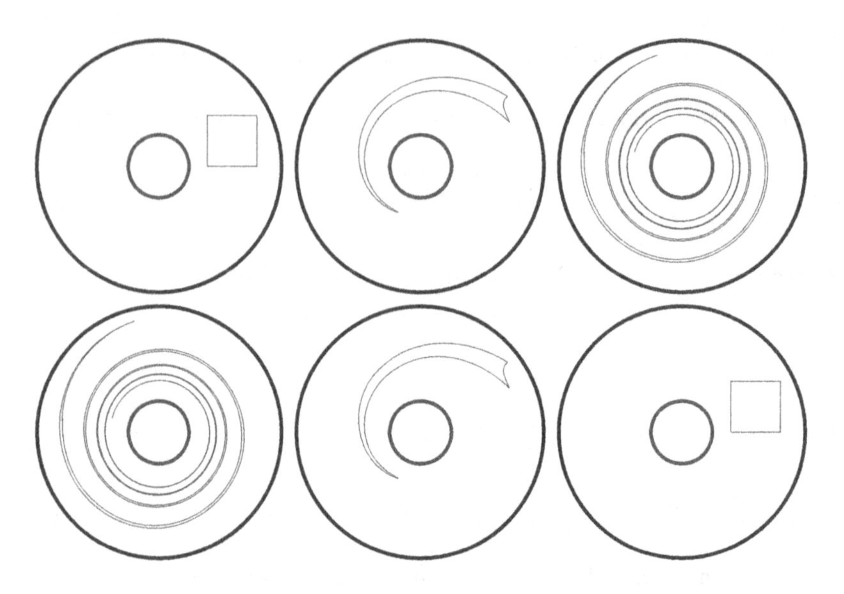

Fig. 6.1 La réversibilité selon G.I. Taylor [30]; un carré est déformé par un champ de vitesse correspondant à un écoulement de Couette généré par la rotation du cylindre intérieur sur 10 tours (en haut); l'inversion du sens de rotation sur le même nombre de tours redonne la solution initiale (en bas)

Un fluide très visqueux occupe l'espace entre deux cylindres co-axiaux. Sur sa surface libre est tracé un carré avec le même fluide coloré préalablement (en rouge) puis le cylindre intérieur est mis en rotation. Compte tenu de la forte viscosité du fluide, l'écoulement est s'adapte instantanément à la solution de Couette cylindrique. Le carré se déforme continûment tant que dure la rotation du cylindre intérieur et fini par disparaître sous forme de filaments très ténus. Après une dizaine de tours, le sens de rotation est inversé. On constate la ré-apparition d'une forme qui finit par être un carré après avoir réalisé le même nombre de tours que lors de la première phase.

L'équation de Stokes régissant le phénomène décrit étant linéaire, celui-ci est complètement réversible. Il n'en serait bien évidemment pas de même si les effets inertiels eussent été non négligeables.

Un autre exemple étonnant est celui d'une chute d'une sphère dans un milieu visqueux sur une paroi parfaitement lisse. En milieu libre on montre que la vitesse de chute en régime de Stokes est constante. Dès que la sphère est dans le voisinage de la paroi, la pression entre la sphère et la paroi augmente et les effets visqueux deviennent très importants. Le fluide est drainé vers l'extérieur très lentement, c'est le phénomène de lubrification. On peut montrer que la sphère ne sera jamais en contact avec la paroi en un temps fini.

Ce résultat ne peut être mis en évidence expérimentalement; en effet dans la pratique les parois ne sont pas parfaitement lisses et les rayures à l'échelle microscopique drainent le fluide ce qui permet le contact de la sphère sur les aspérités supérieures.

6.2.3 Additivité

Soient $\mathbf{V}_1$ et $\mathbf{V}_2$, deux champs de vitesse solution de l'équation de Stokes, ∇p_1 et ∇p_2, deux champs de gradients de pression correspondant et deux réels λ_1 et λ_2 .L'additivité conduit à définir un nouveau champ de vitesse et un nouveau champ de pression, solution de Stokes:

$$\begin{cases} \mathbf{V} = \lambda_1 \mathbf{V}_1 + \lambda_2 \mathbf{V}_2 \\ \nabla p = \lambda_1 \nabla p_1 + \lambda_2 \nabla p_2 \end{cases}$$

Exemple : Superposition de deux écoulements : les écoulements Couette plan et Poiseuille plan donne une nouvelle solution de l'équation de Stokes (Fig. 6.2).

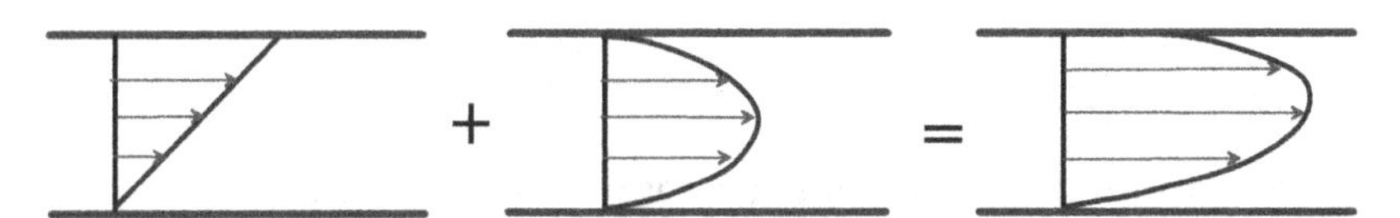

Fig. 6.2 Superposition d'écoulements en régime de Stokes; la superposition d'un écoulement de Couette plan et de Poiseuille donne un autre écoulement régi par l'équation de Stokes

Chaos lagrangien : Il existe toutefois des situations ou l'écoulement en régime de Stokes ne conduit pas à une réversibilité complète. C'est le cas où les deux cylindres précédents ne sont plus parfaitement coaxiaux. Dans cette situation il existe une très grande sensibilité des trajectoires du traceur à la forme des lignes de courant qui dans ce cas ne sont plus circulaires (phénomène utilisé pour les mélangeurs).

6.2.4 Minimisation de la dissipation

On peut montrer qu'un écoulement régi par une équation de Stokes dissipe une énergie inférieure à tout autre écoulement incompressible possédant les mêmes conditions aux limites.

On appelle $\mid \varepsilon \mid$ le taux de dissipation de l'énergie cinétique

$$\mid \varepsilon \mid = \iiint_{\Omega} \sigma_{ij} \frac{\partial V_i}{\partial x_j} dv = \frac{\mu}{2} \iiint_{\Omega} \left(\frac{\partial V_i}{\partial x_j} + \frac{\partial V_j}{\partial x_i} \right)^2 dv$$

On peut démontrer que ce taux de dissipation est minimum pour les écoulements laminaires. Pour les écoulements turbulents le taux de dissipation augmente.

6.2.5 Efforts en régime de Stokes

6.2.5.1 Linéarité entre vitesse et force

On montrera que

$$\mathbf{F} = -C \mu D \mathbf{V} = 0$$

où C est une constante associée à la forme du profil.

6.2.5.2 Propriété de la symétrie des écoulements

translation : colinéarité des forces de frottements et de la vitesse. Exemple carré tombant sous l'influence de la gravité dans un fluide visqueux. La force s'applique au centre de gravité du solide.

6.3 Exemples d'écoulements en régime de Stokes

6.3.1 Cylindre circulaire en milieu infini - paradoxe de Stokes

On a :

$$\begin{cases} \nabla \cdot \mathbf{V} = 0 \\ -\nabla p + \nabla^2 \mathbf{V} = 0 \end{cases}$$

$$\exists \psi \Rightarrow \nabla \cdot \mathbf{V} = 0,\ U = \frac{\partial \psi}{\partial z},\ W = -\frac{\partial \psi}{\partial x},$$

En prenant le rotationnel de l'équation de Stokes on obtient :

$$\nabla^4 \psi = 0$$

Sous réserve que le contour(C) soit simplement connexe et sans point singulier, il n'existe aucune solution de l'équation biharmonique vérifiant les conditions aux limites $\mathbf{V} = 0$ sur (C) et $\mathbf{V} = \mathbf{V}_0$ à l'infini.

Cas du cylindre circulaire

Considérons un cylindre de section circulaire de rayon $R = 1$ dans un milieu infini (Fig. 6.3). La vitesse à l'infini est constante et égale à $V_0 = 1$.

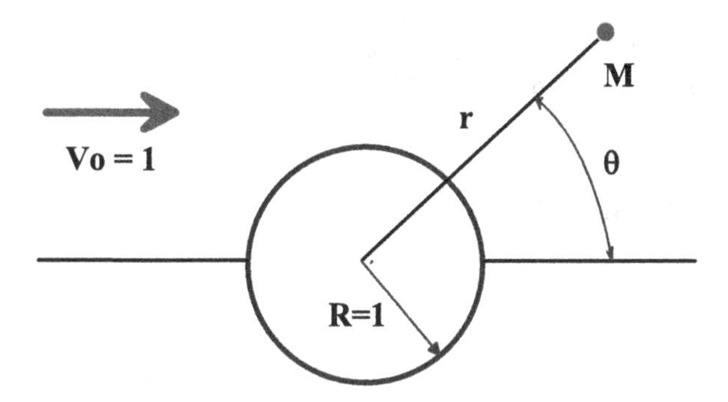

Fig. 6.3 Ecoulement autour d'un cylindre à section circulaire dans un milieu infini en régime de Stokes; la vitesse à l'infini est égale à $\mathbf{V} = V_0\,\mathbf{e}_x$; (r,θ) sont les coordonnées polaires

$$\begin{cases} \nabla^2\nabla^2\psi = 0 \\ r \Rightarrow \infty \;\; \psi = r\,\sin\theta \\ r = 1 \;\; \psi = 0, \; \partial\psi/\partial r = 0 \end{cases}$$

La solution dont le détail est donnée plus loin (voir chapitre 10) s'écrit :

$$\psi(r,\theta) = 2D\left(r\,Logr - \frac{r}{2} + \frac{1}{2r}\right)\sin\theta$$

Comme on peut le voir $\forall D$ il est impossible de raccorder à la solution à l'infini : c'est le paradoxe de Stokes.

On peut montrer que loin du cylindre, lorsque $r \approx 1/Re$, que la solution doit être remplacée par la solution d'Oseen :

$$\psi(r,\theta) = r\sin\theta$$

6.4 Ecoulements en milieux poreux

6.4.1 Généralités

En étudiant le réseau d'alimentation en eau de la ville de Dijon, Darcy a montré que la perte de charge au travers d'un milieu poreux était proportionnelle à la vitesse moyenne de l'écoulement du fluide. Depuis de très nombreuses applications de la loi qui porte son nom se retrouve dans les industries pétrolières, chimiques, alimentaires, l'hydrogéologie, etc. Ces écoulements en milieux poreux font aussi partie d'une classe d'écoulements dits rampants.

Cette loi considéré comme phénoménologique peut aussi être retrouvée comme une dégénérescence de l'équation de Navier-Stokes.

6.4.2 *Définitions*

6.4.2.1 Porosité

C'est une caractéristique intrinsèque du substrat solide qui définit le volume interstitiel V_f rapporté au volume total V_t:

$$\varepsilon = \frac{V_f}{V_t}$$

6.4.2.2 Tailles des pores

Le diamètre moyen des pores d pour un milieu poreux caractérise la taille caractéristique utilisée pour appréhender un certain nombre de phénomènes physiques associés comme la notion de seuil capillaire, de perméabilité au passage d'un fluide, etc.

6.4.2.3 Tortuosité

La tortuosité τ caractérise le cheminement relatif d'un élément de fluide dans un milieu poreux. C'est le rapport au carré de la longueur directe L à la longueur de la trajectoire suivie L_r .

$$\tau = \left(\frac{L}{L_r}\right)^2$$

6.4.2.4 Perméabilité

Ce paramètre s'exprime en m^2 (SI) ou en darcy (1 darcy = $10^{-12} m^2$). Sa valeur peut directement être évaluée à partir de l'équation de Darcy (perméamètre à mercure par exemple) ou exprimé avec les paramètres géométriques du milieu poreux.

La loi de Cozeny-Karman exprime par exemple la perméabilité d'un amas de sphères de même taille en empilement aléatoire :

$$K = \frac{d^2}{48\,C_0}\frac{\varepsilon^3}{(1-\varepsilon)^2}$$

avec $C_0 = 4.84$.

De nombreuses relations semi-empiriques peuvent être trouvées dans la littérature en fonction de la topologie du substrat solide.

6.4.2.5 Chaleur volumique

Le produit de la masse volumique ρ et de la chaleur spécifique c_p est la chaleur volumique du fluide $(\rho\, c_p)_f$ du fluide ou celle du solide $(\rho\, c_p)_s$. Cette quantité étant additive il est aisé de calculer la chaleur volumique du milieu poreux considéré comme un milieu continu :

$$(\rho\, c_p)^* = \varepsilon\,(\rho\, c_p)_f + (1-\varepsilon)\,(\rho\, c_p)_s$$

6.4.2.6 Conductivité thermique

Si k_f et k_s sont les conductivités thermiques des phases fluide et solide, la conductivité thermique du milieu poreux considéré comme un continu n'est pas déterminée comme précédemment avec une loi de mélange. En effet la conductivité du milieu poreux n'est pas une quantité additive et sa valeur dépend non seulement de k_f et de k_s) mais aussi de nombreux paramètres attachés à la topologie du milieu et encore à la vitesse du fluide dans les pores sans compter son caractère tensoriel Λ).

Dans le cas où la vitesse est faible (régime de Darcy), la conductivité devient un tenseur intrinsèque; pour des nombres de Péclet plus élevés, cette quantité est un pseudo-tenseur :

$$\Lambda^* = f\left(\Lambda_f, \Lambda_s, V_0, \text{topologie}, \ldots\right)$$

Il est possible de définir deux lois limites des quantités scalaires à partir de deux modèles simples, le modèle parallèle et le modèle série. Un calcul conduit aux expressions suivantes :

$$\begin{cases} k^{*//} = \varepsilon\, k_f + (1-\varepsilon)\, k_s \\[2ex] k^{*\perp} = \dfrac{2\, k_f k_s}{\dfrac{\varepsilon}{k_f} + \dfrac{(1-\varepsilon)}{k_s}} \end{cases}$$

6.4.3 Loi de Darcy

La loi phénoménologique de Darcy peut s'écrire sous forme locale de la manière suivante :

$$-\nabla p - \frac{\mu}{K}\mathbf{V} = 0$$

où μ est la viscosité dynamique.

$\mathbf{V}$ est ici une vitesse moyenne barycentrique appelée vitesse de filtration. On définit aussi la vitesse interstitielle comme $\mathbf{V}_f = \mathbf{V}/\varepsilon$.

Pour construire une équation du mouvement à l'instar de l'équation de Navier-Stokes, un terme instationnaire lui a été adjoint, terme pondéré par la porosité:

$$\varepsilon \frac{\partial \mathbf{V}}{\partial t} = -\nabla p - \frac{\mu}{K}\mathbf{V}$$

Toutefois une mise sous forme adimensionnelle permet de vérifier que ce terme est largement négligeable dans toutes les applications pratiques. La division du substrat solide favorise sensiblement les effets visqueux par rapport aux autres effets.

6.4.4 Loi d'Ergun, équation de Darcy-Forchheimer

Lorsque la vitesse augmente au sein d'un milieu poreux, les effets inertiels à l'échelle de chaque pore commencent à apparaître. Cet effet prend de l'importance à partir d'un nombre de Reynolds de pore

$$Re_p = \frac{\rho\, V_0 \sqrt{K}}{\mu}$$

de l'ordre de 5. Au-delà le gradient de pression augmente plus vite que la vitesse. Les changements fréquents de trajectoire du fluide au sein du milieu poreux conduisent à une perte relative de l'énergie cinétique du fluide le long de son parcours.

De nombreux travaux anciens et plus récents ont eut pour objet d'identifier un terme supplémentaire à intégrer à l'équation de Darcy. Ergun, Forchheimer ont proposé une loi de Darcy modifiée :

$$-\nabla p - \frac{\mu}{K}\mathbf{V} + \frac{\beta\, \rho}{\sqrt{K}}\|\mathbf{V}\|\mathbf{V} = 0$$

ou β est le coefficient de Forchheimer dépendant de la nature du milieu poreux. Cette loi de Darcy-Forchheimer est couramment utilisée pour les écoulements en milieux poreux en présence d'effets inertiels. Il est bien entendu que ces écoulements restent la plupart du temps laminaires. Le problème de la turbulence en milieu poreux se rencontre quelquefois dans l'industrie pour des gammes de vitesse plus élevées et dans ce cas la notion de milieu poreux rejoint celle des milieux hétérogènes à géométries complexes.

En fait cette loi de Darcy-Forchheimer comme bien d'autres a été élaborée dans un souci de formalisme universaliste, penchant de tout scientifique à la recherche de lois générales. Cette loi si elle donne de très bon résultats pour des nombres de Reynolds de pores supérieurs à 20, ne permet pas de raccorder précisément la loi de Darcy et de représenter correctement l'évolution de la perte de charge en fonction de la vitesse dans des gammes intermédiaires. De nombreux auteurs se sont attachés à proposer des exposants pour le terme en module de la vitesse, notamment en puissance 0.5. En fait il est plus judicieux d'écrire simplement :

$$-\nabla p - \frac{\mu}{\mathbf{K}(\mathbf{V})}\mathbf{V} = 0$$

où $\mathbf{K}$ est le tenseur de perméabilité qui dépend de la vitesse et de la nature du milieu poreux.

Modèle de Hele-Shaw

La similitude entre un écoulement de Poiseuille dans un capillaire et l'écoulement d'un fluide en milieu poreux, notamment l'absence d'effets d'inertie, a conduit à une analogie pour représenter des phénomènes complexes en milieu poreux. Le modèle 2D de Hele-Shaw consiste à créer un écoulement entre deux plans de grandes extensions latérales L et distants de d avec $d << L$ (Fig. 6.4). On peut ainsi représenter par exemple des écoulements dans un milieu poreux en présence d'obstacles ou des écoulements polyphasiques non miscibles. L'avantage est de visualiser aisément les phénomènes en transparence.

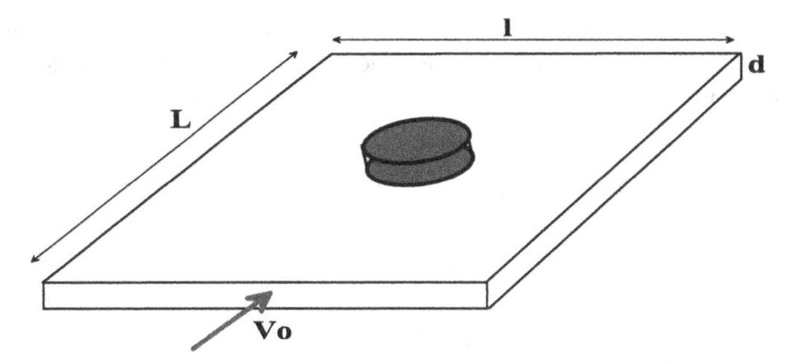

Fig. 6.4 Ecoulement en milieu poreux : la cellule de Hele-Shaw formée par deux parois planes distantes de d génèrent un écoulement de Stokes qui modélise l'écoulement en milieux poreux autour d'un cylindre

La perméabilité effective de la cellule de Hele-Shaw s'obtient par identification entre la loi de Poiseuille et de Darcy. La solution dite de Poiseuille obtenue par intégration de l'équation de Stokes s'écrit :

$$u(z) = \frac{3}{2} V_0 \left(1 - \frac{4z^2}{d^2}\right)$$

$$\frac{\Delta p}{L} = \mu \frac{d^2 u}{d z^2} = \frac{3}{2} V_0 \frac{8}{d^2} \mu$$

pour Darcy on a

$$\frac{\Delta p}{L} = \frac{\mu}{K} V_0$$

Un calcul simple permet de retrouver la valeur de la perméabilité effective du milieu poreux soit :

$$K = \frac{d^2}{12}$$

6.4.5 Equation de l'énergie

L'équation de l'énergie s'écrit à partir d'un bilan de l'énergie totale sur un volume de contrôle Ω incluant les phases fluides et solides. Seules les propriétés du milieu equivalent continu apparaissent dans l'expression de cette l'équation :

$$(\rho c_p)^* \left(\frac{\partial T}{\partial t} + \mathbf{V} \cdot \nabla T \right) = \nabla \cdot (\Lambda^* \nabla T) + q + \Phi$$

De nombreuses travaux ont porté sur des modèles à plusieurs équations, notamment celui où les températures locales des phases fluide et solide étaient régies par deux équations liées par des coefficients de transfert d'une phase à l'autre. Ces analyses restent de peu d'intérêt puisque ces coefficients d'échange entre phases dépendent d'un grand nombre de paramètres et notamment de la vitesse de filtration elle-même.

Chapitre 7
La couche limite - $\varepsilon = \delta/L \to 0$

La modélisation globale d'un écoulement nécessite de prendre en compte toutes les échelles affectées par celui-ci. Hors, lorsque la vitesse augmente, le rapport entre les grandes et les petites échelles augmente aussi de manière importante. Il y a alors une possibilité de séparer ces échelles spatiales et de les associer à des mécanismes physiques différents. Si l'on considère un écoulement autour d'un profil à grand nombre de Reynolds, seule une zone très faible de l'espace va être affectée par les effets de viscosité dans le voisinage immédiat du profil alors que les effets inertiels vont être perçus bien au-delà de l'échelle du profil.

Il existe donc là une méthode d'approche qui consiste à résoudre les équations d'Euler dans tout l'espace hormis la zone affectée par les phénomènes visqueux où l'approximation de couche limite peut être appliquée. La méthode des développements asymptotiques raccordés permet une justification mathématique de cette approximation; elle sera plutôt présentée ici de manière intuitive

7.1 Concept de couche limite

Certains écoulements présentent, au voisinage de parois, des zones de cisaillement, d'épaisseur faible, appelées couches limites.

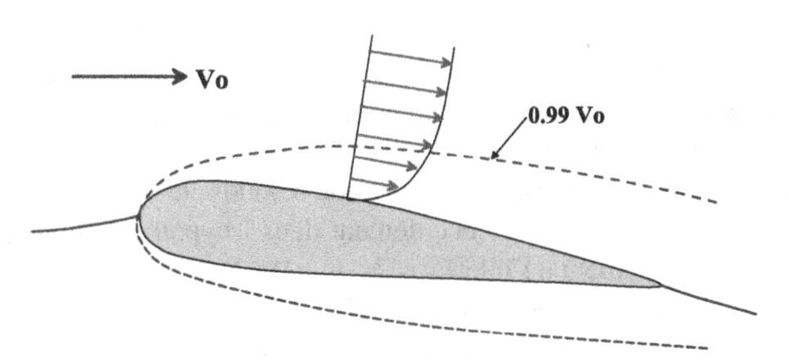

Fig. 7.1 Couche limite sur profil d'aile d'avion; V_0 est la vitesse à l'infini et le tracé en pointillé matérialise l'épaisseur de couche limite δ où la vitesse est égale à $0.99\,V_0$

J.-P. Caltagirone, *Physique des Écoulements Continus*,
Mathématiques et Applications 74, DOI: 10.1007/978-3-642-39510-9_7,

Dans ces zones les gradients sont très importants ; ils le sont d'autant plus que le nombre de Reynolds est grand.L'exemple le plus simple correspond à un obstacle solide dans un écoulement à vitesse uniforme à l'infini.

La vitesse varie de 0 sur l'obstacle où il y a adhérence à V_0 à l'infini. La couche limite d'épaisseur nulle au bord d'attaque s'épaissit le long de l'obstacle (Fig. 7.1). L'écoulement d'un fluide dans la région d'entrée d'un conduit subit le même phénomène mais la présence de parois à distances limitées oblige les couches limites à se rejoindre. L'écoulement devient alors établi.

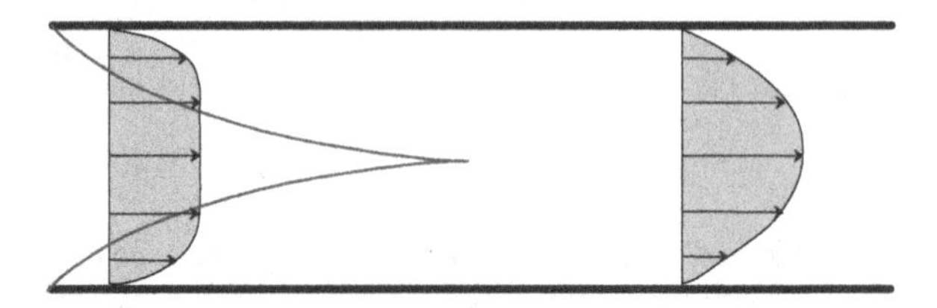

Fig. 7.2 Couche limite se développant entre deux plans à l'entrée d'un canal; l'écoulement devient établi lorsque les deux couches limites se rejoignent

Un autre exemple d'écoulement cisaillé est celui de jet libre dans un fluide au repos (Fig. 7.2). A la sortie du jet une zone de mélange se forme d'autant plus étendue que l'on considère une section éloignée de la sortie.

Le sillage formé par la présence d'un obstacle solide dans un écoulement libre est un autre type d'écoulement cisaillé. Les gradients de vitesse dans ces zones peuvent être importants.

La plupart des écoulements rencontrés dans la pratique s'effectuent à des nombres de Reynolds élevés. Dans cette situation les observations expérimentales montrent que l'écoulement peut-être divisé en deux régions :

- une couche limite adjacente aux surfaces solides et dans laquelle les forces de viscosité jouent un rôle important,
- un domaine extérieur à la couche limite dans lequel le fluide peut être considéré comme un fluide parfait.

Dans le cas écoulements à très faibles nombres de Reynolds la zone affectée est très épaisse et devient infinie lorsque $Re = 0$. Au contraire, lorsque $Re \to \infty$ la couche limite devient nulle. Pour des situations intermédiaires la viscosité n'affecte qu'une zone très limitée de l'espace.

Cette composition en deux régions permet de résoudre les problèmes " extérieurs " : on commence par déterminer l'écoulement dans l'hypothèse fluide parfait avec des conditions de glissement à l'interface ($\mathbf{V} \cdot \mathbf{n} = 0$). Après avoir déterminé celui-ci on applique les théories de couche limite qui permettent de calculer l'épaisseur de déplacement. Le processus est ensuite ré-appliqué avec un obstacle fictif obtenu en augmentant l'original de l'épaisseur de couche limite.

7.2 Quelques écoulements cisaillés et décollements

7.2.1 Couche limite sur plaque plane

La théorie de couche limite de Prandtl n'est qu'une approximation [6]. Cette approximation devient d'autant meilleure que l'on s'éloigne du bord d'attaque du profil. On considère ici une plaque plane de 1m de longueur et un écoulement parallèle d'air à la vitesse de $0.2ms^{-1}$. L'écoulement y est laminaire sur toute la longueur de la plaque. La figure 7.3 montre l'évolution de la vitesse axiale suivant la verticale à une distance de 0.2m du bord d'attaque. Comme on peut le constater les évolutions

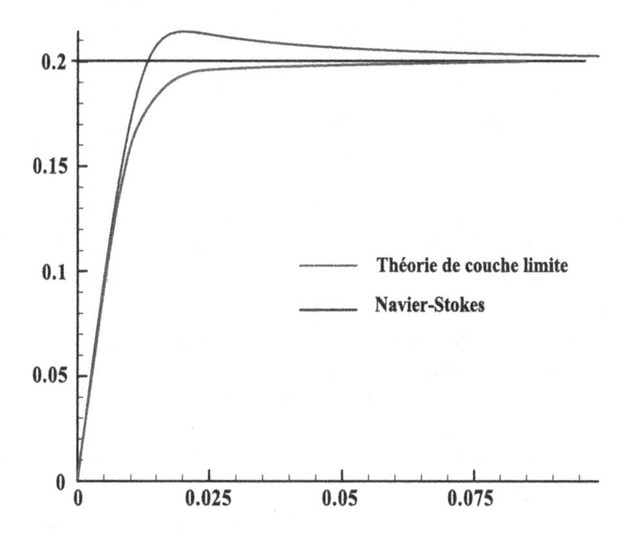

Fig. 7.3 Profils de vitesse près du bord d'attaque obtenues dans l'approximation de Prandtl (sous l'asymptote $u = 0.2$ et avec les équations complètes de Navier-Stokes (au-dessus de l'asymptote); on remarque la sur-vitesse de 3% près du bord d'attaque en situation réelle

du profil théorique de Blasius déterminé dans les prochains paragraphes est sensiblement différent de celui obtenu par la résolution numérique des équations de Navier-Stokes. Ce calcul numérique peut être considéré comme la bonne solution aux erreurs de discrétisation près.

L'effet de sur-vitesse constaté près du bord d'attaque peut s'expliquer physiquement si l'on considère que les effets inertiels sont importants et que le fluide a tendance a suivre des trajectoires linéaires. La présence de la paroi induit des effets visqueux freinant le fluide sur une épaisseur de plus en plus importante lorsque l'on s'éloigne du bord d'attaque; il existe donc un débit de fluide vers le haut si la conservation de la masse est vérifiée. Les deux effets conjugués, inertie et vitesse verticale, conduisent à cette sur-vitesse.

La théorie de Prandtl pour la couche limite laminaire se présente alors comme une approximation très utile par ailleurs pour appréhender des effets combinés comme la couche limite dynamique associée aux effets thermogravitationnels, à la turbulence, aux ondes de choc, etc.

7.2.2 Jet impactant une paroi

La notion de couche limite est souvent associée dans la pratique à un phénomène qui lui fait d'ailleurs perdre tout son sens : le décollement. Les trajectoires d'un fluide suivent une paroi et à une abscisse déterminée s'en écartent brusquement pour aller dans une direction différente. La conservation de la masse conduit alors à une alimentation de cette zone par du fluide circulant à contre-sens provoquant une recirculation de grande amplitude. Ce phénomène peut-être stationnaire ou instationnaire suivant le nombre de Reynolds et la configuration géométrique.

L'exemple ci-dessous permet physiquement d'illustrer cette notion de décollement. On considère un jet qui impacte à faible vitesse, en régime laminaire, une paroi orthogonale à la direction du jet. Dans cette situation l'écoulement stationnaire du fluide s'organise en deux fractions symétriques par rapport à l'axe du jet, les trajectoires ressemblant alors à des hyperboles. Une ligne de courant particulière aboutit à la paroi et aucune recirculation n'est observée (Fig. 7.4).

Si l'on maintient une paroi solide de faible épaisseur sur l'axe de jet on est dans une situation topologiquement identique dans la mesure où la paroi est elle-même une ligne de courant. La différence est biûsûr le frottement introduit par la présence de la plaque sur le fluide visqueux. On constate alors que le fluide décolle à une certaine distance de la paroi et que deux recirculations stationnaires symétriques prennent place près du point d'arrêt.

La présence de ces décollements est due à deux effets conjugués, la pression qui augmente vers le point d'arrêt sur la plaque horizontale et le frottement induit par la présence de la paroi verticale. Il est à remarquer que dans la première situation on était aussi dans le cas d'un gradient de pression adverse (pression croissante dans la direction de l'écoulement) mais il n'y avait pas de frottement visqueux. De nombreuses géométries présente les mêmes caractéristiques comme les divergents de tuyères, le versant continental de la dune du Pyla, l'aval des piles de pont sur la Gironde, etc.

7.2.3 Marche descendante

Un exemple classique en mécanique des fluides est un élargissement brusque d'un canal plan ou cylindrique; cet écoulement est connu sous la dénomination de marche descendante. Un écoulement établi ou non débouche dans une portion de canal à section plus importante et décolle à partir du nez de la marche pour aller recoller

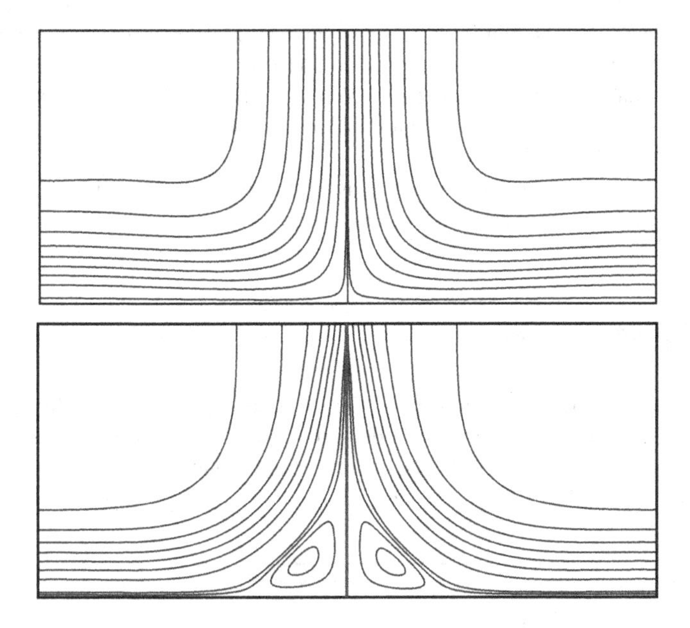

Fig. 7.4 Jet impactant une surface sans et avec une paroi verticale; en haut sans paroi verticale et en bas avec une séparation solide (en rouge).

sur la paroi à une distance L égale à plusieurs fois la hauteur de la marche. Ce rapport L/H permet de caractériser l'écoulement et dépend du nombre de Reynolds $Re = V_0 H/\nu$ où V_0 est la vitesse de débit.

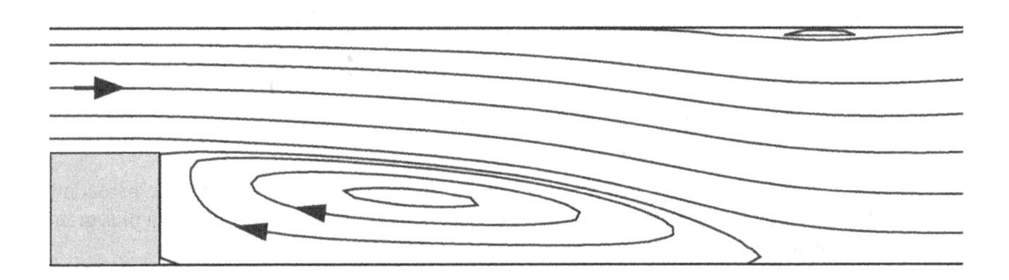

Fig. 7.5 Ecoulement laminaire derrière une marche descendante à $Re = 400$; on observe la recirculation principale au nez de la marche, une petite recirculation au pied et une recirculation secondaire sur la paroi supérieure

On constate sur cette figure 7.5, pour ce nombre de Reynolds, qu'une seconde recirculation apparaît sur la paroi supérieure qui se trouve être dans cette zone dans des conditions de gradient de pression adverse favorable au décollement. Un zoom dans le coin inférieur, au droit du nez de la marche, permettrait de distinguer une troisième recirculation d'amplitude sensiblement inférieure aux deux premières. La recirculation principale fermée persiste aux plus grands nombres de Reynolds et s'ouvre finalement pour donner un écoulement instationnaire pré-turbulent. En régime pleinement turbulent le champ de vitesse moyen fait aussi apparaître une recirculation de l'ordre de $L = 6H$.

Cet exemple est l'un des cas tests classiques où l'on peut valider un code par rapport à des données expérimentales existantes.

7.2.4 Cavité entraînée

Un autre cas test fait l'objet de simulations visant à reproduire toutes les recirculations observées. Il s'agit d'une paroi défilante à vitesse uniforme au-dessus d'une cavité carrée (ou cubique en 3D) de hauteur H sur laquelle est calculée le nombre de Reynolds (Fig. 7.6).

Fig. 7.6 Cavité entraînée à $Re = 5000$; le tourbillon principal génère, en présence de parois immobiles, plusieurs recirculations bidimensionnelles qui deviennent tridimensionnelles à plus grand nombre de Reynolds

Le fluide est entraîné par viscosité vers la paroi verticale de droite qu'il impacte dans le coin supérieur droit puis descend le long de la paroi et fini par décoller pour laisser la place à une recirculation de grande amplitude

L'écoulement a tendance naturellement à s'organiser en un rouleau donnant lieu à des trajectoires circulaires et à former dans chaque coin inférieur des recirculations multiples et contrarotatives. Le coin supérieur gauche est un peu particulier dans la mesure où une recirculation commence par se former mais comme le fluide dans la zone proche du coin droit est directement entraîné par viscosité par la paroi supérieure, le fluide alimente ce coin en contournant la recirculation.

7.2.5 Ecoulement autour de deux cylindres

Les recirculations dans les écoulements ne doivent toutefois pas être systématiquement associées à la compétition entre inertie et frottements visqueux. L'exemple ci-dessous montre que des recirculations peuvent facilement être obtenues en régime de Stokes. Un fluide à vitesse uniforme s'écoule autour de deux cylindres de mêmes diamètres alignés dans la direction de l'écoulement (Fig. 7.7).

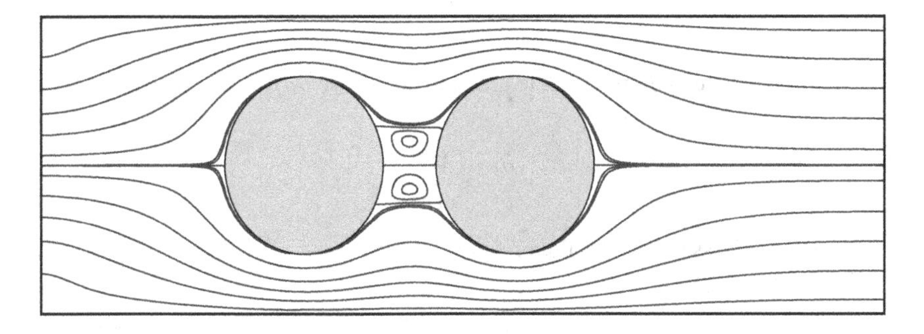

Fig. 7.7 Ecoulement autour de 2 cylindres en régime de Stokes; on observe une paire de recirculations entre les cylindres; lorsque les cylindres se rapprochent le nombre de paires de recirculations augmente à l'infini

En régime de Stokes l'écoulement autour d'un cylindre unique ne montre aucune recirculation; celles-ci n'apparaissent qu'en présence de forces d'inertie à des nombre de Reynolds supérieurs à 5. Dans les cas de deux cylindres alignés les parties externes confirment ce fait. Par contre si les cylindres sont proches, la zone entre les cylindres est le siège de paires de recirculations contrarotatives stationnaires. Là aussi les évolutions des pressions et les effets de viscosité favorisent la présence de ces structures.

Lorsque l'on rapproche les deux cylindres de nouvelles paires de recirculations, d'amplitude plus faible apparaissent à leur tour. Lorsque les deux cylindres deviennent jointifs sur une génératrice, une infinité de recirculations de plus en plus ténues sont contenues dans l'espace fermé par la première recirculation. Une étude théorique développée en régime de Stokes sous forme de série convergente permettent de confirmer les calculs numériques.

Cet exemple montre bien que les décollements ne doivent pas être associés aux effets d'inertie même si ceux-ci en favorisent l'émergence sur des profils simples comme le cas d'un cylindre dans un écoulement uniforme.

Ces phénomènes peuvent avoir des effets désastreux par exemple en aérodynamique sur des profils d'aile.

7.3 Estimation de quelques ordres de grandeur

Il est important de connaître quelques ordres de grandeurs de paramètres physiques afin de faire les bonnes approximations. Considérons pour commencer l'épaisseur de la couche limite en estimant celle-ci à l'aide de l'analyse dimensionnelle :

par unité de volume les forces d'inertie sont de la forme :

$$\rho u \frac{\partial u}{\partial x}$$

Pour une plaque de longueur L le gradient de vitesse $\partial u/\partial x$ peut être estimé par :

$$\frac{\partial u}{\partial x} \approx \frac{V_0}{L}$$

où V_0 est une vitesse caractéristique.

Ainsi

$$\rho u \frac{\partial u}{\partial x} \approx \rho \frac{V_0^2}{L}$$

Considérons les forces associées aux contraintes visqueuses. Par unité de volume ces forces sont du type :

$$\frac{\partial \tau_{xz}}{\partial z}$$

Pour un fluide newtonien ce terme devient $\mu\ \partial^2 u/\partial z^2$.

Si δ désigne l'épaisseur de la couche limite, une estimation des forces de viscosité est :

$$\frac{\partial \tau_{xz}}{\partial z} \approx \mu \frac{V_0}{\delta^2}$$

Dans la couche limite les forces d'inertie et de frottement s'équilibrent :

$$\rho \frac{V_0^2}{L} \approx \mu \frac{V_0}{\delta^2}$$

D'où

$$\delta \approx \left(\frac{\mu L}{\rho V_0}\right)^{1/2} = L\left(\frac{\mu}{\rho V_0 L}\right)^{1/2}$$

Le rapport δ/L est inversement proportionnel à la racine carrée du nombre de Reynolds :

$$\frac{\delta}{L} \approx Re^{-1/2}$$

En utilisant les mêmes méthodes on peut évaluer la contrainte sur la plaque

$$\tau_w = \mu\left(\frac{\partial u}{\partial z}\right)_{z=0}$$

Le gradient de vitesse est estimé par :

$$\left(\frac{\partial u}{\partial z}\right)_{z=0} \approx \frac{V_0}{\delta}$$

soit

$$\tau_w \approx \mu\frac{V_0}{\delta} = \mu V_0\left(\frac{\rho V_0}{\mu L}\right)^{1/2} = \rho V_0^2\left(\frac{\mu}{\rho V_0 L}\right)^{1/2}$$

et

$$\frac{\tau_w}{\rho V_0^2} \approx Re^{-1/2}$$

Le coefficient de proportionnalité, calculé ultérieurement, a pour valeur 0,332 :

$$\frac{\tau_w}{\rho V_0^2} = 0.332 Re^{-1/2}$$

On peut aussi facilement déduire une expression pour la traînée totale. Si l est la largeur de la plaque, la traînée totale vaut :

$$F = \tau_w L l \approx l\left(\rho\mu V_0^3 L\right)^{1/2}$$

Le coefficient de traînée est défini comme le rapport de la traînée à $1/2\rho V_0^2 S$ où S désigne la surface le plaque

$$C_0 = \frac{F}{1/2\rho V_0^2 S} \approx Re^{-1/2}$$

on montrera que :

$$C_0 = 1.328 Re^{-1/2}$$

Exemple : une plaque de longueur $L = 1\,m$ se trouve placée dans un écoulement d'air de vitesse $V_0 = 5\,m\,s^{-1}, \mu = 1.75\,Pa\,s, \rho = 1.2\,kg\,m^{-3}$:

$$Re = \frac{\rho V_0 L}{\mu} = 3.4210^5, \;\; \delta = \frac{L}{Re^{1/2}} = 0.0085, \;\; C_0 = 1.328 Re^{-1/2} = 0.023$$

L'écoulement est ici laminaire sur toute la longueur de la plaque.

7.4 Echelles caractéristiques de la couche limite

En plus de l'épaisseur de couche limite, un certain nombre de grandeurs caractéristiques doivent être introduites pour décrire les débits de quantité de mouvement et d'énergie cinétique.

- **a - Epaisseur de déplacement**
  Considérons un écoulement plan et une plaque parallèle (Fig. 7.8). Le débit de masse de fluide passant dans la section x, à l'intérieur de la couche limite, est:

$$q_m = \int_0^\delta \rho\, u\, dz$$

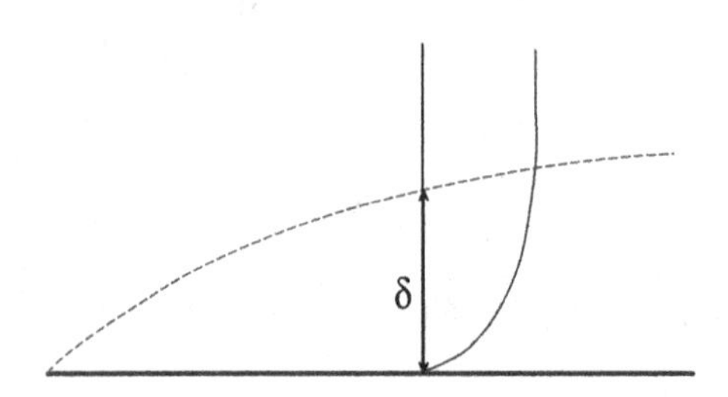

Fig. 7.8 Couche limite sur plaque plane : la vitesse à l'infini est constante et seule la couche limite d'épaisseur δ au dessus de la plaque est considérée

En l'absence de couche limite, en fluide parfait, le débit masse aurait pour expression :

$$q_{me} = \int_0^\delta \rho_e\, u_e\, dz$$

D'où un déficit de débit masse

$$q_{me} - q_m = \int_0^\delta (\rho_e\, u_e - \rho\, u)\, dz$$

On peut mesurer cette perte de débit en écrivant celle-ci sous la forme :

$$q_{me} - q_m = \rho_e u_e \delta_*$$

où δ_* est homogène à une longueur ; et :

$$\delta_* = \int_0^{\delta} \left(1 - \frac{\rho\, u}{\rho_e\, u_e}\right) dz$$

L'épaisseur δ_* est " l'épaisseur de déplacement ". C'est la distance à laquelle un écoulement de fluide parfait est déplacé par rapport à la paroi du fait du ralentissement de l'écoulement à l'intérieur de la couche limite.

- **b - Epaisseur de quantité de mouvement**

Considérons le débit de quantité de mouvement passant à l'intérieur de la couche limite :

$$J = \int_0^{\delta} \rho\, u^2\, dz$$

Nous allons comparer ce débit à celui d'un écoulement de même débit masse mais ayant comme vitesse, la vitesse externe u_e. Le débit masse passant dans la couche limite est :

$$q_m = \int_0^{\delta} \rho\, u\, dz$$

et le débit de quantité de mouvement s'écrit :

$$J_e = q_m u_e = \int_0^{\delta} \rho\, u\, u_e dz$$

La différence de débits de quantité de mouvement est donc :

$$J_e - J = q_m u_e = \int_0^{\delta} \rho\, u\, (u_e - u)\, dz$$

et cette différence peut être écrite :

$$J_e - J = \rho_e u_e^2 \theta$$

θ est homogène à une longueur et représente la perte de quantité de mouvement due à la couche limite. θ est appelée épaisseur de perte de quantité de mouvement ou épaisseur de quantité de mouvement:

$$\theta = \int_0^{\delta} \frac{\rho u}{\rho_e u_e} \left(1 - \frac{u}{u_e}\right) dz$$

Pour montrer l'utilité d'une telle quantité considérons une plaque plane (Fig. 7.9); dans cette situation il n'y a pas de gradient de pression dans la direction axiale. Pour déterminer la force pariétale exercée par l'écoulement sur la plaque, on peut effectuer le bilan des quantités de mouvement pour le volume de contrôle ABCD.

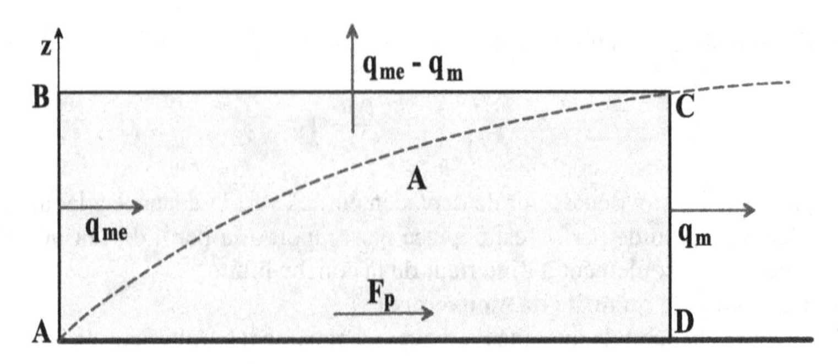

Fig. 7.9 Couche limite sur plaque plane, volume de contrôle pour le calcul de la perte de quantité de mouvement

Le débit de quantité de mouvement rentrant sur la face AB est :

$$\rho_e u_e^2 \delta$$

Le débit de quantité de mouvement sortant sur la face CD est :

$$\int_0^\delta \rho\, u^2\, dz$$

Considérons à présent la face BC. Le débit masse sortant de cette face est :

$$\rho_e u_e \delta - \int_0^\delta \rho\, u\, dz = \int_0^\delta (\rho_e\, u_e - \rho\, u)\, dz$$

et le débit de quantité de mouvement sortant est :

$$u_e \int_0^\delta (\rho_e\, u_e - \rho\, u)\, dz$$

Si F_p désigne la force pariétale exercée par le fluide sur la plaque, on peut écrire le bilan de quantité de mouvement suivant :

$$\int_0^\delta \rho\, u^2\, dz + \int_0^\delta u_e\, (\rho_e\, u_e - \rho\, u)\, dz - \rho_e\, u_e^2\, \delta = -F_p + \int_{AB} p\, dz - \int_{CD} p\, dz$$

En l'absence de gradients de pression axial

$$\int_{AB} p\, dz = \int_{CD} p\, dz$$

et

$$F_p = \int_0^\delta \rho_e\, u\, (u_e - u)\, dz$$

$$F_p = \rho\, u_e^2\, \theta$$

Ainsi θ est une mesure directe de la force pariétale exercée par le fluide sur la plaque entre 0 et x (pour une largeur unité). La force pariétale exercée par le fluide entre les sections x_1 et x_2 s'obtient à partir de ce résultat :

$$\begin{aligned} F_p(x_2 - x_1) &= F_p(x_2) - F_p(x_1) \\ &= \rho_e\, u_e^2\, [\theta(x_2) - \theta(x_1)] \end{aligned}$$

Pour un élément de plaque δx la force élémentaire est :

$$\delta_x F_p(\delta x) = \rho_e\, u_e^2\, [\theta(x + \delta x) - \theta(x)]$$

et la contrainte locale τ_p sur la plaque est :

$$\tau_p = \lim_{\delta x \to 0} \frac{\delta F}{\delta x} = \lim_{\delta x \to 0} \rho_e\, u_e^2 \frac{\theta(x + \delta x) - \theta(x)}{\delta x}$$

soit

$$\tau_p = \rho_e\, u_e^2\, \frac{d\theta}{dx}$$

- **d - Epaisseur d'énergie cinétique, d'enthalpie et d'enthalpie d'arrêt**
L'analyse du bilan d'énergie dans les couches limites fait apparaître les épaisseurs caractéristiques suivantes :

- Ep. énergie cinétique

$$\delta_3 = \int_0^\delta \frac{\rho u}{\rho_e u_e} \left(1 - \frac{u^2}{u_e^2}\right) dz$$

- Ep. enthalpie d'arrêt

$$\Delta = \int_0^\delta \frac{\rho u}{\rho_e u_e} \left(\frac{h_i}{h_e} - 1\right) dz$$

- Ep. enthalpie

$$\Delta = \int_0^\delta \frac{\rho u}{\rho_e u_e} \left(\frac{h - h_e}{h_p - h_e} - 1\right) dz$$

où $h_i = h + u^2/2$.

7.5 Equations de la couche limite sur plaque plane

Nous considérons l'écoulement bidimensionnel d'un fluide incompressible au voisinage d'une plaque plane. Nous avons :

$$\begin{cases} \dfrac{\partial u}{\partial x} + \dfrac{\partial w}{\partial z} = 0 \\[2ex] u\dfrac{\partial u}{\partial x} + w\dfrac{\partial u}{\partial z} = -\dfrac{1}{\rho}\dfrac{\partial p}{\partial x} + \nu\left(\dfrac{\partial^2 u}{\partial x^2} + \dfrac{\partial^2 u}{\partial z^2}\right) \\[2ex] u\dfrac{\partial w}{\partial x} + w\dfrac{\partial w}{\partial z} = -\dfrac{1}{\rho}\dfrac{\partial p}{\partial z} + \nu\left(\dfrac{\partial^2 w}{\partial x^2} + \dfrac{\partial^2 w}{\partial z^2}\right) \end{cases}$$

avec les conditions aux limites :

$$\begin{cases} u(x,0) = 0 \\ w(x,0) = 0 \\ u(x,\infty) = V_0(x) \end{cases}$$

Nous allons effectuer une estimation a priori des termes qui apparaissent dans les équations. Nous utilisons deux échelles caractéristiques :

- δ l'épaisseur de la couche limite
- L une longueur caractéristique dans la direction de l'écoulement

avec $\delta/L << 1$

$$\frac{\partial u}{\partial x} \approx \frac{V_0}{L}, \quad \frac{\partial w}{\partial z} \approx \frac{W_0}{\delta}$$

- **L'équation de continuité** devient :

$$\frac{W_0}{\delta} \approx \frac{V_0}{L}, \quad W_0 \approx V_0\frac{\delta}{L}$$

- **L'équation de quantité de mouvement suivant x** :

$$\underbrace{\frac{V_0^2}{L}}_{1} \quad \underbrace{\left(\frac{V_0\delta}{L}\right)\frac{V_0}{\delta}}_{2} = \underbrace{\frac{1}{\rho}\frac{\partial p}{\partial x}}_{3} \quad \underbrace{\nu\frac{V_0}{L^2}}_{4} \quad \underbrace{\nu\frac{V_0}{\delta^2}}_{5}$$

Le quatrième $<<$ au cinquième

$$\frac{4}{5} \approx \left(\frac{\delta}{L}\right)^2 << 1$$

Les deux premiers termes et le cinquième terme doivent donc avoir le même ordre de grandeur

$$\frac{V_0^2}{L} \approx \nu \frac{V_0}{\delta^2}$$

Cette condition fixe le rapport de l'épaisseur δ le la longueur L:

$$\left(\frac{\delta}{L}\right)^2 \approx \frac{\nu}{V_0 L} = \frac{1}{Re_L}$$

soit

$$\delta \approx \frac{L}{Re_L^{1/2}}$$

Pour que le rapport δ/L soit petit devant 1, il faut que le nombre de Reynolds basé sur L soit suffisamment grand $\delta/L << 1$ si $Re_L >> 1$.
L'équation de quantité de mouvement peut être alors écrite sous la forme :

$$u\frac{\partial u}{\partial x} + w\frac{\partial u}{\partial z} = -\frac{1}{\rho}\frac{\partial p}{\partial x} + \nu\frac{\partial^2 u}{\partial z^2}$$

- **Considérons l'équation de quantité de mouvement suivant z**

$$u\frac{\partial w}{\partial x} + w\frac{\partial w}{\partial z} = -\frac{1}{\rho}\frac{\partial p}{\partial z} + \nu\left(\frac{\partial^2 w}{\partial x^2} + \frac{\partial^2 w}{\partial z^2}\right)$$

soit

$$\underbrace{V_0\frac{V_0\delta}{L^2}}_{1} \; \underbrace{\left(\frac{V_0\delta}{L}\right)^2\frac{1}{\delta}}_{2} = \underbrace{\frac{1}{\rho}\frac{\partial p}{\partial z}}_{3} \; \underbrace{\nu\frac{V_0\delta}{L^3}}_{4} \; \underbrace{\nu\frac{V_0\delta}{\delta^2 L}}_{5}$$

ainsi

$$\frac{1}{\rho}\frac{\partial p}{\partial z} \approx V_0^2\frac{\delta}{L^2}$$

alors que

$$\frac{1}{\rho}\frac{p}{\partial x} \approx \frac{V_0^2}{L}$$

Le gradient de pression suivant δ est inférieur d'un ordre de grandeur à celui qui existe dans la direction axiale :

$$\left(\frac{1}{\rho}\frac{p}{\partial z}\right) / \left(\frac{1}{\rho}\frac{p}{\partial x}\right) \approx \frac{\delta}{L} << 1$$

Dans la couche limite, la pression ne varie pratiquement pas dans la direction transversale et l'équation de quantité de mouvement suivant z peut être simplifiée :

$$\frac{\partial p}{\partial z} = 0$$

- **dans l'écoulement externe** :

$$\rho u_e \frac{\partial u_e}{\partial x} = -\frac{\partial p}{\partial x}$$

p ne dépend que de x.
A l'extérieur la pression et la vitesse sont liées par l'équation de Bernouilli

$$p + \frac{1}{2}\rho u_e^2 = Cte$$

Les équations finales s'écrivent :

$$\begin{cases} \dfrac{\partial u}{\partial x} + \dfrac{\partial w}{\partial z} = 0 \\ u\dfrac{\partial u}{\partial x} + w\dfrac{\partial u}{\partial z} = -\dfrac{1}{\rho}\dfrac{\partial p}{\partial x} + \nu\dfrac{\partial^2 u}{\partial z^2} \\ \dfrac{\partial p}{\partial z} = 0 \end{cases}$$

avec les conditions aux limites :

$$\begin{cases} u(x,0) &= 0 \\ w(x,0) &= 0 \\ u(x,\infty) &= V_0(x) \end{cases}$$

7.5.1 Solution de Blasius

a - Equation en ψ

Dans le cas de la plaque plane placée dans un écoulement à vitesse uniforme de vitesse v_0. Il n'y a pas de gradient axial de pression. On a :

$$\begin{cases} \dfrac{\partial u}{\partial x} + \dfrac{\partial w}{\partial z} = 0 \\ \\ u\dfrac{\partial u}{\partial x} + w\dfrac{\partial u}{\partial z} = \nu\dfrac{\partial^2 u}{\partial z^2} \\ \\ \dfrac{\partial p}{\partial z} = 0 \end{cases}$$

avec les conditions

$$\begin{cases} u(x,0) = 0 \\ w(x,0) = 0 \\ u(x,\infty) = V_0 \end{cases}$$

Introduisons la fonction de courant :

$$u = \frac{\partial \psi}{\partial z} \quad , \quad w = -\frac{\partial \psi}{\partial x}$$
$$w(x,0) = 0$$
$$u(x,\infty) = V_0$$

et

$$\frac{\partial \psi}{\partial z}\frac{\partial^2 \psi}{\partial x \partial z} - \frac{\partial \psi}{\partial x}\frac{\partial^2 \psi}{\partial z^2} = \nu\frac{\partial^3 \psi}{\partial z^3}$$
$$\frac{\partial \psi}{\partial z}(x,0) = 0$$
$$\frac{\partial \psi}{\partial x}(x,0) = 0$$
$$\frac{\partial \psi}{\partial z}(x,\infty) = V_0$$

La 2ème condition peut être transformée :

$$\int_{x_1}^{x_2} \frac{\partial \psi}{\partial x}(x,0)dx = \psi(x_2,0) - \psi(x_1,0) = 0$$

Si on choisit $\psi(x,0) = 0$ la 2ème condition est automatiquement vérifiée

Nous allons chercher s'il est possible d'écrire

$$\frac{u(x,z)}{V_0} = \boldsymbol{\Phi}\left(\frac{z}{\delta}\right)$$

où $\boldsymbol{\Phi}$ serait la même fonction pour tout x. On sait que

$$\delta \approx \left(\frac{\nu x}{V_0}\right)^{1/2}$$

On peut donc utiliser comme variable de similitude :

$$\eta = z\left(\frac{V_0}{\nu x}\right)^{1/2}$$

D'autre part :

$$u = V_0\,\Phi\left(\frac{z}{\delta}\right)$$

La fonction de courant a pour forme :

$$\psi(x,z) = V_0\,\delta\,f(\eta)$$

où la fonction f doit être telle que $f'(\eta) = \Phi$
Nous cherchons ψ sous la forme :

$$\psi(x,z) = (V_0 x \nu)^{1/2}\,f(\eta)$$

Calculons les dérivées :

$$\begin{aligned}
\frac{\partial\eta}{\partial x} &= -\frac{1}{2}z\left(\frac{V_0}{\nu x^3}\right)^{1/2} = -\frac{1}{2}\frac{\eta}{x}\\
\frac{\partial\eta}{\partial z} &= \left(\frac{V_0}{\nu x}\right)^{1/2} = \frac{\eta}{z}\\
\frac{\partial\psi}{\partial x} &= \frac{1}{2}\left(\frac{V_0\nu}{x}\right)^{1/2} f + (V_0\nu x)^{1/2}\frac{\partial\eta}{\partial x}f'\\
&= \frac{1}{2}\left(\frac{V_0\nu}{x}\right)^{1/2}(f-\eta f')\\
\frac{\partial\psi}{\partial z} &= (V_0\nu x)^{1/2}\frac{\partial\eta}{\partial z}f' = V_0 f'\\
\frac{\partial^2\psi}{\partial x\partial z} &= V_0 f''\frac{\partial\eta}{\partial x} = -\frac{1}{2}\frac{\eta}{x}V_0 f''\\
\frac{\partial^2\psi}{\partial z^2} &= V_0 f''\frac{\partial\eta}{\partial z} = V_0 f''\left(\frac{V_0}{\nu x}\right)^{1/2}\\
\frac{\partial^3\psi}{\partial z^3} &= V_0 f'''\left(\frac{V_0}{\nu x}\right)^{1/2}\frac{\partial\eta}{\partial z} = V_0 f'''\left(\frac{V_0}{\nu x}\right)
\end{aligned}$$

En remplaçant

$$-V_0 f'\frac{V_0\eta}{2x}f'' - \frac{1}{2}\left(\frac{V_0\nu}{x}\right)^{1/2}(f-\eta f')V_0 f''\left(\frac{V_0}{\nu x}\right)^{1/2} = \nu\left(\frac{V_0^2}{\nu x}\right)f'''$$

après simplification on obtient l'équation de Blasius :

$$2\,f''' + f\,f'' = 0$$

Conditions aux limites :

$$\frac{\partial \psi}{\partial z}(x,0) = 0$$
$$\psi(x,0) = 0$$
$$\frac{\partial \psi}{\partial z}(x,\infty) = V_0$$

On obtient :

$$f'(0) = 0$$
$$f(0) = 0$$
$$f'(\infty) = 1$$

b - Résolution

L'intégration numérique est celle développée par Keller pour l'équation de Falker-Skan :

$$f''' + \frac{m+1}{2} f\,f'' + m\left(1 - f'^2\right) = 0$$

Cette équation décrit le développement de couches limites laminaires en présence d'un gradient de pression axial. L'équation de Blasius correspondant à m=0.

7.6 Couche limite thermique

Connaissant la dynamique du problème relatif au cas de la plaque plane, en particulier la répartition des vitesses en régime laminaire on peut évaluer le transfert de chaleur entre la plaque et le fluide en circulation ; les conditions aux limites sur la paroi sont modélisées et on peut adopter la condition de Dirichlet : température fixée ou un flux imposé : condition de Neumann. Reprenons ainsi l'équation de l'énergie sous forme dimensionnelle:

$$\rho\, c_p \left(\frac{\partial T}{\partial t} + \mathbf{V} \cdot \nabla T \right) = \lambda \nabla^2 T$$

où $\mathbf{V} = u\,\mathbf{e_x} + v\,\mathbf{e_y} + w\,\mathbf{e_z}$.

On considère le régime stationnaire : $\partial/\partial t = 0$.

De plus les gradients de température sont faibles dans le sens de l'écoulement et relativement importants dans la direction transversale, dans le fluide adjacent à la paroi ; la "condition axiale" est ainsi négligée soit $\partial^2 T/\partial x^2 << \partial^2 T/\partial z^2$.

L'équation de l'énergie s'écrit alors :

$$u\,\frac{\partial T}{\partial x} + w\,\frac{\partial T}{\partial z} = \frac{\lambda}{\rho\, c_p}\frac{\partial^2 T}{\partial z^2}$$

Cette équation prend une forme identique à l'équation de la couche limite trouvée plus haut mais où la diffusivité mécanique ν est remplacée par la diffusivité thermique $a = \lambda/(\rho\, c_p)$. Si le nombre de Prandtl $Pr = \nu/a$ est égal à 1 et lorsque la plaque est isotherme, le profil des vitesses réduites u/v_0 est confondu avec le profil des températures réduites $(T - T_p)/(T_0 - T_p)$. Il y a identité complète entre le problème thermique et le problème mécanique.

Cas de la plaque plane

Une analyse équivalente à celle menée pour l'équation de Blasius sur l'équation de l'énergie conduit, en adoptant la même variable d'auto-similitude η à une équation différentielle similaire. L'équation adimensionnelle de l'énergie est :

$$Pr\,\frac{f}{2}\,\frac{dT}{d\eta} + \frac{d^2 T}{d\eta^2} = 0$$

avec les conditions aux limites :

$$f(\eta) = 0,\ \frac{df}{d\eta} = 0,\ T = \frac{T' - T_p}{T_0 - T_p} = 0\ pour\ \eta = 0$$

$$\frac{df}{d\eta} = 1,\ T = 1\ pour\ \eta \to \infty$$

La résolution de ce système fournit l'évolution de la température réduite en fonction de la variable d'auto-similitude η (Figs. 7.10, 7.11):

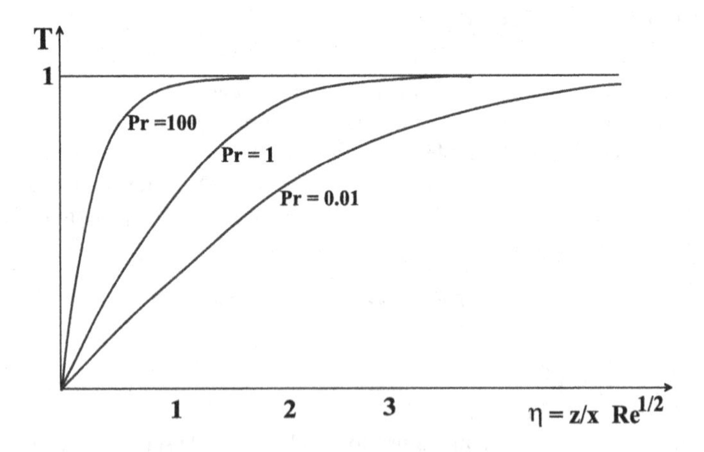

Fig. 7.10 Evolution de la température réduite en en fonction de la variable d'auto-similitude η dans la couche limite thermique

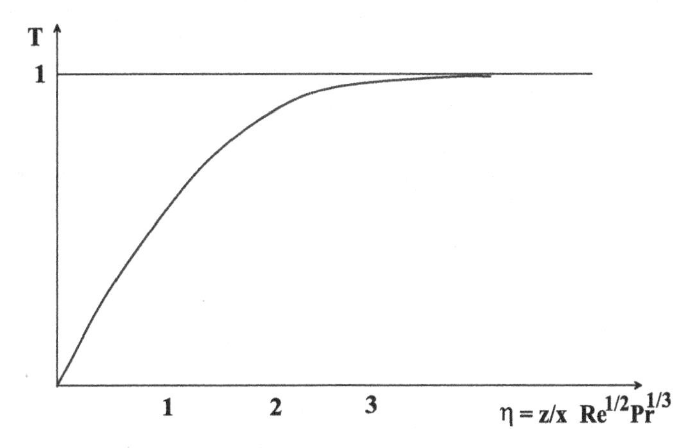

Fig. 7.11 Evolution de la température réduite en en fonction de $\eta\, Pr^{1/3}$ dans la couche limite thermique

La densité de flux de chaleur échangé par convection entre la paroi et le fluide peut être évaluée à partir du gradient de température normal à la paroi ; on trouve en remarquant que :

$$\frac{\partial T}{\partial\left(\frac{z}{x}\sqrt{Re}Pr^{1/3}\right)}\,|_{z=0}=0.332$$

soit en variables réelles :

$$\frac{\partial T'}{\partial z'}\,|_{z=0}=0.332\,\frac{Re^{1/2}Pr^{1/3}}{x}\,(T_0-T_p)$$

et

$$\varphi=-\lambda\frac{\partial T}{\partial z}\,|_{z=0}=-0.332\,\lambda\frac{Re^{1/2}Pr^{1/3}}{x}\,(T_0-T_p)$$

Que l'on peut modéliser par $\varphi = h\,(T_0 - T_p)$; on obtient la forme adimensionnelle du coefficient de transfert qu'est le nombre de Nusselt :

$$Nu = 0.332\,Re^{1/2}Pr^{1/3}$$

En intégrant le flux de chaleur entre 0 et L, on obtient le coefficient de transfert global $\hbar$ et le nombre de Nusselt global Nu_L On trouve :

$$Nu_L=\frac{\hbar L}{\lambda}=0.664\,Re_L^{1/2}Pr^{1/3}$$

Le flux de chaleur évacué entre 0 et L est deux fois plus grand que la densité de flux local à l'abscisse L.

Chapitre 8
Stabilité, chaos

La transition de l'état d'un système stable vers un comportement aléatoire pleinement turbulent s'effectue de manière généralement de manière discontinue; le système perd sa stabilité pour des conditions critiques bien définies pour engendrer de nouvelles structures spatio-temporelles plus complexes qui restent stables pour une certaine gamme de paramètres physiques. L'augmentation des contraintes appliquées au système rendent à leur tour ces structures instables. Ces différentes bifurcations vers des solutions multiples, instationnaires n'entament pas pour autant la reproductibilité et le déterminisme de l'évolution du système dans un premier temps. La poursuite vers des états non déterministes, apériodiques puis aléatoires s'effectuent pour un nombre fini de bifurcations.

Les théories linéaires et non linéaires de la stabilité, la théorie des bifurcations, la théorie des catastrophes et en général l'étude des systèmes dynamiques permet de qualifier l'état d'un système et de rechercher les conditions critiques d'apparition des instabilités ainsi que la forme les plus probables de celles-ci.

8.1 Généralités

Considérons un domaine Ω fluide limité par une surface Σ (Fig. 8.1). Les champs de température, masse volumique, pression, vitesses sont déterminés par un fluide newtonien de Boussinesq par les équations d'énergie, continuité de quantité de mouvement.

Les équations étant non linéaires, les solutions de celles-ci ne sont, en général, pas uniques. Nous désignerons $T_0(\mathbf{x},t), \mathbf{V}_0(\mathbf{x},t), \rho_0(\mathbf{x},t), p_0(\mathbf{x},t)$ les champs de référence ou de base satisfaisant aux équations de conservation et aux conditions aux limites et initiales.

Parmi celles-ci seules quelques unes ou une seule a une réalité physique et le problème qui se pose alors est de savoir reconnaître les solutions stables et les solutions instables. L'étude de la stabilité des écoulements, isothermes ou non, peut être effectuée en " perturbant " le système d'équations la solution de référence $T_0(\mathbf{x},t), \mathbf{V}_0(\mathbf{x},t), p_0(\mathbf{x},t)$ par des perturbations $\theta(\mathbf{x},t), \mathbf{v}_0(\mathbf{x},t), \pi_0(\mathbf{x},t)$ caractérisant

J.-P. Caltagirone, *Physique des Écoulements Continus*, Mathématiques et Applications 74, DOI: 10.1007/978-3-642-39510-9_8,

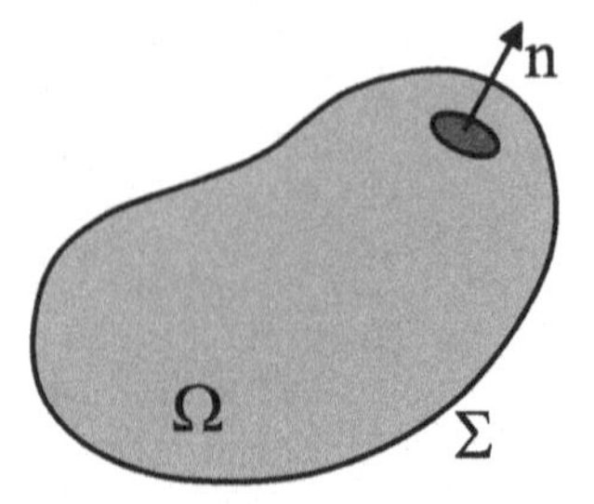

Fig. 8.1 Volume de contrôle Ω limité par la surface Σ orientée extérieurement au domaine

l'écart à la solution de référence :

$$\begin{cases} T(\mathbf{x},t) = T_0(\mathbf{x},t) + \theta(\mathbf{x},t) \\ \mathbf{V}(\mathbf{x},t) = \mathbf{V}_0(\mathbf{x},t) + \mathbf{v}(\mathbf{x},t) \\ p(\mathbf{x},t) = p_0(\mathbf{x},t) + \pi(\mathbf{x},t) \end{cases}$$

La solution de référence satisfaisant elle-même aux équations de conservation. L'introduction des perturbations dans les équations donne le système:

$$\begin{cases} \nabla \cdot \mathbf{v} = 0 \\ \dfrac{\partial \mathbf{v}}{\partial t} + \mathbf{V}_0 \cdot \nabla \mathbf{v} + \mathbf{v} \cdot \nabla \mathbf{V}_0 + \mathbf{v} \cdot \nabla \mathbf{v} = \nabla \pi + \dfrac{Ra}{Pr\,Re^2}\mathbf{k}\theta + \dfrac{1}{Re}\nabla^2 \mathbf{v} \\ \dfrac{\partial \theta}{\partial t} + \mathbf{V}_0 \cdot \nabla \theta + \mathbf{v} \cdot \nabla T_0 + \mathbf{v} \cdot \nabla \theta = \dfrac{1}{Re\,Pr}\nabla^2 \theta \end{cases}$$

auquel il faut ajouter les conditions aux limites et initiales sur les perturbations.

L'étude de l'évolution des perturbations au cours du temps permet de prévoir la stabilité du système : si les perturbations régressent et tendent vers zéro lorsque le temps t tend vers l'infini, on dira que le système est stable [19]. L'amplitude des perturbations superposées aux solutions de référence influe sur le critère de stabilité obtenu ; une solution donnée peut être stable pour des petites perturbations et instable pour des perturbations finies.

Nous pouvons définir l'énergie globale de la perturbation :

- $\varepsilon(t) = 1/2 < \|\mathbf{v}\|^2 >$, énergie cinétique globale de la perturbation
- $\varepsilon(t) = 1/2 < \|\theta\|^2 >$, énergie thermique globale,
- $\varepsilon(t) = 1/2 < \|\mathbf{v}\|^2 + \theta^2 >$, énergie totale de la perturbation

où $< \cdot > = 1/[\Omega] \iiint \cdot \, d\omega$; $[\Omega]$ est la mesure du volume de Ω.

Le système sera réputé stable si

$$\lim_{t \to \infty} \frac{\varepsilon(t)}{\varepsilon(0)} \to 0$$

$\varepsilon(0)$ désigne la perturbation initiale.

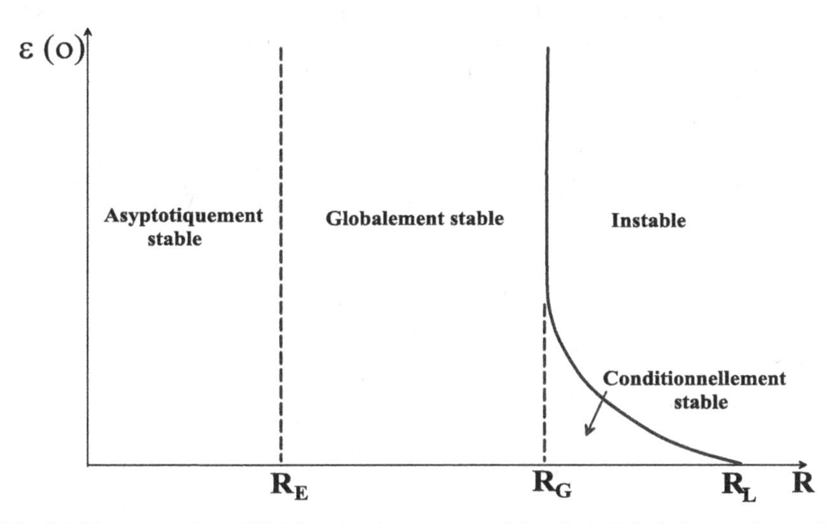

Fig. 8.2 Diagramme de stabilité d'un écoulement; ε_0 est l'énergie initiale de la perturbation de vitesse et R est la contrainte, généralement le nombre de Reynolds; Les nombre R_ε et R_L définissent respectivement les critères de stabilité énergétique et linéaire

Les diverses définitions de la stabilité peuvent être discutées sur le diagramme $\varepsilon(0) = f(R), R$ caractérisant l'état des contraintes imposées au système et pouvant être Re, le nombre de Reynolds ou Ra , le nombre de Rayleigh (Fig. 8.2).

Si $\varepsilon(t)$ tend vers zéro et que, de plus, $d\varepsilon(t)/dt \ll 0$ le système sera monotiquement stable ; si cette dernière condition n'est pas vérifiée mais que $\varepsilon(t)$ tend vers la solution identiquement nulle, le système sera globalement stable. Si la stabilité n'est assurée que pour des perturbations initiales inférieures à une limite, le système sera dit conditionnellement stable. Enfin, dans les autres cas le système sera instable, quelque soit le niveau de la perturbation.

Les théories de la stabilité, exposée plus loin à partir des équations, permettront de définir un critère suffisant d'instabilité R_L et un critère nécessaire de stabilité R_E ; ces deux critères s'obtiennent respectivement à partir de la théorie linéaire de la stabilité et de la méthode de l'énergie. Ces limites encadrent la valeur réelle de transition physique entre les zones stable et instable. Dans certains cas simples, les critères dus à la théorie linéaire et à la méthode de l'énergie sont égaux..

8.2 Théorie linéaire de la stabilité

Dans le cadre de la théorie linéaire les perturbations $\theta, \mathbf{v}, \pi$ sont supposées infiniment petites de sorte que les termes du second ordre tels que $\mathbf{v} \cdot \nabla \mathbf{v}$ et $\mathbf{v} \cdot \nabla \theta$ sont négligeables, les équations étant ainsi linéarisées. Les équations obtenues sont celles d'un oscillateur linéaire associé à a position d'équilibre.

Les équations de perturbations linéarisées s'écrivent :

$$\begin{cases} \nabla \cdot \mathbf{v} = 0 \\ \dfrac{\partial \mathbf{v}}{\partial t} + \mathbf{V}_0 \cdot \nabla \mathbf{v} + \mathbf{v} \cdot \nabla \mathbf{V}_0 = \nabla \pi + \dfrac{Ra}{Pr\,Re^2} \mathbf{k} \theta + \dfrac{1}{Re} \nabla^2 \mathbf{v} \\ \dfrac{\partial \theta}{\partial t} + \mathbf{V}_0 \cdot \nabla \theta + \mathbf{v} \cdot \nabla T_0 = \dfrac{1}{Re\,Pr} \nabla^2 \theta \end{cases}$$

avec $\mathbf{v}\,|_{\Sigma} = 0$, $\theta\,|_{\Sigma} = 0$ et $\mathbf{v}\,|_{t=0} = \mathbf{v}(\mathbf{x}, 0)$, $\theta\,|_{t=0} = \theta(\mathbf{x}, 0)$.

Ce système peut se mettre sous la forme :

$$\frac{d}{dt} \begin{vmatrix} \mathbf{v} \\ \theta \end{vmatrix} + \begin{vmatrix} \mathbf{V}_0 \cdot \nabla + \nabla \mathbf{V}_0 - \dfrac{1}{Re} \nabla^2 & -\dfrac{Ra}{Re^2\,Pr} \mathbf{k} \\ \nabla T_0 & \mathbf{V}_0 \cdot \nabla - \dfrac{1}{Re\,Pr} \nabla^2 \end{vmatrix} \begin{vmatrix} \mathbf{v} \\ \theta \end{vmatrix} + \begin{vmatrix} \nabla p \\ 0 \end{vmatrix} = 0$$

Ce système différentiel autonome admet des solutions de type exponentiel [7] sous la forme :

$$\begin{cases} \mathbf{v}(\mathbf{x}, t) = \mathbf{v}(\mathbf{x})\, exp(-\sigma t) \\ p(\mathbf{x}, t) = \pi(\mathbf{x})\, exp(-\sigma t) \\ \theta(\mathbf{x}, t) = \theta(\mathbf{x})\, exp(-\sigma t) \end{cases}$$

L'introduction de ces expressions dans le système conduit au problème spectral aux valeurs propres suivant

$$-\sigma \xi + \mathbf{L}\,(\mathbf{V}_0,\, T_0,\, Ra,\, Re,\, Pr,\, \theta,\, \mathbf{v})\, \xi + \delta = 0$$

avec $\nabla \cdot \mathbf{v} = 0$, $\mathbf{v}\,|_{\Sigma} = 0$, $\theta\,|_{\Sigma} = 0$ et où $\xi = (\mathbf{v},\, \theta)$, $\delta = (\nabla p,\, 0)$. $\mathbf{L}$ est ici l'opérateur linéaire associé.

Ce système n'admet de solutions non triviales que pour des valeurs particulières de σ appelées valeurs propres et $\mathbf{v}(\mathbf{x})$ et $\theta(\mathbf{x})$, $p(\mathbf{x})$ sont les fonctions propres de l'opérateur linéaire. - L'écoulement est qualifié de stable, au sens linéaire, s'il n'existe pas de valeurs propres telles que $\Re(\sigma) > 0$, instable s'il existe au moins une valeur propre telle que $\Re(\sigma) < 0$. S'il existe une valeur propre telle que $\Re(\sigma) = 0$ l'état est qualifié de marginal, il y a stabilité neutre de l'écoulement. Cette théorie linéaire décrit l'évolution du système au voisinage de l'état marginal car on peut remarquer que lorsque le temps croît, les perturbations croissent exponentiellement et tendent vers l'infini si $\Re(\sigma) < 0$ et tendent vers zéro lorsque $\Re(\sigma) > 0$.

La théorie linéaire apparaît comme la première étape de l'étude de la stabilité complétée par la méthode de l'énergie, la théorie des bifurcations et l'intégration des équations non linéaires. Les valeurs propres σ sont généralement complexes et peuvent s'écrire : $\sigma = \sigma_r + \imath\ \sigma_i$ avec $\sigma_r = \Re(\sigma)$, $\sigma_i = \Im(\sigma)$. Lorsque $\sigma_r = 0$ et $\sigma_i = 0$, l'état marginal est stationnaire et le principe " d'échange de stabilité " est satisfait. La solution neutre est temporellement périodique si la partie imaginaire de σ, σ_i est non nulle $\sigma_i \neq 0$.

Dans le cas de systèmes dissipatifs, Glansdorff et Prigogine et Chandrasehhan montrent que le principe d'échange de stabilité est satisfait et correspond à la notion de stabilité asymptotique de Poincaré.

8.3 Méthode de l'énergie

Considérons un écoulement quelconque caractérisé par son état de contrainte R (Ra, nombre de Rayleigh, ou Re nombre de Reynolds, ...). Cet écoulement sera réputé stable si la limite pour un temps infini de l'énergie de toute perturbation est nulle. Cette conditionpermet de définir un seuil w permet de définir un seuil d'instabilité R_G quasiment impossible à calculer. Toutefois on peut essayer de cerner cette valeur. La théorie linéaire a permis de fournir un critère d'instabilité R_L pour les perturbations infiniment petites, mais ne peut donner le comportement du fluide face à une perturbation de taille finie.

La méthode de l'énergie développée ici permet de fixer un seuil inférieur de stabilité R_E. Si le nombre de R est strictement inférieur à R_E, l'énergie de toute perturbation d'amplitude arbitraire sera nulle lorsque $t \longrightarrow \infty$ et de plus, décroît à tout instant. Si $R > R_E$, il existe des perturbations pour lesquelles l'énergie, au moins pendant un instant donné, croît avec le temps.

Dans le cas où le principe d'échange de stabilité est satisfait les deux critères de stabilité sont égaux : $R_L = R_G = R_E$. Pour mettre en oeuvre cette méthode de l'énergie nous supposerons négligeables les phénomènes dus à la gravité $Ra = 0$, les contraintes étant ainsi caractérisés par le nombre de Reynolds.

Reprenons les équations de perturbations non linéaires :

$$\begin{cases} \nabla \cdot \mathbf{v} = 0 \\ \dfrac{\partial \mathbf{v}}{\partial t} + \mathbf{V}_0 \cdot \nabla \mathbf{v} + \mathbf{v} \cdot \nabla \mathbf{V}_0 + \mathbf{v} \cdot \nabla \mathbf{v} = \nabla \pi + \dfrac{1}{Re} \nabla^2 \mathbf{v} \\ \dfrac{\partial \theta}{\partial t} + \mathbf{V}_0 \cdot \nabla \theta + \mathbf{v} \cdot \nabla T_0 + \mathbf{v} \cdot \nabla \theta = \dfrac{1}{Re\,Pr} \nabla^2 \theta \end{cases}$$

Multiplions l'équation de quantité de mouvement par $\mathbf{v}$, l'équation de l'énergie par θ et intégrons à tout le volume Ω.

D'après les théorèmes sur la stabilité énergétique de O. Reynolds (1895), Orr (1907), Serrin (1959), il existe une constante a et un nombre R_E défini par

$$\frac{1}{R_E} = max_H - \frac{< \mathbf{v} \cdot \mathbf{D} \cdot \mathbf{v} > + \lambda^{1/2}\, Pr < \mathbf{v} \cdot \nabla T_0\, \theta >}{< \|\nabla \mathbf{v}\|^2 + \|\nabla \theta\|^2 >}$$

où H est un espace de fonctions cinématiquement admissibles :

$$H = \{(\mathbf{v}, \theta) : \nabla \cdot \mathbf{v} = 0,\ \mathbf{v}\,|_\Sigma = 0,\ \theta\,|_\Sigma = 0\}$$

tels que

$$\varepsilon(t) < \varepsilon(0)\, exp\left(-\frac{a^2}{Re}\left(1 - \frac{Re}{R_E}\right)t\right)$$

Lorsque $Re < R_E$ la perturbation décroit.

La détermination de R_E s'effectue à partir de son expression précédente en transformant le problème de l'optimisation en un problème variationnel équivalent. La caractérisation du nombre de Reynolds critique énergétique R_E se ramène donc à un problème de valeurs propres à savoir : déterminer les valeurs propres, dont la valeur minimum, de l'équation d'Euler, trouvée l'aide du calcul variationnel

8.4 Exemples d'instabilités

Le tableau 8.1 résume les paramètres physiques et adimensionnelles pour quelques instabilités classiques.

Tableau 8.1 Caractéristiques de certaines instabilités d'après E. Guyon [21]

	Rayleigh-Bénard	Taylor-Couette	Bénard-Marangoni
Force de freinage visqueuse	$F = \mu V_0 H$	$F = \mu V_0 H$	$F = \mu V_0 H$
Force motrice	Archimède $\rho\beta g \nu (H^4/a)(\Delta T/H)$	Centrifuge $\rho V_0 H^2 \Omega^2 R (H^2/4)$	Tension superficielle $V_0 (H^3/a)(d\gamma/dT)(\delta T/H)$
Temps caractéristique de relaxation	H^2/a	H^2/ν	H^2/a
Paramètre caractéristique	Rayleigh $g\beta H^3 \Delta T/\nu a$	Taylor $\Omega^2 R H^3/\nu^2$	Marangoni $(d\gamma/dT)\Delta T H/(\mu a)$
Valeurs critiques d'apparition des instabilités	$Ra = 1707.762$ $k_c = 3.11/H$	$Ta = 1712$ $k_c = 3.11/H$	$Ma = 80$

8.4.1 *Instabilité de Rayleigh-Bénard*

Le cas célèbre de l'instabilité de Rayleigh-Bénard peut être appréhendé théoriquement à partir d'une analyse linéaire de la stabilité. Elle correspond à l'apparition de rouleaux convectifs dans une couche de fluide incluse entre deux plans horizontaux différentiellement chauffés, la paroi chaude est au-dessous. La convection se développe en rouleaux alignés orthogonalement au plus petit côté de la cavité parallélépipédique (Fig. 8.3).

La théorie linéaire permet d'accéder au nombre de Rayleigh critique de la transition et au nombre d'onde de la perturbation la plus probable définissant la largeur

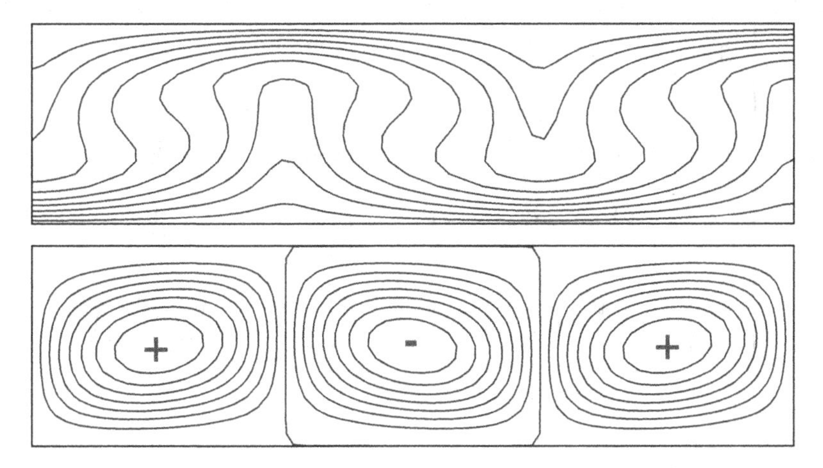

Fig. 8.3 Instabilité de Rayleigh-Bénard pour un nombre de Rayleigh $Ra = 10^4$ - champ de température et lignes de courant

des rouleaux par rapport à leur hauteur qui est celle de la cavité. On représente ci-dessus le champ de température et les lignes de courant pour un nombre de Rayleigh un peu supérieur à la valeur critique $Ra_L = 1707.762$.

8.5 Stabilité des écoulements presque parallèles

Un certain nombre d'écoulements se transforme lorsque l'on modifie l'état des contraintes caractérisé par le nombre de Reynolds. C'est le cas de l'écoulement de Poiseuille dans un tube pour des nombres de Reynolds supérieurs à 2300 ou de l'écoulement presque parallèle au dessus d'une plaque plane. La transition correspond au passage du régime laminaire au régime turbulent. Nous supposerons, dans un premier temps, les écoulements isothermes et développerons la théorie linéaire de la stabilité dans le cas d'un écoulement de Poiseuille entre deux plans parallèles indéfinis mais les résultats obtenus s'étendent sans peine à d'autres écoulements parallèles.

8.5.1 Stabilité linéaire

Considérons les équations stationnaires de Navier-Stokes, énoncées cette fois-ci par rapport aux trois dimensions de l'espace. Les caractéristiques du fluide sont ici supposées constantes.

$$\begin{cases} \dfrac{\partial U}{\partial x}+\dfrac{\partial V}{\partial y}+\dfrac{\partial W}{\partial z}=0 \\ U\dfrac{\partial U}{\partial x}+V\dfrac{\partial U}{\partial y}+W\dfrac{\partial U}{\partial z}=-\dfrac{1}{\rho}\dfrac{\partial P}{\partial x}+\nu\left(\dfrac{\partial^2 U}{\partial x^2}+\dfrac{\partial^2 U}{\partial y^2}+\dfrac{\partial^2 U}{\partial z^2}\right) \\ U\dfrac{\partial V}{\partial x}+V\dfrac{\partial V}{\partial y}+W\dfrac{\partial V}{\partial z}=-\dfrac{1}{\rho}\dfrac{\partial P}{\partial y}+\nu\left(\dfrac{\partial^2 V}{\partial x^2}+\dfrac{\partial^2 V}{\partial y^2}+\dfrac{\partial^2 V}{\partial z^2}\right) \\ U\dfrac{\partial W}{\partial x}+V\dfrac{\partial W}{\partial y}+W\dfrac{\partial W}{\partial z}=-\dfrac{1}{\rho}\dfrac{\partial P}{\partial z}+\nu\left(\dfrac{\partial^2 W}{\partial x^2}+\dfrac{\partial^2 W}{\partial y^2}+\dfrac{\partial^2 W}{\partial z^2}\right) \end{cases}$$

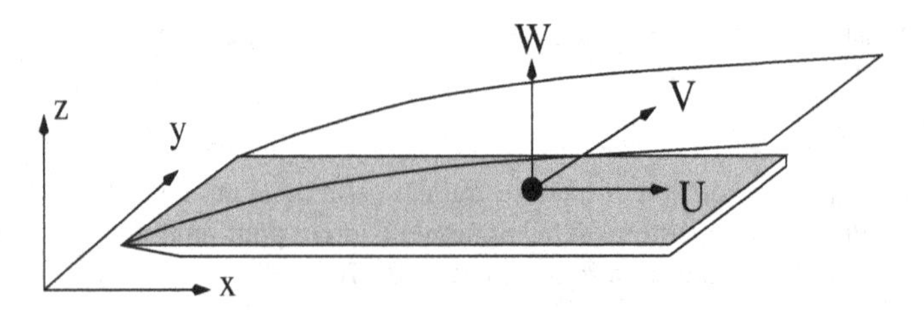

Fig. 8.4 Ecoulement de couche limite sur une plaque plane; $\mathbf{V}=U\,\mathbf{e}_x+V\,\mathbf{e}_x+W\,\mathbf{e}_z$ est le champ de vitesse dans un repère cartésien orthonormé

Ces équations lorsqu'elles sont appliquées à des cas de couche limite sont fréquemment associées à quelques hypothèses simplificatrices. Elles peuvent s'exprimer ainsi :

Hypothèses :

1. Une bonne approximation de la couche limite est de considérer que la dépendance en x et y des quantités (U,V,W) est beaucoup plus faible qu'en z.

2. L'hypothèse suivante consiste à supposer que V et W restent très inférieures à U dans toute l'épaisseur de la couche limite. C'est l'hypothèse d'écoulement parallèle.

Ceci invite à considérer :

$$U\simeq U(z)\qquad V\simeq V(z)\qquad W\simeq W(z)\qquad P=P(x,y,z)$$

Il vient $W \simeq 0$, par application de l'équation de continuité, et des conditions aux limites.

Pour étudier la stabilité de la couche limite, des champs de petites perturbations, c'est-à-dire de faibles amplitudes, sont superposés à l'écoulement principal (Fig. 8.4). La réponse de l'écoulement global par rapport à cette excitation permet alors de caractériser sa stabilité.

On considère les champs de perturbation :

$$u'(x,y,z,t)\ ,\ v'(x,y,z,t)\ ,\ w'(x,y,z,t)\ ,\ p'(x,y,z,t).$$

L'écoulement global, solution des équations de Navier-Stokes, est alors défini comme la superposition de l'écoulement stationnaire initial et des champs de perturbation.

$$\begin{cases} u(x,y,z,t) = U(z) + u'(x,y,z,t) \\ v(x,y,z,t) = V(z) + v'(x,y,z,t) \\ w(x,y,z,t) = w'(x,y,z,t) \\ p(x,y,z,t) = P(x,y,z) + p'(x,y,z,t) \end{cases}$$

3. La dernière hypothèse importante consiste à supposer des perturbations de faibles amplitudes. Les phénomènes non-linéaires sont donc négligés.

En écrivant ces équations sur (u,v,w,p) et en négligeant les termes quadratiques faisant intervenir les composantes de fluctuation, le système d'équations obtenu peut encore se simplifier, s'il est convenu que l'écoulement $(U(z),\ V(z),\ W=0,\ P)$ issu des hypothèses précédentes, est lui-même solution des équations de Navier-Stokes. Nous reviendrons plus loin sur l'impact de ces hypothèses sur les résultats de stabilité.

Ceci conduit au système :

$$\begin{cases} \dfrac{\partial u'}{\partial t} + U\dfrac{\partial u'}{\partial x} + V\dfrac{\partial u'}{\partial y} + w'\dfrac{dU}{dz} = -\dfrac{1}{\rho}\dfrac{\partial p'}{\partial x} + \nu\left(\dfrac{\partial^2 u'}{\partial x^2} + \dfrac{\partial^2 u'}{\partial y^2} + \dfrac{\partial^2 u'}{\partial z^2}\right) \\[2ex] \dfrac{\partial v'}{\partial t} + U\dfrac{\partial v'}{\partial x} + V\dfrac{\partial v'}{\partial y} + w'\dfrac{dV}{dz} = -\dfrac{1}{\rho}\dfrac{\partial p'}{\partial y} + \nu\left(\dfrac{\partial^2 v'}{\partial x^2} + \dfrac{\partial^2 v'}{\partial y^2} + \dfrac{\partial^2 v'}{\partial z^2}\right) \\[2ex] \dfrac{\partial w'}{\partial t} + U\dfrac{\partial w'}{\partial x} + V\dfrac{\partial w'}{\partial y} = -\dfrac{1}{\rho}\dfrac{\partial p'}{\partial z} + \nu\left(\dfrac{\partial^2 w'}{\partial x^2} + \dfrac{\partial^2 w'}{\partial y^2} + \dfrac{\partial^2 w'}{\partial z^2}\right) \end{cases}$$

Les conditions aux limites de ce problème correspondent à l'atténuation des perturbations sur la paroi, et à l'infini.

$$\begin{cases} u'(x,y,0) = v'(x,y,0) = w'(x,y,0) = 0 \\ u'(x,y,\infty) = v'(x,y,\infty) = w'(x,y,\infty) = 0 \end{cases}$$

Le système admet une famille de solutions qui se présentent sous la forme d'ondes se propageant au sein de l'écoulement. Ces ondes sont comparables aux ondes que Tollmien et Schlichting ont observées expérimentalement dans la phase linéaire de la transition.

Partant de ce principe, le champ f du système (où f = u',v',w',p') s'écrit sous la forme :

$$f(x,y,z,t) = f(z)e^{\mathbf{i}.(k_x x+k_y y-\sigma t)}$$

Le scalaire k_x (resp. k_y) est le nombre d'onde dans le direction $(\mathscr{O};x)$ (resp $(\mathscr{O};y)$). On note la pulsation par σ.

L'introduction de la relation dans le système entraîne un développement, qui est présenté dans l'annexe.

Le système est adimensionné par rapport aux grandeurs L, et U_∞, et se simplifie sous la forme d'une seule équation du quatrième ordre en $w'^\star$ (où la notation "D" symbolise l'opérateur de dérivation $\frac{\partial}{\partial z^\star}$:

$$\begin{cases} \left[D^2-(\gamma^{2\star}+\beta^{2\star})\right]^2 w'^\star \\ \qquad -\mathbf{i}Re_L\left\{(\gamma^\star U^\star+\beta^\star V^\star-\omega^\star)\left[D^2-(\gamma^{2\star}+\beta^{2\star})\right]w'^\star - D^2(\gamma^\star U^\star+\beta^\star V^\star)w'^\star\right\}=0 \\ w'^\star(z^\star=0)=Dw'^\star(z^\star=0)=0 \\ w'^\star(z^\star=\infty)=Dw'^\star(z^\star=\infty)=0 \end{cases}$$

Cette équation est connue sous le nom d' "équation d'Orr-Sommerfeld". Elle est adimensionnée ici par les variables :

$$\begin{cases} \gamma^\star = k_x.L & t = \tau^\star \dfrac{L}{U_\infty} \\ \beta^\star = k_y.L & Re_L = \dfrac{U_\infty L}{\nu} \\ \omega^\star = \dfrac{\sigma.L}{U_\infty} & \end{cases}$$

Par souci de clarté, les variables adimensionnées seront allégées de leur étoile.

La résolution du système apporte pour solution une description des ondes se développant dans le temps ou dans l'espace $(\mathcal{O};x,y,z)$. Ces ondes sont la représentation de perturbations tridimensionnelles superposées à l'écoulement principal tridimensionnel.

Evolution et transport des ondes

Cette résolution est quelque peu délicate puisqu'elle dépend des paramètres complexes (γ, β, ω) et du nombre de Reynolds Re_L.

Deux approches sont envisageables :

1. une étude temporelle des perturbations : on recherche ω pour un triplet (γ,β,Re_L) donné. Ceci nous conduit à considérer les nombre d'onde γ,β comme des quantités réelles (si ce n'était pas le cas, les solutions ne pourraient être bornées à l'infini) et ω reste complexe.

   Si $\omega_i < 0$, l'onde est amortie. Si $\omega_i > 0$, l'onde est amplifiée.

   ω_i est alors le taux d'amplification des ondes. Lorsque $\omega_i = 0$, on se place alors dans une zone dite de "stabilité neutre" ou "stabilité marginale".

2. une étude spatiale. Elle implique une recherche de γ,β (complexes) pour un couple (ω,Re_L) donné. Dans ce cas, nous sommes amenés à prendre $\omega_i = 0$, ω_r fixé. Une onde est alors amplifiée si $\gamma_i < 0$.
   Dans ce cas, le taux d'amplification des ondes est défini par un vecteur, traditionnellement noté **k** et de composantes (γ,β) (Fig. 8.5).

8.5.2 Cas des perturbations tridimensionnelles

Théorème de Squire :

Supposons un écoulement bidimensionnel $(W = 0)$, perturbé par une onde oblique de vecteur d'onde $\mathbf{k} = (\gamma,\beta)$. Squire montre alors que par la théorie temporelle, le problème peut se transformer en la recherche d'une perturbation plane, dans le plan parallèle à **k**.

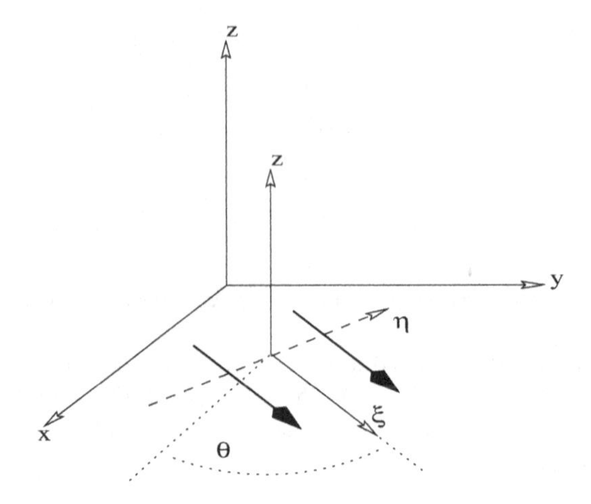

Fig. 8.5 Repérage d'un front d'onde par rapport à (x,y), ou au repère transformé (ξ,η).

Un changement de variable permet de traiter alors l'équation :

$$\left[D^2-\alpha^2\right]^2 w' - \mathbf{i}Re^{\theta}\left\{(\alpha U-\omega)\left[D^2-\alpha^2\right]w' - D^2\alpha U.w'\right\} = 0$$

Le scalaire θ représente l'inclinaison du vecteur d'onde **k** par rapport à la direction de l'écoulement moyen. On pose alors $Re^{\theta} = Re_L.cos\theta$ et $\alpha = \frac{\gamma}{cos\theta}$.

Squire montre de cette façon que le nombre de Reynolds critique reste conditionné par les caractéristiques d'une onde bidimensionnelle ($\theta = 0$).

Théorème de Stuart :

On considère cette fois le développement d'une onde oblique au sein d'un écoulement tridimensionnel ($W \neq 0$). Par un changement de variable analogue, Stuart montre par la théorie temporelle comment traiter le problème de stabilité, là encore dans le plan du vecteur d'onde. La transformation dans ce plan permet de retrouver une équation bidimensionnelle équivalente.

Cette équation correspond, à un problème de dispersion. La résolution de l'équation n'est pas triviale. Elle consiste à rechercher avec précision les valeurs propres du système.

Puisqu'en théorie temporelle le problème peut être reformulé simplement dans le plan du vecteur d'onde en un problème bidimensionnel, on peut introduire la fonction de courant ψ de la perturbation, et exprimer le système en fonction de ψ. On retombe dans ce cas exactement sur une équation de la forme précédente.

$$\begin{cases} \left[D^2 - \alpha^2\right]^2 \psi - \mathbf{i}Re^\theta \left\{ (\alpha U - \omega) \left[D^2 - \alpha^2\right] \psi - D^2 \alpha U.\psi \right\} = 0 \\ \psi(z^\star = 0) = D\psi(z^\star = 0) = 0 \\ \psi(z^\star = \infty) = D\psi(z^\star = \infty) = 0 \end{cases}$$

Re^θ et α sont fixés et la recherche des valeurs propres s'effectue sur la variable complexe ω.

En revanche, en théorie spatiale le traitement de l'équation est moins aisé. Deux raisons à cela :

D'une part, les transformations précédentes (Squire, Stuart) ne sont plus valables. Il faut donc résoudre le système par rapport aux deux paramètres γ et β, alors que le couple (ω et Re_L) est fixé. Dans la pratique, la valeur propre γ est recherchée au détriment de β. Celle-ci est souvent réduite à β_r, les calculs montrant qu'il est raisonnable de poser $\beta_i = 0$.

Dès lors, la recherche de γ nécessite la mise en place de nouvelles procédures de recherche des valeurs et vecteurs propres, du fait de son apparition non linéaire dans le système.

Nous allons donc traiter le problème de la stabilité au travers du système, dans le contexte de la théorie temporelle. Ceci n'est qu'une hypothèse de départ pour la section suivante, où il s'agit de résoudre le problème aux valeurs propres. En effet, la même méthode de résolution pourra être indifféremment utilisée, moyennant quelques aménagements pour la théorie temporelle et spatiale, en bidimensionnel ou tridimensionnel.

8.5.2.1 Remarques : les effets non-parallèles

L'origine de l'équation d'Orr-Sommerfeld repose sur l'hypothèse d'un écoulement de base parallèle. Cette approximation introduit une erreur dans les équations de Navier-Stokes par rapport au champ initial. On introduit donc une erreur dans le système avant même la petite perturbation. Une question se pose : l'ordre de grandeur de l'erreur est-il plus petit que celui de la perturbation ? Si ce n'est pas le cas, rien ne permet d'assurer la validité des résultats de stabilité.

La correction apportée par la considération d'un écoulement non parallèle peut être évaluée par la méthode des échelles multiples. Celle-ci a permis de montrer une avanc?ielle du nombre de Reynolds critique, laissant apparaître une bonne adéquation avec les résultats expérimentaux.

L'erreur introduite par l'hypothèse d'écoulement parallèle diminue lorsque l'écoulement étudié est solution des équations de Navier-Stokes, et lorsque l'analyse de la stabilité est effectuée localement, à chaque abscisse x. Le profil de vitesse peut alors évoluer faiblement dans la direction x, mais localement il reste indépendant des profils voisins. C'est l'hypothèse d'écoulement localement parallèle. Cette hypothèse sera utilisée dans le chapitre suivant.

8.5.3 L'écoulement plan de Poiseuille.

La résolution de l'équation d'Orr-Sommerfeld appliquée à l'écoulement de Poiseuille, n'est qu'une étape dans la mise au point de la méthode, avant son adaptation au cas de la couche limite. En effet, cela permet de travailler directement dans le domaine borné sur lequel sont définis les polynômes de Chebychev, et de valider dans un premier temps l'écriture du système d'équation. Ceci explique par avance que certains choix n'aient pas été faits pour simplifier ou optimiser la résolution du cas 'Poiseuille'. Suivant la méthode choisie pour prendre en compte un domaine semi-infini (cas des couches limites), les modifications peuvent être conséquentes, entraîner de nouveaux choix tactiques et occasionner la réécriture du système. Nous verrons que la méthode que nous avons choisie nous permet de contourner cet inconvénient. Cette méthode reprend la technique du "cut-off". Elle sera décrite dans la partie suivante.

Considérons l'écoulement plan d'un fluide newtonien entre deux plaques planes lisses, distantes d'une hauteur 2h (h=1) (Fig. 8.6). Lorsque l'écoulement est établi, il est symétrique par rapport à l'axe central du canal et de forme parabolique. Le champ de vitesse est $\mathbf{U} = (U(z), 0, 0)$ avec :

$$U(z) = 1 - z^2 \qquad \text{pour} \qquad z \in [-1, 1]$$

L'adimensionnement du système est donné par la demie hauteur du canal, h=1 , et par la vitesse au centre du canal, de sorte que $Re = 1/\nu$.

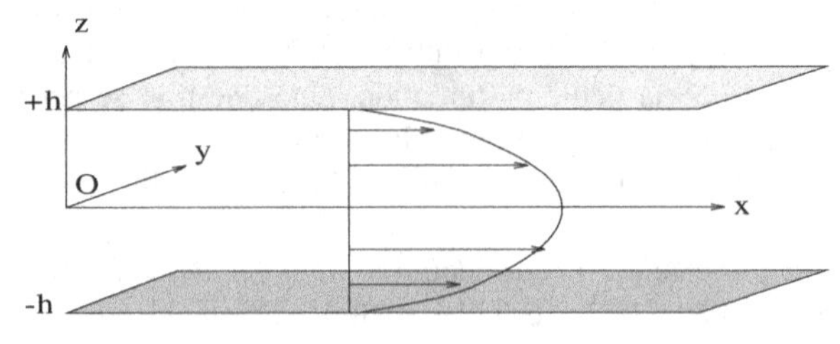

Fig. 8.6 Ecoulement entre deux plans de type Poiseuille qui définit la solution de base non perturbée de la théorie linéaire de la stabilité

Une perturbation bidimensionnelle est superposée à l'écoulement global. La fonction de courant qui lui est associée peut s'écrire :

$$\psi(x,z,t) = \psi(z)e^{\mathbf{i}.(\alpha x-\omega t)}$$

Les conditions aux limites remplies par la fonction de courant, correspondent à l'annulation des perturbations sur les parois du canal. Le champ de vitesse parabolique remplit d'autre part les hypothèses de la théorie linéaire de la stabilité (voir partie précédente). Le système à résoudre est le suivant :

$$\begin{cases} \psi_N''''(z) - 2\alpha^2\psi_N''(z) + \alpha^4\psi_N(z) - \mathbf{i}\alpha Re\Big\{(U(z)-c)(\psi_N''(z) - \alpha^2\psi_N(z)) - U''(z)\psi_N(z)\Big\} = 0 \\ \psi_N(z=-h) = \psi_N'(z=-h) = 0 \\ \psi_N(z=+h) = \psi_N'(z=+h) = 0 \end{cases}$$

La fonction ψ est décomposée sur la base des polynômes de Chebychev définis sur l'intervalle $[-1,1]$, en une série tronquée à l'ordre N :

$\psi_N(z) = \sum_{i=0}^{N} a_i T_i(z)$. De même, $U_N(z) = \sum_{i=0}^{N} b_i T_i(z)$

Soit $\mathscr{L}(\psi; U, Re, \alpha, c)$, l'opérateur d'Orr-Sommerfeld :

$$\begin{aligned} \mathscr{L}(\psi_N; U_N, Re, \alpha, c)(z) = {} & \psi_N''''(z) - 2\alpha^2\psi_N''(z) + \alpha^4\psi_N(z) \\ & - \mathbf{i}\alpha Re\Big\{(U_N(z)-c)(\psi_N''(z) - \alpha^2\psi_N(z)) - U_N''(z)\psi_N(z)\Big\} \end{aligned}$$

Passage dans l'espace spectral.

Le traitement de l'équation impose deux contraintes :

1. Les fonctions U(z) et U"(z) doivent être exprimées dans l'espace spectral. Les polynômes de Chebychev, compte tenu de leur définition, s'écrivent sur la base des fonctions de Fourier. Ceci rend possible l'utilisation des transformations de Fourier rapides (F.F.T) pour les passages de l'espace physique vers l'espace spectral, et inversement. Nous ne rentrons pas dans le détail de ces techniques, car elles ont fait l'objet de multiples travaux et développements.
   Dans le cas présent cette transformation n'est pas utile. En effet U(z) et U"(z) sont des polynômes d'ordre inférieur ou égal à 2. Leur décomposition se fait donc d'après T_0, T_1,T_2, et trivialement nous obtenons :

$$\begin{aligned} U(z) &= 1-z^2 = \frac{1}{2}(T_0(z)-T_2(z)) \\ U''(z) &= 2 \qquad = 2T_0(z) \end{aligned}$$

2. Les produits de deux fonctions sont re-développés en une seule série par la relation.
   Cela concerne les termes :

$$U(z)(\psi_N'' - \alpha^2\psi_N) \quad \text{et} \quad U''(z)\psi_N$$

La courbe de stabilité (Fig.8.7) reprend l'ensemble des couples $(Re, \alpha = (\alpha_r, 0))$ pour lesquels $c_i = 0$. Elle met en évidence le couple critique au-delà duquel l'écoulement n'est plus stable.

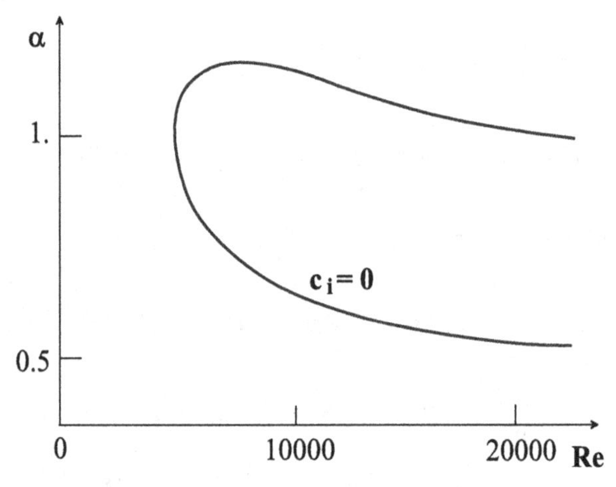

Fig. 8.7 Diagramme de stabilité marginale obtenue pour l'écoulement de Poiseuille pour $c_i = 0$; à l'extérieur de cette courbe la solution est instable

Plusieurs auteurs s'accordent pour fixer les conditions marginales de stabilité pour lesquelles $c_i = 0$ à des valeurs proches des suivantes:

$$\begin{cases} \alpha_r^c = 1.02056 \\ Re^c = 5772.22 \\ c_r = 0.26400174 \end{cases}$$

8.5.4 La couche limite de Blasius.

La résolution de l'équation d'Orr-Sommerfeld appliquée à la couche limite de Blasius doit être modifiée. En effet le domaine est maintenant semi-infini. Ceci signifie qu'il faut être capable de représenter l'atténuation des perturbations à l'infini. Pour cela, il faut changer soit la base des fonctions d'essai, soit traiter différemment les conditions aux limites à l'infini.

Nous avons analysé la première option en considérant une famille de fonctions composées de polynômes de Chebychev et d'une transformation exponentielle. La dérivée d'ordre quatre introduit dans ce cas des développements relativement importants sur la dérivation des fonctions composées et de ce fait, beaucoup plus de produits de séries. Pour cette raison nous avons choisi la seconde option, modifier le traitement des conditions aux limites.

En dehors de la couche limite, le profil de vitesse est constant et sa dérivée seconde tend vers zéro. Donc suffisamment loin de la couche limite, ψ_N est la solution d'une équation différentielle bicarrée. Elle est donc la somme de quatre exponentielles complexes. Sachant que la perturbation doit s'atténuer à l'infini, la somme se réduit à deux exponentielles telles que :

$$\text{Pour } z >> \delta \qquad \psi(z) = \lambda e^{az} + \mu e^{bz} \text{ ...avec } \begin{array}{l} Reel(a) \leq 0 \\ Reel(b) \leq 0 \end{array}$$

Les constantes λ et μ sont déterminées ensuite par des conditions de raccordement (décrites dans la suite).

Deux différences notables apparaissent alors par rapport au cas de Poiseuille :

1. Le nouveau domaine que nous considérons est maintenant l'intervalle $z^\star \in [0,1]$ où $z^\star = 1$ correspond à une certaine hauteur $\tau\delta$ au dessus de la couche limite. τ est une constante supérieure à 1. La longueur de référence est fixée à $\tau\delta$ et $Re = Re_{\tau\delta}$.
2. Les nouvelles conditions aux limites sont appliquées sur la plaque plane en $z^\star = 0$ et au dessus de la couche limite en $z^\star = 1 = z/\tau\delta$. En $\tau\delta$ nous effectuons un raccordement de la solution à l'infini avec la solution. Cette technique est appelée 'méthode de cut-off'.

Le système à résoudre est donc le suivant :

$$\begin{cases} \psi''''(z^\star) - 2\alpha^2\psi''(z^\star) + \alpha^4\psi(z^\star) - \mathbf{i}\alpha Re\Big\{(U(z^\star)-c)(\psi''(z^\star)-\alpha^2\psi(z^\star)) - U''(z^\star)\psi(z^\star)\Big\} = 0 \\ \psi(z^\star=0) = \psi'(z^\star=0) = 0 \\ \psi(z^\star=1) = \lambda e^a + \mu e^b \\ \psi'(z^\star=1) = a\lambda e^a + b\mu e^b \end{cases}$$

Posons $\eta = 2z^\star - 1$, avec $\eta \in [-1,1]$. Nous allons ramener notre problème à celui de Poiseuille :

$$\begin{cases} \psi(z^\star) = \tilde{\psi}(\eta) \\ U(z^\star) = \tilde{U}(\eta) \end{cases}$$

Ceci entraîne :

$$\begin{cases} \psi'(z^\star) = 2\tilde{\psi}'(\eta) \\ \psi''(z^\star) = 2^2\tilde{\psi}''(\eta) \\ \psi''''(z^\star) = 2^4\tilde{\psi}''''(\eta) \end{cases}$$

En posant $\tilde{Re} = Re/2$ et $\tilde{\alpha} = \alpha/2$, on peut ainsi faire apparaître une nouvelle forme de l'équation, identique à celle traitée précédemment :

$$\begin{cases} \tilde{\psi}''''(\eta) - 2\tilde{\alpha}^2\tilde{\psi}''(\eta) + \tilde{\alpha}^4\tilde{\psi}(\eta) - \mathbf{i}\tilde{\alpha}\tilde{Re}\Big\{(\tilde{U}(\eta)-c)(\tilde{\psi}''(\eta)-\tilde{\alpha}^2\tilde{\psi}(\eta)) - \tilde{U}''(\eta)\tilde{\psi}(\eta)\Big\} = 0 \\ \tilde{\psi}(\eta=-1) = \tilde{\psi}'(\eta=-1) = 0 \\ \tilde{\psi}(\eta=1) = \lambda e^a + \mu e^b \\ \tilde{\psi}'(\eta=1) = a\lambda e^a + b\mu e^b \end{cases}$$

Traitement des conditions limites.

La définition des constantes λ et μ est donnée par le raccordement des deux solutions: la solution à l'infini et la solution de notre système.

$$\left\{\begin{array}{l}\tilde{\psi}(\eta=1)=\lambda e^{a}+\mu e^{b}\\[2ex] \tilde{\psi}'(\eta=1)=a\lambda e^{a}+b\mu e^{b}\\[2ex] \tilde{\psi}''(\eta=1)=a^{2}\lambda e^{a}+b^{2}\mu e^{b}\\[2ex] \tilde{\psi}'''(\eta=1)=a^{3}\lambda e^{a}+b^{3}\mu e^{b}\end{array}\right.$$

La résolution de cette relation donne :

$$\left\{\begin{array}{lll}\tilde{\psi}_{(\eta=1)} & = \dfrac{1}{(ab)^{2}} & \left\{(a^{2}+ab+b^{2})\tilde{\psi}''_{(\eta=1)}-(a+b)\tilde{\psi}'''_{(\eta=1)}\right\}\\ \tilde{\psi}'_{(\eta=1)} & = \dfrac{1}{ab} & \left\{(a+b)\tilde{\psi}''_{(\eta=1)}-\tilde{\psi}'''_{(\eta=1)}\right\}\end{array}\right.$$

avec a et b connus .

D'autre part, nous avons :

$$\tilde{\psi}''_{(\eta=1)}=\frac{1}{3}\sum_{k=0}^{N}k^{2}(k^{2}-1)a_{k}$$

$$\tilde{\psi}'''_{(\eta=1)}=\frac{1}{15}\sum_{k=0}^{N}k^{2}(k^{2}-1)(k^{2}-4)a_{k}$$

Dans le même esprit que dans le paragraphe précédent, nous écrivons :

$$\left\{\begin{array}{l}\tilde{\psi}''_{(\eta=1)}=4a_{2}+24a_{3}+S''\\[2ex] \tilde{\psi}'''_{(\eta=1)}=24a_{3}+S'''\\[2ex] \text{où}\\ S''=\dfrac{1}{3}\displaystyle\sum_{k=4}^{N}k^{2}(k^{2}-1)a_{k}\\[3ex] S'''=\dfrac{1}{15}\displaystyle\sum_{k=4}^{N}k^{2}(k^{2}-1)(k^{2}-4)a_{k}\end{array}\right.$$

Posons de plus :

$$\rho''=\frac{a^{2}+ab+b^{2}}{(ab)^{2}}\qquad \gamma'=-\frac{a+b}{(ab)^{2}}$$

$$\rho'''=\frac{a+b}{ab}\qquad \gamma''=-\frac{1}{ab}$$

Précédemment nous avions :

$$\begin{cases} \phi_{N(z=1)} = a_0 + a_1 + a_2 + a_3 - S_0 = 0 \\ \phi'_{N(z=1)} = a_0 - a_1 + a_2 - a_3 - S_1 = 0 \end{cases}$$

Maintenant nous avons :

$$\begin{cases} \tilde{\phi}_{N(\eta=1)} = a_0 + a_1 + a_2 + a_3 - S_0 = 4\rho'' a_2 + 24(\rho'' + \gamma'')a_3 + \rho'' S'' + \gamma' S''' \\ \tilde{\phi}'_{N(\eta=1)} = a_0 - a_1 + a_2 - a_3 - S_1 = 4\rho''' a_2 + 24(\rho''' + \gamma''')a_3 + \rho''' S'' + \gamma''' S''' \end{cases}$$

Nous obtenons ainsi deux nouvelles conditions aux limites en $\eta = 1$ sur les coefficients $(a_n)_{n=0...N}$ que l'on traite de manière similaire au cas Poiseuille. Les coefficients a_0,a_1,a_2,a_3, sont ré-exprimés en fonctions des $(a_n^{(4)})_{n\in\mathbf{N}}$.

Par contre les paramètres a et b sont fonctions de α, Re et c. Or nous cherchons c dans le cas d'une étude temporelle. Il faut partir d'une valeur initiale de c, et suivre la solution par continuation (méthode de Newton) jusqu'à la valeur recherchée. A chaque itération de cette méthode, la valeur de c_r est réactualisée et permet de corriger la solution externe et les conditions aux limites. La procédure converge très facilement dans le cas de Blasius.

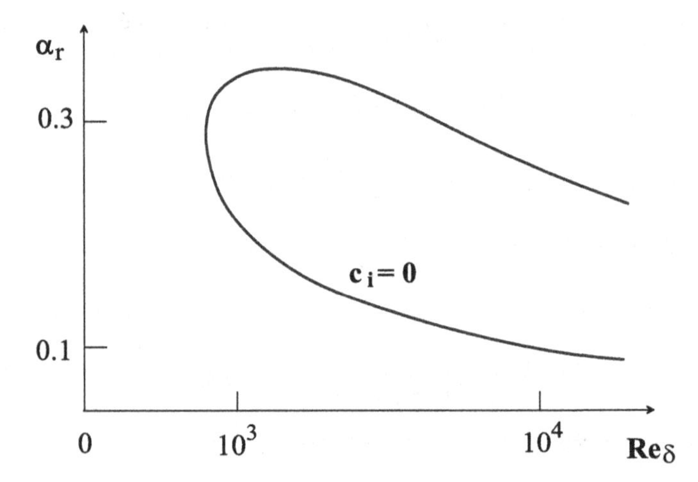

Fig. 8.8 Courbe de stabilité marginale et voisinage du Re_{δ_1} critique. pour l'écoulement de couche limite laminaire pour $c_i = 0$; à l'extérieur de cette courbe la solution est instable; le nombre de Reynolds est défini avec l'épaisseur de couche limite δ

Les résultats sont illustrés par les courbes de la figure 8.8. Le nombre de Reynolds critique et le nombre d'onde critique sont évalués à :

$$Re_{\delta_1 crit.} = 519.22_7 \quad \text{pour} \quad \alpha_{r.crit} = 0.3037_1$$

Chapitre 9
Turbulence

La compréhension de la Turbulence et sa modélisation a été l'un des enjeux scientifiques majeurs du siècle dernier et le restera probablement pour celui qui vient de commencer. Il existe plusieurs facettes de la notion de turbulence qui pourraient être intégrées dans un grand cadre intitulé "Turbulence des Systèmes Dynamiques" dont feraient partie les équations différentielles non linéaires, les équations aux dérivées partielles non linéaires, les systèmes granulaires (le pendule, 3 billes attachées sur un fil, un tas de sable, ...), les jeux (le flipper, la loterie nationale, la roue de la fortune, ...), les systèmes contraints (les prisons, les écoles d'ingénieurs, ...), la vie sur Terre ... Tous ces systèmes peuvent à un moment de leur évolution subir des accidents, des modifications parfois imperceptibles qui les conduisent à terme vers une autre structure organisée, plus complexe qui peut devenir instationnaire voire aléatoire et turbulente. L'effet inverse n'est pas à exclure : la dispersion des constituants du système, la réduction des contraintes permet de relaxer celui-ci vers un état stable.

La Turbulence dans les fluides est certainement l'une des plus complexes à analyser et à modéliser. Le nombre de degrés de liberté ou de structures potentielles dans un écoulement tridimensionnel augmente considérablement avec ses dimensions spatiales. De même la vitesse caractéristique et la viscosité du fluide sont des facteurs aggravants intégrés dans le nombre de Reynolds qui caractérise la contrainte de l'écoulement. De très nombreux écoulements d'intérêts technologiques sont des écoulements turbulents, en fait la très grande majorité d'entre eux. Les écoulements naturels atmosphériques, océaniques, fluviaux sont eux aussi le siège de mouvements turbulents.

9.1 Caractères généraux de la turbulence

9.1.1 Caractère aléatoire, hasardeux

La manifestation la plus visible d'un écoulement turbulent est certainement son caractère instationnaire non structuré que l'on qualifie d'aléatoire. Si l'on exam-

J.-P. Caltagirone, *Physique des Écoulements Continus*,
Mathématiques et Applications 74, DOI: 10.1007/978-3-642-39510-9_9,

ine le signal fourni par une sonde enregistrant le paramètre Φ (pression, vitesse, température, ...) au cours du temps on constate à première vue qu'aucune séquence reproductible ne permet de réduire ce signal (Fig. 9.1).

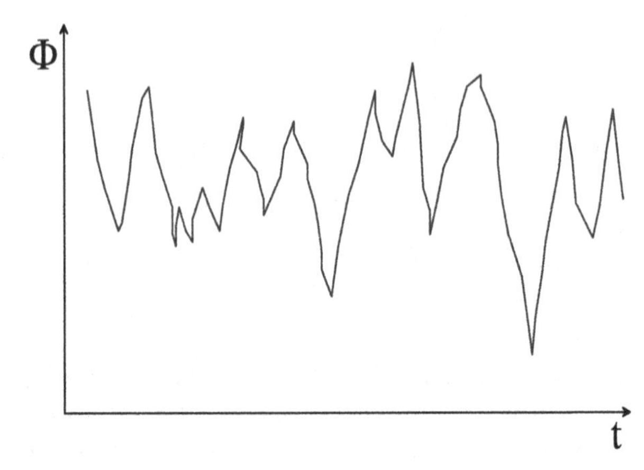

Fig. 9.1 Evolution temporelle d'un signal aléatoire caractérisant un écoulement pleinement turbulent

Les signaux de pression, vitesse dans un écoulement turbulent sont en effet très irréguliers en temps mais aussi en espace. Il existe deux méthodes d'approches : si l'on considère les phénomènes comme aléatoires c'est à dire régis par le hasard on utilisera des méthodes statistiques mais si l'on est plus optimiste c'est à dire que l'on ne retient que le caractère chaotique, un calcul déterministe sera envisageable.

Il est à noter que tout écoulement instationnaire n'est pas forcément turbulent comme les écoulements pulsés ou les fluctuations périodiques devront être dissociées du signal turbulent proprement dit. C'est le cas aussi de mouvements instationnaires comme l'écoulement de Bénard-Karman autour d'un cylindre à $Re = 60$ par exemple. Ce même écoulement garde par ailleurs cette structure périodique y compris pour un régime turbulent. Les fréquences caractéristiques de la turbulence et de l'allée de Bénard-Karman doivent alors être soigneusement séparées.

Notons aussi qu'un écoulement turbulent est fortement tridimensionnel (sauf cas très particulier ou l'on peut parler de turbulence 2D comme les écoulements océaniques où l'une des dimensions est beaucoup plus petite que les deux autres et où il est d'ailleurs préférable de parler d'écoulements turbulents stratifiés, influencés par une configuration quasi-2D).

Les écoulement turbulents sont aussi très marqués par de fortes variations du rotationnel de la vitesse. Un champ acoustique, même aléatoire, ne peut être considéré comme étant turbulent en raison de son irrotationnalité. De même une vague conduit à des écoulements irrotationnels tant que que celle-ci ne déferle pas ou, dans ce cas, elle présente sur la lèvre un taux de rotation important avant impact.

9.1.2 Une extrême sensibilité aux conditions initiales

Un écoulement turbulent est extrêmement sensible aux conditions initiales. En effet les fortes interactions liant les fines structures à l'écoulement moyen expliquent qu'un écart infime sur les conditions initiales peuvent conduire à terme à des états totalement différents. C'est le phénomène d'imprédictibilité lié à la mauvaise connaissance et ??a mauvaise maîtrise de ces conditions.

C'est la principale difficulté de prévision du temps à plus de quelques jours. En fait la prévision d'un quelconque état turbulent ne serait pas limitée à la difficulté de résoudre toutes les échelles en même temps mais également de posséder une connaissance exacte de ses conditions initiales.

9.1.3 Une perte de mémoire

Une conséquence directe de cette extrême sensibilité aux conditions initiales amplifiée par les fortes interactions non-linéaires entre les structures, est que l'écoulement, après avoir atteint un certain régime, oublie les détails qui l'on amené à cet état. Cela correspond à une perte de mémoire ce qui est est d'ailleurs plutôt favorable dans la mesure òu la méconnaissance des conditions initiales n'empêche pas de calculer les structures essentielles de l'écoulement et de représenter une physique réaliste.

Un jeu permet de bien préciser cette notion : une bille d'acier descend par gravité dans un réseau de petits picots cylindriques. Elle saute d'un picot à l'autre pour arriver en bas du système à une abscisse quîaraît aléatoire. L'impact final est rarement le même alors que la position initiale diffère très peu. La répétition de l'opération montre que la répartition est quasi-gaussienne.

De même un calcul numérique simulant l'écoulement autour d'un cylindre pour un nombre de Reynolds de 60 donne des résultats différents en fonction des conditions initiales. Si l'écoulement amont est exempt de perturbation alors celui-ci reste symétrique et stationnaire tout au long du calcul avec une longueur de recirculation qui croit en fonction du nombre de Reynolds. En injectant des perturbations de l'ordre de 10^{-10} en bruit blanc, l'écoulement devient rapidement instationnaire périodique et donne l'allée de Bénard-Karman prévue.

Bien évidemment l'écoulement symétrique n'est observable qu'avec un code de calcul ne générant pas lui-même de perturbations supérieures aux erreurs d'arrondis de la machine. Il est à noter que les résultats peuvent aussi dépendre à $10^{-12} - 10^{-14}$ près de la machine utilisée.

9.1.4 Une forte diffusivité apparente

Un écoulement turbulent possède une diffusivité apparente très supérieure à la diffusivité moléculaire. Cette conclusion est en fait due aux contributions de différents effets combinés. Un écoulement turbulent est caractérisé par de fortes variations spatiales et temporelles de la vitesse. Des portions de fluide très proches peuvent avoir des directions et des modules de la vitesse différents; ces portions sont alors advectées différemment et mises en contact de température ou de concentration différentes. Mais le processus de diffusion moléculaire reste le seul à transférer in fine l'énergie ou la masse. La génération de filaments entrelacés accélère considérablement ce processus qui est assimilé à de la diffusion. De manière générale en physique ce que l'on a du mal à analyser ou à modéliser est assimilé à de la diffusion. La turbulence en fait aussi une large exploitation.

9.1.5 La coexistence d'échelles spatiales très différentes

Un écoulement turbulent est le lieu d'un enchevêtrement de structures tourbillonnaires dont les vecteurs rotationnels sont orientés dans toutes les directions de l'espace et sont fortement instationnaires. De plus, à plus grands nombres de Reynolds, caractérisant le rapport entre les forces de convection et de diffusion moléculaire, l'écoulement présente un spectre étendu de tailles de tourbillons et un spectre correspondant en fréquence. Les plus gros tourbillons correspondant aux basses fréquences du spectre d'énergie, sont principalement influencés par les conditions aux limites du problème. Leur taille est en général d'ordre de grandeur du domaine dans lequel évolue le fluide. Les petits tourbillons sont quant à eux, associés aux hautes fréquences du spectre. Leur taille est déterminée par les forces visqueuses et ce sont eux qui dissipent l'énergie turbulente. L'écart de dimension entre les grosses et petites structures est proportionnel au nombre de Reynolds global de l'écoulement. En fait, plus ce nombre augmente, plus le spectre d'énergie s'allonge, plus on rencontre de fines structures, ce qui explique les difficultés rencontrées au fur et à mesure que le nombre de Reynolds augmente (Fig. 9.2).

Concrètement, il est possible d'estimer les échelles de grandeur caractéristiques des différentes structures existant dans un écoulement turbulent. Cette estimation a une grande importance dans la compréhension des phénomènes en présence. Ainsi, elle est très utilisée, pour les modélisations statistiques, dans les théories de fermeture en un point. Ces échelles sont basées principalement sur l'énergie cinétique de la turbulence $k = 0.5u'_i u'_i$ et le taux de dissipation $\varepsilon = \nu \frac{\partial u'_i}{\partial x_j}\frac{\partial u'_i}{\partial x_j}$ (u'_i étant la nième composante du vecteur vitesse fluctuante $\mathbf{u}'$).

Ainsi, on fixe l'échelle caractéristique de vitesse à $u_c = \sqrt{(2/3)k}$. L'échelle intégrale caractéristique de longueur macroscopique correspondant à la taille caractéristique des gros tourbillons porteurs d'énergie turbulente est d'ordre de grandeur de l'échelle de longueur du domaine d'étude (par exemple diamètre du cylindre

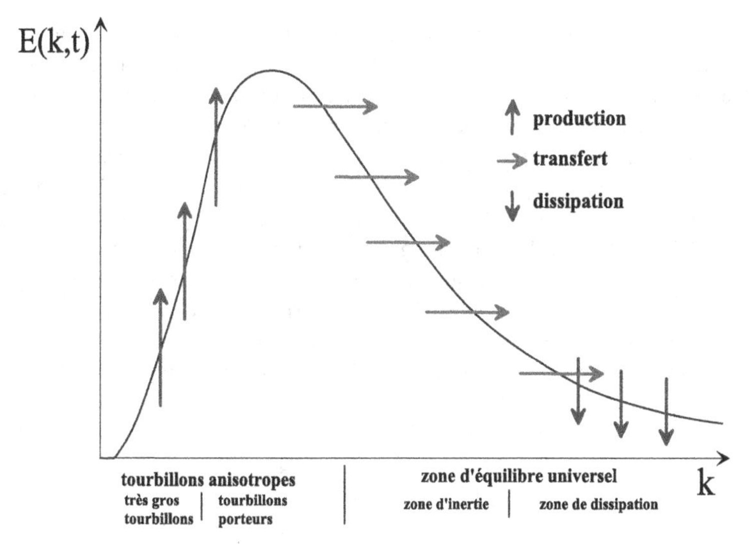

Fig. 9.2 Spectre de l'énergie de la turbulence en fonction du nombre d'onde où l'on distingue les différentes régions de dissipation, transfert de l'énergie des structures et dissipation de celle-ci

lors de l'écoulement de fluide autour de celui-ci, ou diamètre hydraulique d'un canal). En ce qui concerne la micro-échelle de turbulence λ dite de G.I. Taylor, c'est à dire la taille des structures jusqu'à laquelle la dissipation visqueuse moléculaire peut encore être négligée devant les mécanismes de convection, est définie par $\varepsilon = 15\nu u_c^2/\lambda^2$. Enfin, la taille des structures dissipatives, dite échelle de Kolmogorov, est définie par $\eta = (\nu^3/\varepsilon)^{1/4}$. Grâce à l'introduction du nombre caractéristique de Reynolds de la turbulence $Re_T = u_c L/\nu$ on peut évaluer le rapport existant entre les 3 échelles de longueur:

$$\frac{\lambda}{L} = \sqrt{15} Re_T^{-1/2} \quad \frac{\eta}{L} = Re_T^{-3/4} \quad \frac{\eta}{\lambda} = \frac{1}{\sqrt{15}} Re_T^{-1/4}$$

En conclusion, on peut s'apercevoir que, pour parvenir à capter toutes les structures sans aucune hypothèse simplificatrice de modélisation, il faut un ordre de grandeur de $Re_T^{3/4}$ points par direction d'espace. Cela laisse imaginer les difficultés numériques qu'engendrent les écoulements à grands nombres de Reynolds.

9.1.6 *La cascade d'énergie due aux échanges entre les tourbillons*

Ces diverses structures tourbillonnaires ayant des tailles et des propriétés très différentes, il est important de comprendre les mécanismes de transferts d'informations et d'énergie entre ces tourbillons. En effet, nous avons noté précédemment que la non-linéarité des équations entraînait de fortes interactions entre les différentes structures, même si elles ont une taille totalement différente. En fait, à la différence d'un mouvement moléculaire où les chocs sont élastiques et n'ont donc pas besoin d'énergie pour se reproduire, les agitations turbulentes ne peuvent subsister que par un apport d'énergie. Celui-ci provient du mouvement moyen (par exemple, un cisaillement), qui va transférer peu à peu son énergie vers le mouvement fluctuant, la dissipation de cette énergie ne pouvant s'effectuer que par les forces visqueuses au niveau des structures les plus fines : c'est le mécanisme de cascade énergétique. Cette cascade s'effectue par l'intermédiaire de l'étirement ou de la compression (l'étirement est le phénomène statistiquement le plus courant) de filets tourbillonnaires (vortex stretching) (Fig. 9.3). Considérons un tube tourbillonnaire de longueur L, de masse volumique ρ, de rayon R et de vitesse angulaire ω.

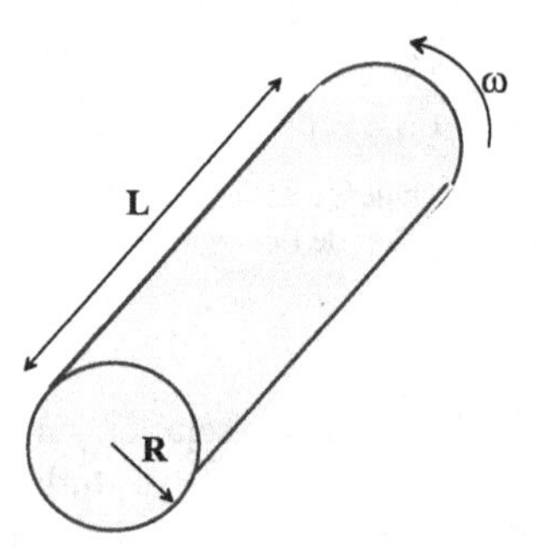

Fig. 9.3 Tourbillon élémentaire isolé dans un écoulement turbulent pour le calcul de la transformation de celui-ci par étirement

On peut évaluer l'ordre de grandeur de certaines quantités correspondant à ce tourbillon élémentaire. Ainsi, sa masse est proportionnelle à ρLR^2. Son énergie cinétique, quant à elle, est proportionnelle à $MV^2/2$, soit à $(\rho LR^2)R^2\omega^2$. Son moment angulaire étant égal à MVR est alors proportionnel à $(\rho LR^2)R^2\omega$. Supposons que l'on se situe à un nombre d'onde pas trop grand, c'est à dire à une taille L de tourbillon suffisamment grande pour pouvoir négliger les effets de la viscosité moléculaire. Le moment angulaire de ce tourbillon est alors conservé. De plus, la masse étant conservée, on en déduit que les quantités ρLR^2 et $R^2\omega^2$ sont conservées. L'énergie cinétique étant proportionnelle à $(\rho LR^2)R^2\omega\omega$, on en déduit qu'elle varie comme ω, et donc comme R^{-2} et comme L. Ainsi, lorsqu'un tourbillon est étiré, sa longueur L augmente, sa vitesse angulaire ω augmente et donc son énergie cinétique augmente, mais sa section diminue. De même, lorsqu'un tourbillon est compressé, son énergie cinétique diminue et sa section augmente.

En fait, ce mécanisme prend naissance dans l'extraction d'énergie du mouvement moyen qui, par cet intermédiaire, va définir les orientations et l'intensité du champ turbulent. Ainsi, un cisaillement pur par exemple, a tendance à orienter les tourbillons et à intensifier les mouvements suivant l'axe d'étirement incliné à 45°

[Cousteix, 1989]. Les tourbillons les mieux à même d'extraire de l'énergie au mouvement moyen sont ceux dont les axes principaux sont à peu près alignés avec ceux de la déformation du mouvement moyen. Ensuite, les tourbillons générés vont engendrer à leur tour des directions de déformations qui vont étirer ou compresser les tourbillons plus petits placés dans l'axe de ces nouvelles déformations (Fig. 9.4). Ce mécanisme s'effectuera jusqu'à ce que la dissipation visqueuse ne soit plus négligeable.

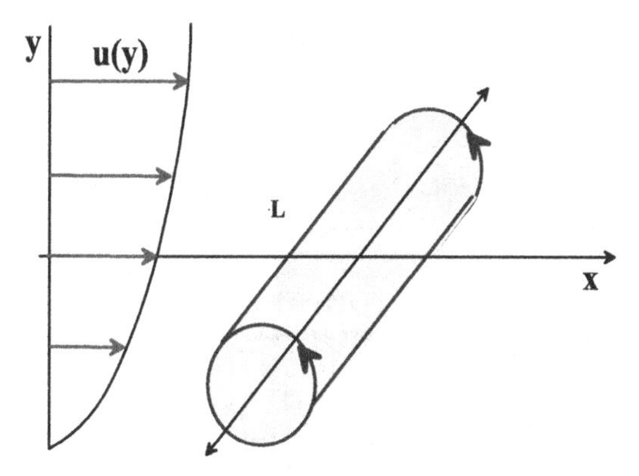

Fig. 9.4 Tourbillon sous l'action d'une déformation moyenne induite par un cisaillement de l'écoulement moyen

Enfin, on constate que l'étirement ou la compression d'un tourbillon dans une direction augmente les fluctuations dans des plans perpendiculaires à ce vecteur tourbillon. Considérant le rôle du "vortex stretching", nous allons étudier l'évolution d'une déformation dans la direction z de l'écoulement. Cette déformation engendre des mouvements et donc des contraintes de déformation dans les directions x et y. Ces dernières reçoivent donc indirectement de l'énergie du mouvement moyen, bien qu'elles ne soient pas dans la direction de la déformation moyenne, et engendrent à leur tour des déformations dans les plans respectivement perpendiculaires, etc. Le processus se répète suivant le célèbre schéma de l'arbre généalogique de Bradshaw (1971) (Fig. 9.5).

Cet arbre illustre le transfert d'énergie des grosses structures vers les petites structures (cascade de Kolmogorov) ainsi que la tendance à l'isotropie de la microturbulence. En effet, si l'on effectue le bilan des tourbillons étirés (ou compressés) et étirés accumulés à chaque étape du processus, on se rend compte de l'oubli de la déformation initiale au niveau des petites structures. On observe alors une tendance vers un état isotrope quasi-universel (Tab. 9.1). Toutefois, il convient de noter que cette universalité des mécanismes à petites échelles n'est pas complètement indépendante des conditions de déformation initiales (par exemple concernant l'échelle temporelle dite temps de retournement de la turbulence, et l'énergie cinétique

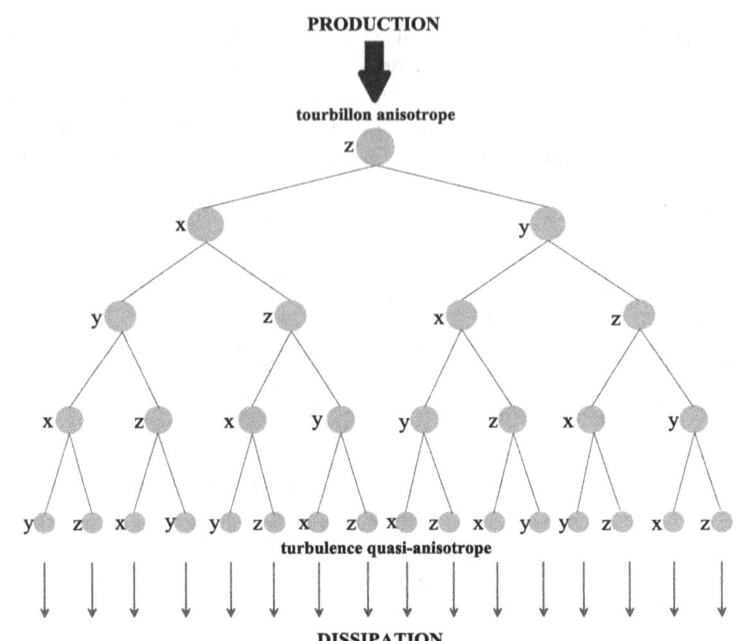

Fig. 9.5 Arbre généalogique de Bradshaw schématisant le transfert d'énergie des grandes structures tourbillonnaires vers les plus petites

k). Dans ces conditions, l'hypothèse d'universalité doit être modulée afin de bien représenter les phénomènes physiques.

Tableau 9.1 Cascade d'étirements de tourbillons d'après Bradshaw de directions x, y et z vers un écoulement isotrope et homogène

degré d'avancement	nombre de tourbillons étirés			nombre de tourbillons étirés cumulés		
direction	— Ox —	— Oy —	— Oz —	— Ox —	— Oy —	— Oz —
départ	0	0	1	0	0	1
1 ère génération	1	1	0	1	1	1
2ème génération	1	1	2	2	2	3
3ème génération	3	3	2	5	5	5
4ème génération	5	5	6	10	10	11
5ème génération	11	11	10	21	21	21
6ème génération	21	21	22	42	42	43
7ème génération	43	43	43	85	85	85

9.2 Les concepts de base et les différentes approches

La turbulence peut être appréhendée de multiples manières, descriptive comme dans le chapitre précédent ou de manière plus quantitative à partir de modèles ou de simulations ou les deux. L'objectif est bien sûr de pouvoir représenter la turbulence ou au moins ses effets. Plusieurs approches sont ainsi disponibles :

- **La modélisation statistique (RANS, Reynolds Averaged Navier-Stokes equations):** les champs de vitesse, pression sont décomposés en valeurs moyennes et fluctuation puis les concepts classiques en statistique conduisent à considérer des moyennes d'ensembles. Les corrélations d'ordre deux ou supérieures sont ensuite identifiées par la phase de fermeture et un système d'équations sur les quantités moyennées est alors construit.
- **La Simulation Numérique Directe (DNS, Direct Numerical Simulation) :** cette approche est basée sur la représentativité de l'équation de Navier-Stokes qui contient l'essentiel de la physique des phénomènes observés. La résolution numérique avec des échelles spatiales et temporelles adaptées permet d'accéder à toutes les informations locales pour pouvoir réaliser des moyennes.
- **La Simulation des Grandes Echelles (LES, Large Eddy Simulation) :** La simulation des grandes échelles est une approche intermédiaire entre les deux précédentes qui consiste à séparer les grandes structures qui sont simulées directement des petites échelles, dites échelles de sous-maille qui sont modélisées. Elle a l'avantage de représenter les grandes structures instationnaires avec des ressources informatiques limitées.

9.3 La modélisation statistique

9.3.1 La décomposition de Reynolds, O. Reynolds, 1878

Considérons une quantité $\Phi(\mathbf{x},t)$, décomposée en une moyenne $\overline{\Phi}$ et une fluctuation Φ'.

$$\Phi = \overline{\Phi} + \Phi'$$

où $\overline{\Phi}$ est une moyenne d'ensemble effectuée sur un grand nombre de reproductions et définie par

$$\overline{\Phi} = \int_{+\infty}^{-\infty} \Phi\, P(\Phi)\, d\Phi$$

et P est une densité de probabilité.

La moyenne d'ensemble réalisée sur un grand nombre d'expériences différentes est remplacée par une moyenne temporelle effectuée sur une seule expérience menée sur un temps long :

$$\overline{\Phi} = \lim_{T \to \infty} \frac{1}{T} \int_0^T \Phi(\mathbf{x}, t)\, dt$$

Dans la pratique on prend T suffisamment grand par rapport au temps caractéristique des fluctuations.

La moyenne de la fluctuation est nulle :

$$\overline{\Phi'} = \overline{\Phi + \overline{\Phi}} = \overline{\Phi} - \overline{\Phi} = 0$$

Considérons une deuxième quantité Ψ :

$$\Psi = \overline{\Psi} + \Psi'$$

Le produit $\Phi\, \Psi$ s'écrit :

$$\begin{aligned} \Phi \Psi &= \left(\overline{\Phi} + \Phi'\right) \left(\overline{\Psi} + \Psi'\right) \\ &= \overline{\Phi}\, \overline{\Psi} + \Phi' \overline{\Phi} + \Psi' \overline{\Phi} + \Phi' \Psi' \end{aligned}$$

La moyenne temporelle prend alors la forme

$$\begin{aligned} \overline{\Phi \Psi} &= \overline{\left(\overline{\Phi} + \Phi'\right) \left(\overline{\Psi} + \Psi'\right)} \\ &= \overline{\Phi}\, \overline{\Psi} + \overline{\Phi'}\; \overline{\Phi} + \overline{\Psi'}\; \overline{\Phi} + \overline{\Phi' \Psi'} \\ &= \overline{\Phi}\, \overline{\Psi} + \overline{\Phi' \Psi'} \end{aligned}$$

La moyenne du produit de 2 quantités $\Phi \Psi$ = Produit des moyennes $\overline{\Phi}\,\overline{\Psi}$ + Moyenne du produit des fluctuations $\overline{\Phi' \Psi'}$

Cette décomposition appliquée à un processus linéaire conduit à un nombre croissant d'inconnues d'où la nécessité d'une fermeture.

La décomposition de Reynolds est utilisée pour les écoulements incompressibles mais elle conduit à des termes supplémentaires pour des écoulements compressibles.

9.3.2 La décomposition de Favre

Considérons la loi de conservation de la masse :

$$\frac{\partial \rho}{\partial t} + \nabla \cdot (\rho\, \mathbf{V}) = 0$$

Si on utilise la décomposition de Reynolds en compressible il vient :

$$\begin{cases} \rho = \overline{\rho} + \rho' \\ \mathbf{V} = \overline{\mathbf{V}} + \mathbf{V}' \end{cases}$$

avec $\overline{\rho'} = 0$, $\overline{\mathbf{V}'} = 0$.

L'équation de continuité devient:

$$\frac{\partial \overline{\rho}}{\partial t} + \frac{\partial \rho'}{\partial t} + \nabla \cdot (\overline{\rho}\, \overline{\mathbf{V}}) + \nabla \cdot (\rho'\, \mathbf{V}') + \nabla \cdot (\overline{\rho}\, \mathbf{V}') + \nabla \cdot (\rho'\, \overline{\mathbf{V}}) = 0$$

En prenant la moyenne il vient :

$$\frac{\partial \overline{\rho}}{\partial t} + \nabla \cdot (\overline{\rho}\, \overline{\mathbf{V}}) + \nabla \cdot (\overline{\rho'\, \mathbf{V}'}) = 0$$

Pour les écoulements compressibles on utilise la décomposition de Favre qui consiste à écrire :

$$\Phi = \widetilde{\Phi} + \Phi'', \text{ ou } \widetilde{\Phi} = \frac{\overline{\rho\, \Phi}}{\overline{\rho}} \text{ et } \overline{\rho\, \Phi''} = \overline{\rho}\widetilde{\Phi''} = 0$$

L'équation de continuité devient alors avec ces définitions :

$$\frac{\partial \overline{\rho}}{\partial t} + \nabla \cdot (\overline{\rho\, \mathbf{V}}) = 0$$
$$\frac{\partial \overline{\rho}}{\partial t} + \nabla \cdot \left(\overline{\rho}\, \widetilde{\mathbf{V}}\right) + \nabla \cdot \left(\overline{\rho}\, \widetilde{\mathbf{V}''}\right) = 0$$
$$\frac{\partial \overline{\rho}}{\partial t} + \nabla \cdot \left(\overline{\rho}\, \widetilde{\mathbf{V}}\right) = 0$$

Soit pour toutes les quantités :

$$\begin{cases} \rho = \overline{\rho} + \rho' \\ p = \overline{p} + p' \\ \mathbf{V} = \widetilde{\mathbf{V}} + \mathbf{V}'' \\ T = \widetilde{T} + T'' \end{cases}$$

9.3.3 Système d'équations moyennées

Reprenons le système d'équations dans sa formulation incompressible conservative :

$$\begin{cases} \dfrac{\partial u}{\partial x}+\dfrac{\partial v}{\partial y}+\dfrac{\partial w}{\partial z}=0 \\ \dfrac{\partial u}{\partial t}+\dfrac{\partial}{\partial x}\left(u^2\right)+\dfrac{\partial}{\partial y}(u v)+\dfrac{\partial}{\partial z}(u w)=-\dfrac{1}{\rho}\dfrac{\partial p}{\partial x}+\mathbf{g}_x+\nu\nabla^2 u \\ \dfrac{\partial v}{\partial t}+\dfrac{\partial}{\partial x}(u v)+\dfrac{\partial}{\partial y}\left(v^2\right)+\dfrac{\partial}{\partial z}(v w)=-\dfrac{1}{\rho}\dfrac{\partial p}{\partial y}+\mathbf{g}_y+\nu\nabla^2 v \\ \dfrac{\partial w}{\partial t}+\dfrac{\partial}{\partial x}(u w)+\dfrac{\partial}{\partial y}(v w)+\dfrac{\partial}{\partial z}\left(w^2\right)=-\dfrac{1}{\rho}\dfrac{\partial p}{\partial z}+\mathbf{g}_z+\nu\nabla^2 w \end{cases}$$

La décomposition de Reynolds :

$$\begin{cases} u=\overline{u}+u' \\ v=\overline{v}+v' \\ w=\overline{w}+w' \end{cases}$$

conduit pour l'équation de conservation de la masse après intégration à :

$$\frac{\partial \overline{u}}{\partial x}+\frac{\partial \overline{v}}{\partial y}+\frac{\partial \overline{w}}{\partial z}+\frac{\partial \overline{u'}}{\partial x}+\frac{\partial \overline{v'}}{\partial y}+\frac{\partial \overline{w'}}{\partial z}=0$$

En tenant compte des propriétés de la moyenne et en retranchant l'équation portant sur les moyennes des composantes de la vitesse de l'équation initiale on a :

$$\frac{\partial u'}{\partial x}+\frac{\partial v'}{\partial y}+\frac{\partial w'}{\partial z}=0$$

C'est l'équation de continuité sur les fluctuations.

Le même traitement est appliqué aux trois composantes de l'équation du mouvement. On écrit ci-dessous la composante sur x de l'équation pour les fluctuations turbulentes :

$$\frac{\partial \rho \overline{u}}{\partial t}+\frac{\partial \rho \overline{u}^2}{\partial x}+\frac{\partial \rho \overline{u}\overline{v}}{\partial y}+\frac{\partial \rho \overline{u}\overline{w}}{\partial z}=-\frac{\partial \overline{p}}{\partial x}+\rho\mathbf{g}_x+\mu\nabla^2\overline{u}-\frac{\partial \rho \overline{u'}^2}{\partial x}-\frac{\partial \rho \overline{u'v'}}{\partial y}-\frac{\partial \rho \overline{u'w'}}{\partial z}$$

Les derniers termes représentent le transfert de quantité de mouvement suivant l'axe x par les fluctuations turbulentes. Les termes $-\rho\,\overline{u'}^2$, $-\rho\,\overline{u'v'}$, $-\rho\,\overline{u'w'}$ peuvent être assimilés à des contraintes turbulentes agissant sur un volume de contrôle $dx\,dy\,dz$. La contrainte $-\rho\,\overline{u'}^2$ est une contrainte normale, les deux autres sont des contraintes de cisaillement. On utilise les notations :

$$\begin{cases} \tau_{xx}^t=-\rho\,\overline{u'u'} \\ \tau_{xy}^t=-\rho\,\overline{u'v'} \\ \tau_{xz}^t=-\rho\,\overline{u'w'} \end{cases}$$

Elles sont appelées contraintes de Reynolds.

Et:

$$\frac{\partial \rho \overline{u}}{\partial t} + \frac{\partial \rho \overline{u}^2}{\partial x} + \frac{\partial \rho \overline{u}\overline{v}}{\partial y} + \frac{\partial \rho \overline{u}\overline{w}}{\partial z} = -\frac{\partial \overline{p}}{\partial x} + \rho \mathbf{g}_x + \nabla \cdot \overline{\tau^l} + \nabla \cdot \overline{\tau^t}$$

L'avant dernier terme représente les contraintes visqueuses et le dernier les contraintes turbulentes.

Sous une forme plus compacte :

$$\frac{\partial \rho \overline{v_i}}{\partial t} + \frac{\partial \rho \overline{v_i}\overline{v_j}}{\partial x_j} = -\frac{\partial \overline{p}}{\partial x_i} + \rho \mathbf{g}_x + \frac{\partial \overline{\tau_{ij}^l}}{\partial x_j} + \frac{\partial \overline{\tau_{ij}^t}}{\partial x_j}$$

avec $\tau_{xx}^t = -\rho \overline{v_i^l v_j^l}$

Les contraintes de Reynolds apparaissent comme des inconnues supplémentaires introduites par la décomposition sur un système non linéaire. Le problème de l'analyse statistique consiste en une modélisation de ces contraintes. Il faut établir un modèle permettant le calcul des contraintes turbulentes à partir des variables représentant l'écoulement moyen. C'est le "problème de la fermeture" qui reste une difficulté fondamentale lors de la modélisation de la turbulence.

9.3.4 Hypothèses de fermeture

Deux possibilités sont offertes, elles correspondent à une fermeture au premier ou au second ordre. La première est basée sur une analyse du comportement d'un écoulement turbulent permettant d'évaluer directement les tensions de Reynolds en fonction du champ moyenné $(\overline{\mathbf{V}}, \overline{p})$. De ces techniques basées sur le concept de viscosité turbulente, découlent les modèles à 0, 1, 2 équations de transport permettant d'évaluer les échelles de vitesse et de longueur caractéristique de la turbulence. L'autre possibilité est de considérer les tensions de Reynolds comme des grandeurs transportables susceptibles d'avoir une histoire d'évolution individuelle. Dans ce cas, on voit apparaître de nouvelles inconnues, corrélations triples, qu'il faudra à nouveau modéliser.

Concept à viscosité turbulente : Les modèles à viscosité turbulente sont les plus anciens. Ils consistent à considérer que l'interaction entre le champ moyenné et le champ fluctuant se réduit à un terme de dissipation. Cette technique a un double avantage. Tout d'abord, elle permet de reproduire le caractère très diffusif de la turbulence, mais elle introduit également dans les équations des termes importants de diffusion venant contrebalancer les termes non-linéaires de convection, toujours difficiles à odéliser numéri-quement. Dans ces conditions nous ré-éditons la même démarche que lors de la formulation de la loi de comportement d'un fluide newtonien :

$$-\rho\left(\overline{v'\otimes v'}-\frac{2}{3}k\mathbf{I}\right)=\mu_t\left(\nabla\mathbf{V}+\nabla^t\mathbf{V}-\frac{2}{3}\nabla\cdot\mathbf{V}\mathbf{I}\right)$$

Notons que le terme isotrope d'énergie cinétique turbulente introduit dans cette relation de Boussinesq, initialement pour assurer l'égalité dans le cas de la contraction d'indices, attribue en fait à l'énergie cinétique turbulente le rôle d'une pression turbulente due aux mouvements d'agitation.

Le problème revient maintenant à évaluer, d'une part, la viscosité μ_t, d'autre part, l'énergie cinétique de la turbulence, permettant d'évaluer un couple d'échelles caractéristiques de vitesse et de longueur.

9.3.5 Modèle de turbulence $k-\varepsilon$

En multipliant scalairement l'équation de la quantité de mouvement fluctuante obtenue par soustraction de l'équation instantanée de Navier-Stokes et l'équation moyennée, par le vecteur vitesse fluctuante, puis en moyennant l'expression résultante, il est possible d'évaluer l'équation exacte régissant le transport de l'énergie cinétique turbulente $\overline{k}=0.5\overline{\mathbf{v}'\cdot\mathbf{v}'}$.

$$\rho\left(\frac{\partial k}{\partial t}+\mathbf{V}\cdot\nabla k\right)=-\rho\left(\overline{v'\otimes v'}\right):\nabla\mathbf{V}-\rho\nabla\left(k\overline{\mathbf{v}'}\right)-\overline{\mathbf{v}'\cdot\nabla p}+\nabla\cdot(\mu\nabla k)-\mu\left(\overline{\nabla\mathbf{v}':\nabla\mathbf{v}'}\right)$$

La modélisation du terme de corrélation vitesse fluctuante-pression fluctuante, il est pratiquement impossible de la mesurer expérimentalement en un point donné car le positionnement d'une sonde de pression au sein de l'écoulement annulerait la vitesse en ce point. La méthode la plus simple est d'inclure la modélisation de ce terme dans la valeur σ_k, paramètre ayant déjà un caractère empirique. Le dernier terme à modéliser $\mu\left(\overline{\nabla\mathbf{v}':\nabla\mathbf{v}'}\right)$ peut être assimilé, sauf dans les régions fortement anisotropes à proximité des parois, à un taux de dissipation de l'énergie cinétique turbulente.

A ce stade, deux solutions sont possibles. La première consiste à écrire l'hypothèse d'équilibre : production = dissipation, soit :

$$\rho\left(\overline{v'\otimes v'}\right):\nabla\mathbf{V}=0.5\,\mu\left(\overline{\nabla\mathbf{V}+\nabla^t\mathbf{V}}\right):\left(\overline{\nabla\mathbf{V}+\nabla^t\mathbf{V}}\right)$$

On en déduit que ε est de l'ordre de $V_c^3\,l$, on peut dans ces conditions le remplacer par $\rho\,\varepsilon=\rho\,C_D\,k^{3/2}/l$. Pour achever la démarche, il reste à évaluer algébriquement l'échelle de longueur caractéristique l, loi posant un gros problème d'universalité. La seconde solution est d'introduire une deuxième échelle de longueur. L'une des méthodes les plus utilisées est d'écrire l'équation exacte pour le terme de dissipation : $\varepsilon=\nu\left(\overline{\nabla v':\nabla v'}\right)$. En négligeant aux grands nombres de Reynolds les termes de production complémentaire ainsi que les termes de diffusion dus aux fluctuations de pression, puis en modélisant de façon classique les termes de diffusion turbulente due aux fluctuations de vitesse $-\rho\left(\overline{v'\varepsilon}\right)=\mu_t/\sigma_\varepsilon\nabla\varepsilon$ et les termes source et puits rendant compte globalement de la cascade énergétique et de l'action de destruction par la viscosité, on obtient le modèle à deux équations de transport dit de $(k-\varepsilon)$:

$$
\begin{cases}
\nabla\cdot\overline{\mathbf{V}}=0\\[4pt]
\rho\left(\dfrac{\partial\overline{\mathbf{V}}}{\partial t}+\overline{\mathbf{V}}\cdot\nabla\overline{\mathbf{V}}\right)=-\nabla\left(\overline{p}+\dfrac{2}{3}\rho k\right)+\nabla\cdot\left((\mu+\mu_t)\left(\nabla\overline{\mathbf{V}}+\nabla^t\overline{\mathbf{V}}\right)\right)\\[4pt]
\dfrac{\partial k}{\partial t}+\overline{\mathbf{V}}\cdot\nabla k=\nabla\cdot\left(\left(\nu+\dfrac{\nu_t}{\sigma_k}\right)\nabla k\right)+\nu_t\nabla\overline{\mathbf{V}}:\left(\nabla\overline{\mathbf{V}}+\nabla^t\overline{\mathbf{V}}\right)-\varepsilon\\[4pt]
\dfrac{\partial\varepsilon}{\partial t}+\overline{\mathbf{V}}\cdot\nabla\varepsilon=\nabla\cdot\left(\left(\nu+\dfrac{\nu_t}{\sigma_\varepsilon}\right)\nabla\varepsilon\right)+C_1\dfrac{\varepsilon}{k}\nu_t\nabla\overline{\mathbf{V}}:\left(\nabla\overline{\mathbf{V}}+\nabla^t\overline{\mathbf{V}}\right)-C_2\dfrac{\varepsilon^2}{k}
\end{cases}
$$

avec $\nu_t=C_\mu\dfrac{k^2}{\varepsilon}$.

L'un des principaux problèmes de ce type de modèle est l'introduction de constantes inconnues que l'on détermine en réalisant des expériences particulières. Par exemple il est possible d'évaluer la constante C_2 en étudiant la décroissance de la turbulence derrière une grille. Ainsi les valeurs les plus couramment utilisées sont : $C_\mu=0.09$, $C_1=1.44$, $C_2=1.92$, $\sigma_k=1$, $\sigma_\varepsilon=1.3$, $Pr_t=0.9$. Toutefois l'universalité de ces constantes n'est pas du tout assurée. Leur utilisation dans certains écoulements peut engendrer des erreurs importantes. Par exemple l'hypothèse de turbulence développée n'est valable qu'assez loin des parois. Pour cette raison on associe souvent au modèle (k,ε) une loi de paroi, permettant de pouvoir étudier des écoulements dans des canaux ou autour d'obstacles solides.

Ce modèle (k,ε) engendre pour certains écoulements une dissipation trop forte ce qui contribue à augmenter la diffusion turbulente et à minimiser le rôle des structures turbulentes. Notamment pour le cas de la marche descendante, la longueur de recirculation est trop faible par rapport à la réalité.

9.3.6 *Modèle de turbulence RNG*

Un modèle proche du (k,ε), basé sur la théorie du groupe de renormalisation a été développé assez récemment, le modèle RNG. En fait ce système est similaire au (k,ε), seules les constantes, déterminées empiriquement, sont différentes, en particulier la constante C_1 est maintenant dépendante de l'écoulement.

$$\left\{\begin{array}{l}\dfrac{\partial k}{\partial t}+\overline{\mathbf{V}}\cdot\nabla k=\nabla\cdot\left(\left(\nu+\dfrac{\nu_t}{\sigma_k}\right)\nabla k\right)+\nu_t\,\nabla\overline{\mathbf{V}}:(\nabla\overline{\mathbf{V}}+\nabla^t\overline{\mathbf{V}})-\varepsilon\\[2ex]\dfrac{\partial \varepsilon}{\partial t}+\overline{\mathbf{V}}\cdot\nabla \varepsilon=\nabla\cdot\left(\left(\nu+\dfrac{\nu_t}{\sigma_\varepsilon}\right)\nabla \varepsilon\right)+C_1\,\dfrac{\varepsilon}{k}\nu_t\,\nabla\overline{\mathbf{V}}:(\nabla\overline{\mathbf{V}}+\nabla^t\overline{\mathbf{V}})-C_2\,\dfrac{\varepsilon^2}{k}\end{array}\right.$$

avec $\nu_t = C_\mu\,\dfrac{k^2}{\varepsilon}$.

et $C_\mu = 0.085$, $C_1 = 1.42$, $\dfrac{\eta\,(1-\eta/\eta_0)}{(1+\beta\,\eta^3)}$, $C_2 = 1.68$, $\sigma_k = 0.7179$, $\sigma_\varepsilon = 0.7179$

$$\eta = \frac{\sqrt{2\,(\nabla\overline{\mathbf{V}}+\nabla^t\overline{\mathbf{V}}):(\nabla\overline{\mathbf{V}}+\nabla^t\overline{\mathbf{V}})}}{\varepsilon},\quad \eta_0 = 4.38,\ \beta = 0.015.$$

9.3.7 *Modèle de turbulence V2F*

Le compromis actuel entre capacité des ordinateurs et contraintes de précision, de stabilité et de temps des calcul rencontrées dans l'industrie, dirige le choix vers les modèles moyennés à viscosité turbulente. Aucun de ces modèles n'est universel, le monde aéronautique se tourne plutôt vers des modèles du type Johnson-King, Spalart-Almaras, $k-\omega$, d'autres domaines comme le refroidissement de composants d'ordinateurs utilisent principalement le $k-\varepsilon$ ou ses variantes. Mais, tous ces modèles ont été développés pour des écoulements parallèles aux parois. Toutefois, de nombreuses situations mettent en jeu des zones d'impact à 90° fluide-paroi solide, où la majorité des modèles sont peu performants. En particulier, une surestimation de la turbulence est souvent prédite dans ces zones d'impact, avec des conséquences dramatiques pour la prédiction de tous phénomènes de mélange (par exemple, les transferts thermiques au point d'impact prédits pour le $k-\varepsilon$ dans le cas d'un jet impactant une paroi plane, sont surévalués de plus de 100%).

Le modèle V2F vient s'intercaler entre les modèles à viscosité turbulente et une modélisation au second ordre. Il conserve l'hypothèse de viscosité turbulente, essentielle pour conserver une forte stabilité numérique, caractéristique primordiale pour l'industrie. Mais, il est capable de prédire l'anisotropie de la turbulence en proche-paroi, très importante dans le cas de zones d'impact fluide-solide. Ce modèle a été appliqué à de nombreux cas-tests académiques et a prouvé à plusieurs reprises sa supériorité sur les modèles standard ($k-\varepsilon$ en particulier). Le lecteur peut se référer à la bibliographie pour plus de détails à ce niveau.

Les bases du modèle de turbulence V2F ont été posées par P. Durbin [15] à la NASA. Le modèle peut êêtre vu comme la restriction du modèle complet du second ordre, développé en parallèle. Le modèle V2F a l'avantage principal de conserver l'utilisation d'une viscosité turbulente, qui évite les problèmes de stabilité numérique rencontrés avec les fermetures du second ordre. Le modèle est valide dans tout le domaine fluide, ce jusqu'aux parois solides. Il n'a pas recours aux célèbres lois de parois ou lois logarithmiques, qui sont de plus en plus remises en question. Ainsi, même dans le cas d'écoulements simples bidimensionnels (par exemple, l'écoulement 2D non-décollé au dessus d'une bosse dans un canal, les profils de vitesse ne s'alignent pas sur les lois de paroi standard. L'alternative classique considère l'emploi de fonctions d'amortissement (ou "damping functions"), introduites peut modéliser les effets visqueux en proche-paroi sur la turbulence.

Malheureusement, tous ces modèles utilisent une approche en un point, qui est incapable de représenter les effets non-locaux de réflexion de la pression, induits par la présence de parois solides. De plus, ces fonctions d'amortissement ont souvent recours à la distance à la paroi, qu'il est difficile d'utiliser, ou parfois même de définir, dans le cas de géométries complexes tridimensionnelles. Elles peuvent également introduire d'importantes instabilités numériques dues à leur caractère fortement non-linéaire.

Afin de modéliser ces propriétés non-locales de la turbulence en proche-paroi, et afin d'éviter le recours aux corrélations en deux points, inutilisables en turbulence non-homogène, le modèle V2F introduit un opérateur elliptique pour évaluer les termes de corrélation pression-déformation.

L'autre principale caractéristique du modèle V2F est l'utilisation d'une nouvelle échelle de vitesse de la turbulence, $\overline{v^2}$ (qui, dans certains cas, peut être regardée comme un terme moyenné de fluctuations de vitesse normales aux lignes de courant de l'écoulement moyen), en lieu et place de la "classique" énergie cinétique turbulente, k, pour évaluer la viscosité turbulente. L'analyse des équations du second ordre montrent que k est incapable de modéliser l'amortissement du transport par la turbulence près des parois solides, celui-ci étant bien évalué par les fluctuations normales à cette paroi.

Enfin, des contraintes de réalisibilité ont été introduites implicitement dans le système d'équations afin d'éviter l'obtention de solutions non-physiques ($\overline{v^2} < 0$, $\overline{v^2} > 2k$).

9.3.7.1 Les équations du modèle V2F

$$D_t U = -\nabla P + \nabla \cdot \big((\nu + \nu_t)(\nabla U + \nabla^t U) \big) \tag{9.1}$$

$$\nabla \cdot U = 0$$

$$D_t k = P - \varepsilon + \nabla \cdot ((\nu + \nu_t) \nabla k)$$

$$D_t \varepsilon = \frac{C'_{\varepsilon_1} P - C_{\varepsilon_2} \varepsilon}{T} + \nabla \cdot \left((\nu + \frac{\nu_t}{\sigma_\varepsilon}) \nabla \varepsilon \right)$$

$$D_t\overline{v^2} = kf - \frac{\overline{v^2}}{k}\varepsilon + \nabla\cdot\left((\nu+\nu_t)\nabla\overline{v^2}\right)$$

$$f - L^2\nabla^2 f = (C_1 - 1)\frac{(2/3 - \overline{v^2}/k)}{T} + C_2\frac{P}{k}$$

$$\nu_t = C_\mu\overline{v^2}T;\; P = 2\nu_t S^2;\; S^2 \equiv S_{ij}S_{ij}; S_{ij} = \frac{1}{2}\left(\frac{\partial U_i}{\partial x_j} + \frac{\partial U_j}{\partial x_i}\right)$$

Les échelles de la turbulence sont évaluées de la façon suivante :

$$L' = \min\left(\frac{k^{3/2}}{};\frac{1}{\sqrt{3}}\frac{k^{3/2}}{\overline{v^2}C_\mu\sqrt{S^2}}\right)$$

$$L' = C_L\max\left(L';C_\eta(\frac{\nu^3}{\varepsilon})^{1/4}\right)$$

$$T' = \max\left(\frac{k}{\varepsilon};6(\frac{\nu}{\varepsilon})^{1/2}\right)$$

$$T = \min\left(T';\frac{\alpha}{\sqrt{3}}\frac{k}{\overline{v^2}C_\mu\sqrt{S^2}}\right)$$

Les conditions aux limites à la paroi s'écrivent : $U = 0$, $k = \partial_n k = 0$, $\overline{v^2} = 0$ and $\overline{v^2} = O(x_n{}^4)$, x_n étant la coordonnée normale à la paroi. Les constantes du modèle V2F sont présentées ci-dessous.

$$C'_{\varepsilon_1} = 1.4(1 + 0.045\sqrt{k/\overline{v^2}})$$

$$C_\mu = 0.22, C_L = 0.25, C_\eta = 85.0, \alpha = 0.6$$

$$C_1 = 1.4, C_2 = 0.3, C_{\varepsilon_2} = 1.9, \sigma_\varepsilon = 1.3$$

L'équation de la température s'écrit de la manière suivante :

$$D_t\Theta = \nabla\cdot\left((\frac{\nu}{Pr} + \frac{\nu_t}{Pr_t})\nabla\Theta\right)$$

avec

$$Pr_t = \frac{1}{0.5882 + 0.228(\nu_t/\nu) - 0.0441(\nu_t/\nu)^2[1 - exp(\frac{-5.165}{(\nu_t/\nu)})]}$$

Les équations de k et de ε, utilisées par les modèles $k-\varepsilon$ et RNG étaient résolues successivement l'une après l'autre, et des limiteurs sur ces variables étaient imposés (k et ε devant être positifs à convergence, toute valeur négative au cours du calcul était systématiquement remplacée par une valeur positive proche de 0, après la résolution des systèmes linéaires). Sur ces deux points, l'implémentation du modèle V2F est différente. Premièrement, elle s'appuie sur la résolution de systèmes linéaires couplés $(k-\varepsilon)$ tout d'abord, $(\overline{v^2}-f)$ ensuite. Ce choix s'explique par le fort couplage existant entre ces équations à travers les conditions aux limites. Une nouvelle version du solveur, pour une matrice (2×2), utilisant toujours la technique BiCGStab a été créée à cet effet. De plus, toutes les variables sont laissées libres d'évoluer à leur guise; en particulier, k, ε et $\overline{v^2}$ peuvent devenir négatifs, la réalisibilité du modèle permettant d'éviter l'obtention de solutions non-physiques à convergence. Cela dit, si la positivité des variables turbulentes telles que k ou $\overline{v^2}$ n'est pas imposée artificiellement, leur négativité, survenant parfois au cours des calculs, peut poser certains problèmes. Par exemple, dans le calcul de la viscosité turbulente, la valeur absolue de $\overline{v^2}$ est employée afin d'éviter des coefficients de diffusion négatifs, synonymes de divergence des calculs.

9.3.8 *La turbulence en écoulements cisaillés*

Le taux de production de la turbulence dépend dépend des contraintes générées par l'écoulement moyen $\overline{\mathbf{V}}$:

$$\nu_t \nabla\overline{\mathbf{V}} : \left(\nabla\overline{\mathbf{V}} + \nabla^t\overline{\mathbf{V}}\right)$$

Sa décroissance est associée à son taux de dissipation :

$$\varepsilon = \nu\left(\overline{\nabla v' : \nabla v'}\right)$$

Les écoulements cisaillés se rencontrent fréquemment dans la pratique, couche limite atmosphérique, zone de proche paroi dans les conduits, couche de mélange etc.

Examinons plus particulièrement le cas de la couche de mélange turbulente.

9.3.9 *Les équations de la couche de mélange turbulente*

Reprenons les équations moyennées dans un repère cartésien :

$$
\begin{cases}
\dfrac{\partial \rho \overline{u}}{\partial t}+\dfrac{\partial \rho \overline{u}^2}{\partial x}+\dfrac{\partial \rho \overline{u}\,\overline{v}}{\partial y}+\dfrac{\partial \rho \overline{u}\,\overline{w}}{\partial z}=-\dfrac{\partial \overline{p}}{\partial x}+\mu\nabla^2\overline{u}-\left(\dfrac{\partial \rho \overline{u'}^2}{\partial x}+\dfrac{\partial \rho \overline{u'v'}}{\partial y}+\dfrac{\partial \rho \overline{u'w'}}{\partial z}\right)\\[2ex]
\dfrac{\partial \rho \overline{v}}{\partial t}+\dfrac{\partial \rho \overline{u}\,\overline{v}}{\partial x}+\dfrac{\partial \rho \overline{v}^2}{\partial y}+\dfrac{\partial \rho \overline{v}\,\overline{w}}{\partial z}=-\dfrac{\partial \overline{p}}{\partial y}+\mu\nabla^2\overline{v}-\left(\dfrac{\partial \rho \overline{u'v'}}{\partial x}+\dfrac{\partial \rho \overline{v'}^2}{\partial y}+\dfrac{\partial \rho \overline{v'w'}}{\partial z}\right)\\[2ex]
\dfrac{\partial \rho \overline{w}}{\partial t}+\dfrac{\partial \rho \overline{u}\,\overline{v}}{\partial x}+\dfrac{\partial \rho \overline{v}\,\overline{w}}{\partial y}+\dfrac{\partial \rho \overline{w}^2}{\partial z}=-\dfrac{\partial \overline{p}}{\partial z}+\mu\nabla^2\overline{w}-\left(\dfrac{\partial \rho \overline{u'w'}}{\partial x}+\dfrac{\partial \rho \overline{v'w'}}{\partial y}+\dfrac{\partial \rho \overline{w'}^2}{\partial z}\right)
\end{cases}
$$

avec

$$
\frac{\partial \overline{u}}{\partial x}+\frac{\partial \overline{v}}{\partial y}+\frac{\partial \overline{w}}{\partial z}=0
$$

L'écoulement est ici quasi-bidimensionnel et stationnaire et à masse volumique constante; les équations deviennent :

$$
\begin{cases}
\overline{u}\dfrac{\partial \overline{u}}{\partial x}+\overline{v}\dfrac{\partial \overline{u}}{\partial y}=-\dfrac{1}{\rho}\dfrac{\partial \overline{p}}{\partial x}+\nu\left(\dfrac{\partial^2 \overline{u}}{\partial x^2}+\dfrac{\partial^2 \overline{u}}{\partial y^2}\right)-\left(\dfrac{\partial \overline{u'}^2}{\partial x}+\dfrac{\partial \overline{u'v'}}{\partial y}\right)\\[2ex]
\overline{u}\dfrac{\partial \overline{v}}{\partial x}+\overline{v}\dfrac{\partial \overline{v}}{\partial y}=-\dfrac{1}{\rho}\dfrac{\partial \overline{p}}{\partial y}+\nu\left(\dfrac{\partial^2 \overline{v}}{\partial x^2}+\dfrac{\partial^2 \overline{v}}{\partial y^2}\right)-\left(\dfrac{\partial \overline{u'v'}}{\partial x}+\dfrac{\partial \overline{v'}^2}{\partial y}\right)\\[2ex]
\dfrac{\partial \overline{u}}{\partial x}+\dfrac{\partial \overline{v}}{\partial y}=0
\end{cases}
$$

On néglige les termes de diffusion axiale :

$$
\begin{cases}
\overline{u}\dfrac{\partial \overline{u}}{\partial x}+\overline{v}\dfrac{\partial \overline{u}}{\partial y}=-\dfrac{1}{\rho}\dfrac{\partial \overline{p}}{\partial x}+\nu\dfrac{\partial^2 \overline{u}}{\partial y^2}-\left(\dfrac{\partial \overline{u'}^2}{\partial x}+\dfrac{\partial \overline{u'v'}}{\partial y}\right)\\[2ex]
0=-\dfrac{1}{\rho}\dfrac{\partial \overline{p}}{\partial y}-\dfrac{\partial \overline{v'}^2}{\partial y}\\[2ex]
\dfrac{\partial \overline{u}}{\partial x}+\dfrac{\partial \overline{v}}{\partial y}=0
\end{cases}
$$

La seconde équation peut être intégrée avec la condition $p=p_0$ à l'infini; on obtient alors :

$$
p=p_0-\rho\,\overline{v'}^2
$$

En intégrant cette expression dans la première équation on obtient :

$$\overline{u}\frac{\partial \overline{u}}{\partial x}+\overline{v}\frac{\partial \overline{u}}{\partial y}=-\frac{1}{\rho}\frac{\partial p_0}{\partial x}+\nu\frac{\partial^2 \overline{u}}{\partial y^2}-\left(\frac{\partial \overline{u'v'}}{\partial y}+\frac{\partial\left(\overline{u'}^2-\overline{u'}^2\right)}{\partial x}\right)$$

On peut négliger le dernier terme de cette équation ou bien l'intégrer dans le gradient de pression pour en définir une nouvelle pression p^* :

$$p=p_0+\rho\left(\overline{u'}^2-\overline{v'}^2)\right)$$

L'équation devient :

$$\overline{u}\frac{\partial \overline{u}}{\partial x}+\overline{v}\frac{\partial \overline{u}}{\partial y}=-\frac{1}{\rho}\frac{\partial p^*}{\partial x}+\nu\frac{\partial^2 \overline{u}}{\partial y^2}-\frac{\partial \overline{u'v'}}{\partial y}$$

Les écoulement turbulents à grands nombres de Reynolds sont principalement dominés par une diffusion turbulente et le terme de diffusion laminaire peut être ainsi négligé :

$$\begin{cases}\overline{u}\dfrac{\partial \overline{u}}{\partial x}+\overline{v}\dfrac{\partial \overline{u}}{\partial y}=-\dfrac{1}{\rho}\dfrac{\partial p^*}{\partial x}-\dfrac{\partial \overline{u'v'}}{\partial y}\\[2ex]\dfrac{\partial \overline{u}}{\partial x}+\dfrac{\partial \overline{v}}{\partial y}=0\end{cases}$$

De même dans la pratique le terme de gradient de pression axiale est faible par rapport aux contraintes turbulentes et on peut le négliger. Le système d'équations s'écrit finalement :

$$\begin{cases}\overline{u}\dfrac{\partial \overline{u}}{\partial x}+\overline{v}\dfrac{\partial \overline{u}}{\partial y}=-\dfrac{\partial \overline{u'v'}}{\partial y}\\[2ex]\dfrac{\partial \overline{u}}{\partial x}+\dfrac{\partial \overline{v}}{\partial y}=0\end{cases}$$

9.3.10 Recherche d'une solution auto-similaire

Comme pour la couche limite laminaire il est possible de transformer le système précédent une équation unique par un changement de variables sous la forme d'une variable d'autosimilitude η :

$$\frac{u}{V_0}=f\left(\frac{y}{\delta}\right)=f(\eta)$$

où δ représente l'épaisseur de la couche de mélange. On montre que la contrainte turbulente $\tau_t = \rho\, \partial\, \overline{u'\, v'} / \partial\, y$ doit avoir la forme :

$$\tau^t = \rho\, V_o^2\, g(\eta)$$

On introduit la variable f telle que :

$$f' = \frac{d\, f}{d\, \eta}, \quad \delta' = \frac{d\, \delta}{d\, x}$$

et on introduit aussi :

$$F_1(\eta) = \int_{\eta_0}^{\eta} \eta\, f'(\eta)\, d\eta$$

La transformation du système initial est obtenu par substitution des expressions précédentes; après quelques calculs :

$$-\delta'(x)\left(\eta\, f\, f' - f'\, F_1(\eta)\right) - \delta'(x)\, f'\, F_1(\eta_0) = g'$$

Les variables η, f, f', F_1 ne dépendent que de η alors que $\delta', F_1(\eta_0)$ ne dépendent que de x.

Pour que la relation soit vérifiée pour tout x il faut que $\delta'(x)$ et $\delta'(x)\, F_1(\eta_0)$ soient indépendants de x. Soit

$$\begin{cases} \delta'(x) \sim x^0 \\ \delta'(x)\, F_1(\eta_0) \sim x^0 \end{cases}$$

Soit encore $\delta(x) \sim x$ et $\eta_0 = Cte$

L'épaisseur de la couche de mélange varie comme x et la position y_0 où la vitesse transversale s'annule est aussi proportionnelle à x :

$$\begin{cases} \delta(x) = C_1\, x \\ y_0(x) = C_2\, x \end{cases}$$

Pour aller plus loin il est nécessaire d'introduire le concept de viscosité turbulente v_t pour relier les contraintes turbulentes au champ moyen est espérer obtenir la solution du problème en $\overline{u}$.

9.3.11 *La solution de Goertler*

La solution de Goertler utilise le concept de viscosité turbulente en précisant que v_t est constante dans chaque section.

$$\tau^t = \rho\, \nu_t \frac{\partial \overline{u}}{\partial y}$$

En introduisant la fonction de courant

$$\psi = U\, xF(\xi)$$

où $\xi = C\, y/x$ est une autre variable d'autosimilitude, on peut utiliser la même procédure que celle appliquée pour la couche limite et obtenir une équation :

$$\begin{cases} F''' + 2C\,F\,F'' = 0 \\ F'(-\infty) = 0 \\ F'(+\infty) = 2/C \end{cases}$$

On peut développer le produit $C\,F(\xi)$ en une somme :

$$C\,F(\xi) = \xi + G_1(\xi) + G_2(\xi) + \ldots$$

où $G_1(\xi)$ est solution de

$$\begin{cases} G_1''' + 2\xi\, G_1'' = 0 \\ G'(-\infty) = 0 \\ G'(+\infty) = 1 \\ G'(0) = 0 \end{cases}$$

$$\frac{\overline{u}}{V} = 1 + \frac{2}{\sqrt{\pi}} \int_0^{\xi} e^{-z^2}\, dz$$

La solution s'écrit :

$$\frac{\overline{u}}{V_0} = 0.5 + \frac{1}{\sqrt{\pi}} \int_0^{\xi} e^{-z^2}\, dz$$

9.4 La Simulation des Grandes Echelles

9.4.1 Position du problème

La résolution des équations de Navier-Stokes instationnaires implique, si l'on désire assurer une qualité maximale du résultat, de prendre en compte la dynamique de toutes les échelles spatio-temporelles de la solution. Pour représenter numériquement la totalité de ces échelles, il est nécessaire que les pas de discrétisation en espace et en temps de la simulation soient respectivement plus petits que la longueur caractéristique et le temps caractéristique associés à la plus petite échelle dynamiquement active de la solution exacte. La résolution numérique des équations de Navier-Stokes instationnaires a beaucoup progressé grâce à l'augmentation rapide de la capacité des calculateurs. Deux approches distinctes coexistent :

- La simulation numérique directe (ou Direct Numerical Simulation, DNS) résout toutes les échelles de l'écoulement et ne pose aucune hypothèse sur la modélisation de l'écoulement autre que celle des lois de comportement du fluide. Cette méthode impose l'utilisation d'un maillage très fin pour pouvoir capter toutes les échelles de la solution : la taille de la maille doit être plus petite que les échelles dissipatives pour les champs dynamique et thermique (respectivement nommés échelles de Kolmogorov et de Batchelor[2]). Etant donné le nombre très élevé de points du maillage nécessaire à la réalisation d'une simulation directe d'un écoulement turbulent, ce type de simulation est restreint à des nombres de Reynolds faibles et à des géométries simples.
- La simulation des grandes échelles (ou Large Eddy Simulation, LES) semble donc être une solution intermédiaire, permettant à moindre coût d'accéder à des informations instationnaires. Ce type de simulation ne résout que les grandes échelles régissant la dynamique de l'écoulement, les petites échelles étant modélisées par un modèle dit de "sous-maille". Cette technique permet d'effectuer des simulations sur des maillages plus grossiers qui ne captent pas les petites échelles dissipatives de l'écoulement. La séparation entre les échelles résolues et les échelles modélisées est formalisée mathématiquement par l'application d'un filtre aux équations de Navier-Stokes, et permet d'introduire la notion d'échelle de coupure.

9.4.2 Principe de la simulation des grandes échelles

La sélection entre grandes et petites échelles qui est à la base de la technique de simulation des grandes échelles implique la définition de ces deux catégories soumises à la détermination d'une longueur de référence, dite longueur de coupure : sont appelées grandes échelles, ou échelles résolues, celles qui sont d'une taille caractéristique plus grande que la longueur de coupure, et petites échelles ou échelles de sous-maille les autres. Ces dernières seront prises en compte par le biais d'un modèle statistique, appelé modèle de sous-maille. Le principe de la simulation des grandes échelles est donc d'isoler volontairement les grandes échelles du reste de l'écoulement grâce à une technique de filtrage spatial passe-bas en fréquence. Ainsi, les grandes structures porteuses de l'énergie sont calculées complètement. Les termes supplémentaires, dits de sous-maille, apparus après filtrage des équations, et qui représentent les interactions entre les petites structures et les grands tourbillons, sont modélisés en introduisant des hypothèses de fermeture pour le système d'équations filtrées.

9.4.2.1 Notion de filtrage

Le filtrage spatio-temporel (passe-bas en fréquence et passe-haut en échelle) d'une variable f(x,t) est obtenu dans l'espace physique par un produit de convolution entre la fonction f à filtrer et la fonction filtre G(x,t) prédéfinie.

$$\overline{f(x,t)} = \int_{-\infty}^{+\infty} \int_{-\infty}^{+\infty} f(y,t')G(x-y,t-t')dydt'$$

On associe à la fonction filtre G(x,t) les échelles de coupure en espace $\overline{\Delta}$ et en temps $\overline{\tau}$. la partie non-résolue de f(x,t), relative aux échelles de sous-maille, et notée f'(x,t), est alors définie dans le domaine physique par :

$$f'(x,t) = \overline{f(x,t)} - f(x,t)$$

Le choix du filtre spatial est intrinsèquement lié à la méthode de simulation utilisée. La méthode des volumes de contrôle dans l'espace physique est généralement associée à un filtre type boîte, c'est-à-dire que la valeur au noeud est le résultat d'une intégration sur la maille élémentaire de calcul. En conséquence, toutes les "grosses structures", de taille strictement supérieure à la taille de la maille $\overline{\Delta}$, que l'on appellera longueur de coupure, sont calculées grâce aux équations de conservation en tout point du maillage. C'est pourquoi seul l'effet des petites structures, non captées par le maillage, sur les grosses sera introduit dans les équations.

9.4.2.2 Equations de conservation filtrées dans l'espace physique

Les équations constitutives de la simulation des grandes échelles dans l'espace physique sont donc obtenues en appliquant un filtre spatial aux équations du mouvements et de l'énergie :

$$\frac{\partial \overline{u_i}}{\partial x_i} = 0$$

$$\frac{\partial \overline{u_i}}{\partial t} + \frac{\partial \overline{u_i u_j}}{\partial x_j} = -\frac{\partial \overline{p}}{\partial x_i} + \frac{\partial}{\partial x_j}\Big(\nu\Big(\frac{\partial \overline{u_i}}{\partial x_j} + \frac{\partial \overline{u_j}}{\partial x_i}\Big)\Big)$$

Le terme non linéaire $\overline{u_i u_j}$ apparu après filtrage est alors à exprimer en fonction des variables filtrées. Pour ce faire, on définit alors le tenseur des contraintes de sous-maille τ_{ij} de la façon suivante :

$$\tau_{ij} = \overline{u_i u_j} - \overline{u_i}\,\overline{u_j}$$

On a donc :

$$\frac{\partial \overline{u_i}}{\partial t} + \frac{\partial \overline{u_i}\,\overline{u_j}}{\partial x_j} = -\frac{\partial \overline{p*}}{\partial x_i} + \frac{\partial}{\partial x_j}\Big(\nu\Big(\frac{\partial \overline{u_i}}{\partial x_j} + \frac{\partial \overline{u_j}}{\partial x_i}\Big)\Big) - \frac{\partial \tau_{ijM}}{\partial x_j}$$

où τ_{ijM} est le tenseur modifié $\tau_{ijM} = \tau_{ij} - \frac{1}{3}\tau_{ij}\,\delta_{ij}$

- $p* = \overline{p} + \frac{1}{3}\tau_{ij}\,\delta_{ij}$ est la pression modifiée
- τ_{ij} est la composante du tenseur des contraintes de sous-maille

Les informations liées aux petites échelles étant perdues, tous les termes traduisant l'effet des quantités sont regroupés dans le terme τ_{ij}. Ce terme représente les interactions entre échelles résolues et échelles de sous-maille.

9.4.3 Modélisation de sous-maille

Afin de modéliser les termes de sous-maille, la quasi-totalité des modèles existants fait appel au concept de viscosité turbulente, les modèles se différenciant en fait essentiellement par la manière de formuler cette viscosité , ou par la manière de compléter cette viscosité par un terme de nature différente. Lorsque la viscosité de sous-maille ν_{sm} est introduite, on a alors :

$$\frac{\partial \overline{u_i}}{\partial t} + \frac{\partial \overline{u_i}\,\overline{u_j}}{\partial x_j} = -\frac{\partial \overline{p*}}{\partial x_i} + \frac{\partial}{\partial x_j}\Big((\nu + \nu_{sm})\Big(\frac{\partial \overline{u_i}}{\partial x_j} + \frac{\partial \overline{u_j}}{\partial x_i}\Big)\Big)$$

Le terme inconnu τ_{ij} a alors été remplacé par :

$$\tau_{ij} - \frac{1}{3}\tau_{ij}\delta_{ij} = -\nu_{sm}\Big(\frac{\partial \overline{u_i}}{\partial x_j} + \frac{\partial \overline{u_j}}{\partial x_i}\Big)$$

On se débarrasse alors de la trace de τ_{ij} en l'absorbant dans le terme de pression qui se trouve modifié, noté $\overline{p*}$. Il ne reste plus qu'à modéliser la viscosité ν_{sm}. Dans les modèles présentés par la suite, la longueur $\overline{\Delta}$ est choisie comme :

$$\overline{\Delta} = (\Delta x \Delta y \Delta z)^{\frac{1}{3}}$$

où Δx, Δy et Δz sont les tailles des mailles dans les directions x, y et z. Elle représente en fait la longueur de coupure caractéristique du filtre.

9.4.3.1 Le modèle de Smagorinsky

La viscosité de sous-maille est évaluée par :

$$\nu_{sm} = \left(C_s\overline{\Delta}\right)^2\left(\overline{S_{ij}}\,\overline{S_{ij}}\right)^{\frac{1}{2}}$$

où C_s est la constante du modèle de Smagorinsky, prise égale à 0,18 dans le cadre de la turbulence homogène isotrope. Elle est ramenée à 0,1 dans le cas d'un écoulement en canal plan. Le problème majeur de ce modèle est qu'il va agir sur l'écoulement dès que le champ de vitesse résolu possède des variations spatiales. Ce modèle est incapable de décrire la transition d'un état laminaire vers un état turbulent. Pire encore, l'écoulement turbulent peut se relaminariser sous l'effet du modèle.

9.4.3.2 Le modèle TKE (Turbulent Kinetic Energy)

On cherche à exprimer la viscosité ν_{sm} en fonction de la longueur de coupure $\overline{\Delta}$, de l'énergie cinétique des échelles de sous-maille q_{sm}^2. L'énergie cinétique de sous-maille est supposée être égale à l'énergie cinétique à la coupure q_c^2 :

$$q_{sm}^2 \equiv q_c^2 = \frac{1}{2}(\overline{u_i}')(\overline{u_i}')$$

où la vitesse à la coupure $(\overline{u_i}')$ peut être évaluée grâce à un double filtrage des échelles résolues, $(\tilde{.})$ étant un filtre test :

$$(\overline{u_i}') = \overline{u_i} - \tilde{\overline{u_i}}$$

Donc :

$$\nu_{sm} = C_{TKE}\overline{\Delta}(q_{sm}^2)^{\frac{1}{2}}$$

La constante C_{TKE} est généralement prise égale à 0,2. Ce modèle s'annule par construction dans les zones où la vitesse est évaluée correctement à partir des équations discrètes. Cependant, les échanges d'énergie inter-échelles sont le plus souvent sous-évalués.

9.4.3.3 Le modèle d'échelles mixtes

Le modèle d'échelles mixtes est basé sur l'énergie cinétique des plus petites échelles résolues de l'écoulement. La viscosité de sous-maille est évaluée par :

$$\nu_{sm} = C_m \overline{\Delta}^{1+\alpha} \left(\overline{S_{ij}}\, \overline{S_{ij}} \right)^{\frac{\alpha}{2}} (q_{sm}^2)^{\frac{1-\alpha}{2}}$$

avec :

- C_m une constante évaluée à partir des valeurs des constantes des modèles de Smagorinsky et TKE, telle que : $C_m = (C_s)^{2\alpha}(C_{TKE})^{1-\alpha}$
- un paramètre α que l'on fait varier de 0 à 1. En général, $\alpha = 0,5$. Si $\alpha = 0$, on retombe sur le modèle TKE, et si $\alpha = 1$, on a le modèle de Smagorinsky.

9.4.3.4 La fonction de sélection

Une manière d'améliorer les modèles de base présentés est d'employer une fonction de sélection qui est en fait un senseur structurel. Celle-ci est basée sur les fluctuations angulaires du vecteur vorticité ω. Le rôle de cette fonction de sélection est de vérifier si l'écoulement est un écoulement turbulent pleinement développé. La valeur seuil de la fluctuation angulaire θ a été évaluée à 20°. Il ne reste plus qu'à former un produit entre cette fonction de sélection et la viscosité de sous-maille. Il en résulte une fonction sélective du modèle de base considéré :

$$\nu_{sm}^{slc} = \nu_{sm} f_s(\theta)$$

$f_s(\theta)$ faisant office d'"interrupteur".

9.5 Les écoulements dans les conduits

9.5.1 Profils de vitesse

Le profil de vitesse dans un conduit cylindrique à section circulaire en régime turbulent est très différent de celui calculé analytiquement en régime laminaire $u(r) = 2\,V_0\,\left(1 - r^2/R^2\right)$, où V_0 est la vitesse de débit (Fig. 9.6). Notamment au niveau des parois les contraintes tangentielles sont beaucoup plus importantes.

9.5.2 Perte de charge, Coefficient de perte de charge

Si Φ est le taux de dissipation visqueuse $\Phi = 2\,\mu\, S_{ij} S_{ij}$ avec $S_{ij} = \dfrac{1}{2}\left(\dfrac{\partial V_i}{\partial x_j} + \dfrac{\partial V_i}{\partial x_j}\right)$, la perte de charge dans le conduit est égale à :

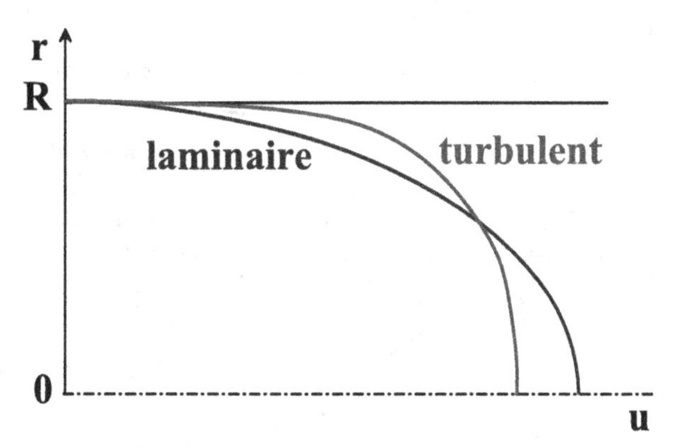

Fig. 9.6 Profils schématisés de vitesse en régimes laminaires et turbulent (moyenne) dans un conduit de section constante

$$\frac{\Delta p}{L} = -\frac{1}{q_v}\int_0^R \Phi\, 2\,\pi\, R\, dr$$

Pour Poiseuille on a :

$$q_v = \pi R^2 V_0 = \frac{\pi}{8\,\mu} R^4 \frac{\Delta p}{L}$$

et

$$\frac{\Delta p}{L} = \frac{8\,\mu\, V_0}{R^2} = \frac{32\,\rho\,\nu\, V_0}{D^2}$$

soit

$$\frac{\Delta p}{L} = \frac{64\,\nu}{V_0 D}\frac{\rho V_0^2}{2D} = \frac{64}{Re_D}\frac{\rho V_0^2}{2D}$$

Le coefficient de perte de charge est alors défini par (Fig. 9.2):

$$\Lambda = \frac{64}{Re_D}$$

9.5.2.1 Corrélations en turbulent lisse

Blasius

$$\Lambda = 0.3164\, {Re_D}^{-1/4}$$

Prandtl

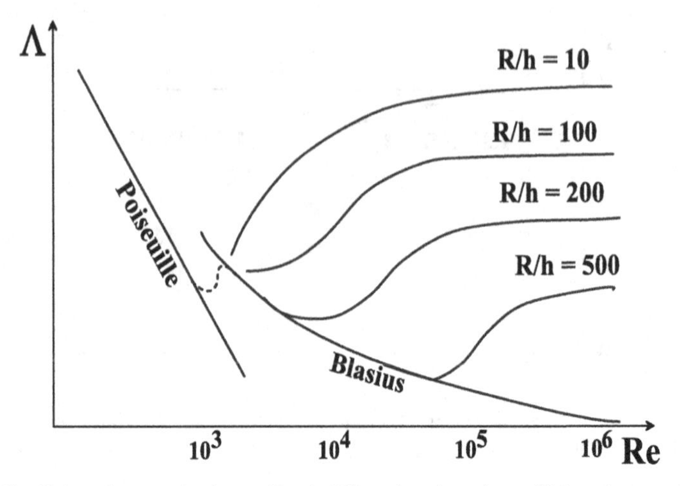

Fig. 9.7 Coefficient de perte de charge d'après Nikuradse, Λ est le coefficient de perte de charge et Re le nombre de Reynolds

$$\Lambda = \frac{1}{\left(2\,Log(Re\sqrt{\Lambda}) - 0.8\right)^2}$$

9.5.2.2 Corrélation en turbulent rugueux

$$\Lambda = \frac{1}{\left(2\,Log\left(\frac{R}{h}\right) + 1.74\right)^2}$$

où h est la hauteur moyenne des rugosités.

9.5.3 Etablissement du régime

L'établissement du régime d'écoulement est défini par une longueur L_M rapportée au diamètre D du cylindre, il dépend du nombre de Reynolds. En laminaire on a :

$$\frac{L_M}{D} = 0.0625\,Re_D$$

9.5.4 Evolution de la température de mélange

Cette approche est basée sur un bilan d'énergie au sein d'une section droite du conduit (Fig. 9.8) et de ce fait ne dépend pas du régime, laminaire ou turbulent, de l'écoulement.

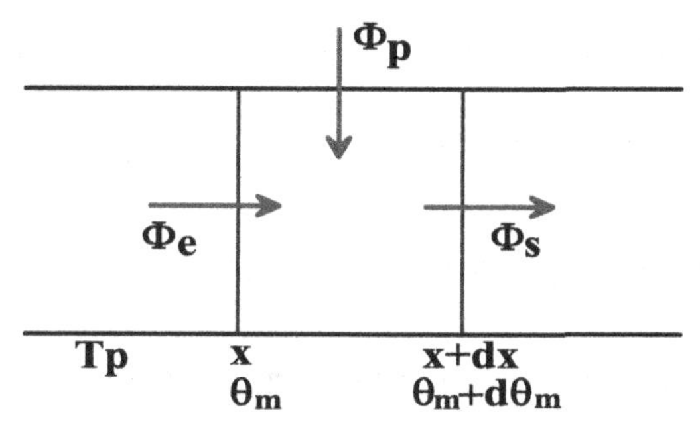

Fig. 9.8 Volume de contrôle pour le calcul de la température de mélange dans un canal à section constante en régime turbulent

On calcule les flux entrant et sortant de la tranche choisie d'épaisseur dx. On appelle Φ_e le flux entrant par convection dans l'élément de volume, Φ_s, le flux sortant, Φ_p, le flux échangé par convection entre le fluide de température moyenne θ_m et la paroi à la température T_p :

$$\begin{cases} \Phi_e = \pi R^2 V_0 c_p \theta_m \\ \Phi_s = \Phi_e + \dfrac{d\left(\pi R^2 V_0 c_p \theta_m\right)}{dx} dx \\ \Phi_p = \pi h D \left(T_p - \theta_m\right) \end{cases}$$

h représente le coefficient d'échange par convection.

En régime stationnaire le flux est conservatif et l'on peut écrire le bilan : $\Phi_e - \Phi_s - \Phi_p = 0$, il vient alors :

$$\frac{d\theta_m}{\theta_m - T_p} = \frac{4h}{\rho c_p V_0} \frac{x}{D}$$

Soit :

$$\theta_m - T_p = \theta_m(0) - T_p exp\left(-\frac{4Nu}{Re\,Pr}\frac{x}{D}\right)$$

où $Nu = hD/\lambda$ est le nombre de Nusselt et $Pr = \nu/a$ est le nombre de Prandtl.

Le flux surfacique à la paroi peut alors être défini par

$$\phi_p = -\lambda \frac{\partial T}{\partial r} \Big|_{r=R} = h\,(Tp - \theta_m)$$

ou, sous forme adimensionnelle :

$$Nu = \frac{\frac{\partial T}{\partial r} \Big|_{r=R}}{(\theta_m - Tp)}$$

9.5.4.1 Corrélation en laminaire

$Nu = 3.66$ à température imposée
$Nu = 4.36$ à flux imposé

9.5.4.2 Corrélation en turbulent, corrélation de Colburn

$Nu = 0.023\,Re^{0.8}\,Pr^{1/3}$
pour $L/D > 60$, $0.7 < Pr < 100$, $10^4 < Re < 10^5$.

Chapitre 10
Les écoulements compressibles

Dans la littérature commune les écoulements compressibles sont souvent associés à des grandes vitesses et des grands nombres de Mach. En fait les choses ne sont pas si simples qu'il y paraît; Les écoulements compressibles ne sont pas à associer directement au nombre de Mach ni même à la vitesse. Deux contre-exemples pour fixer les idées : le premier cas d'un écoulement dû à la compression dans un cylindre par un piston à très faible vitesse, il s'agit d'un écoulement en régime de Stokes où la compressibilité doit être prise en compte. Le second cas est celui d'un jet de plasma à très haute température ($\approx 10000\,K$*) où les vitesses sont très importantes (1000-1200 m/s); là encore les variations de la compressibilité mais surtout la dilatabilité du fluide doivent être pris en compte mais l'écoulement est laminaire compte tenu de la viscosité du plasma. On retiendra simplement que la prudence s'impose lorsqu'il s'agit de compartimenter la Mécanique des Fluides suivant tel ou tel critère et qu'une analyse du problème posé vaut mieux que l'action basée sur des réflexes conditionnés.*

10.1 Généralités

10.1.1 Aspects physiques des écoulements compressibles

D'un simple point de vue quantitatif il est facile de définir un fluide compressible ou peu compressible sachant que le fluide incompressible n'existe pas. Il suffit de calculer son coefficient de compressibilité isotherme χ_T en mesurant la variation de masse volumique engendrée par une variation de pression par :

$$\chi_T = \frac{1}{\rho}\left(\frac{\partial \rho}{\partial p}\right)_T$$

J.-P. Caltagirone, *Physique des Écoulements Continus*,
Mathématiques et Applications 74, DOI: 10.1007/978-3-642-39510-9_10,

Cette propriété n'est liée à aucun modèle et ne prête à aucune interprétation pseudo-physique, son utilisation doit donc être privilégiée.

S'il s'agit de définir un écoulement compressible cela devient plus problématique, on entre dans une réflexion où la part de la modélisation devient importante. Les hypothèses énoncées sont souvent des approximations qui sous-entendent que la solution recherchée ne sera obtenue qu'avec des erreurs que l'on pourra juger comme admissible ou non.

Le chapitre 10 sur la multiphysique permettra de revenir sur ces notions importantes.

10.2 Equations de conservation en compressible

10.2.1 Expression d'un bilan

Reprenons les équations des écoulements multifluides et adaptons-les pour les écoulements compressibles discontinus. Un loi de conservation est un bilan qui s'applique à tout domaine D connexe que l'on suit dans son mouvement; cette loi peut s'écrire :

$$\frac{d}{dt}\iiint_D \mathbf{A}\, dv + \iint_\Sigma \mathbf{T}\, ds = \iiint_D \mathbf{q}\, dv$$

où $\mathbf{A}$ est une densité volumique (masse, quantité de mouvement, énergie, ...), $\mathbf{T}$ est le flux surfacique de la quantité $\mathbf{A}$ et $\mathbf{q}$ est le taux de production volumique de la quantité $\mathbf{A}$.

Considérons maintenant un domaine traversé par une surface Σ séparant le domaine D en deux parties D_1 et D_2. Appliquons l'expression du bilan à chacune des deux parties et pour l'ensemble :

$$\begin{cases} \dfrac{d}{dt}\displaystyle\iiint_{D_1} \mathbf{A}\, dv + \iint_{S_1} \mathbf{T}(\mathbf{n})\, ds + \iint_\Sigma \mathbf{T}(\mathbf{N})\, ds = \iiint_{D_1} \mathbf{q}\, dv \\ \dfrac{d}{dt}\displaystyle\iiint_{D_2} \mathbf{A}\, dv + \iint_{S_2} \mathbf{T}(\mathbf{n})\, ds + \iint_\Sigma \mathbf{T}(-\mathbf{N})\, ds = \iiint_{D_2} \mathbf{q}\, dv \\ \dfrac{d}{dt}\displaystyle\iiint_{D} \mathbf{A}\, dv + \iint_{S} \mathbf{T}(\mathbf{n})\, ds = \iiint_{D} \mathbf{q}\, dv \end{cases}$$

En ajoutant membre à membre les deux premières égalités et en retranchant la troisième on a :

$$\iint_\Sigma (\mathbf{T}(\mathbf{N}) + \mathbf{T}(-N))\, ds = 0$$

La quantité à intégrer étant une fonction continue, elle est aussi valable au point P. D'où le théorème des actions mutuelles de surface : la grandeur $\mathbf{T}$ est une grandeur impaire de $\mathbf{n}$:

$$\mathbf{T}(\mathbf{x},t,\mathbf{n}) = -\mathbf{T}(\mathbf{x},t,-n)$$

L'équation aux dérivées partielles associée à la loi de conservation s'écrit ainsi pour des fonctions $\mathbf{A},\sigma,\mathbf{q}$ continûment dérivables :

$$\frac{\partial A_i}{\partial t} + (A_j V_j + \sigma_{ij})_{,j} = q_i$$

c'est une équation de conservation locale.

10.2.2 Equations aux discontinuités

Soit un domaine matériel D de frontière S traversé par une surface de discontinuité Σ animée d'une vitesse propre caractérisée par le champ $\mathbf{W}$. $\mathbf{V}$ représente la vitesse instantanée en un point du volume, D_1 et D_2 les deux sous-domaines constituant D (Fig. 10.1). Les propriétés des fluides, différentes de chaque côté de l'interface, sont fonctions de l'espace et du temps.

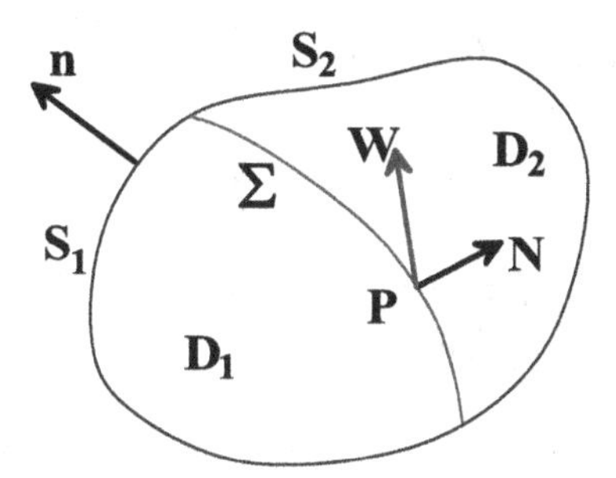

Fig. 10.1 Volume de contrôle $D = S_1 \cup S_2$ de surface $S = S_1 \cup S_2$ traversé par une surface de discontinuité Σ; $\mathbf{N}$ est la normale extérieure au domaine (1) et $\mathbf{W}$ est le champ des célérités (vitesse propre de l'interface)

On note pour une grandeur scalaire G :

$$[[G(P)]] = G_2(P) - G_1(P)$$

avec

$$G_i(P) = lim_{M \in D_i \to P} G(M), \quad i = 1,2$$

$[[G(P)]]$ est appelé le saut de la grandeur G à la traversée de l'interface Σ à l'instant t.

On appelle **champ de célérités** de la surface de Σ, par rapport au milieu matériel le champ scalaire $D = -\mathbf{V}_r \cdot \mathbf{N}$ avec $\mathbf{V}_r = \mathbf{V} - \mathbf{W}$.

On pose $W_N = \mathbf{W} \cdot \mathbf{N}$; on peut montrer que, si $f(\mathbf{x},t) = 0$ est l'équation de Σ, on a :

$$W_N = -\frac{1}{\|\nabla f\|}\left(\frac{\partial f}{\partial t}\right)_\Sigma$$

10.2.3 Dérivée particulaire d'une intégrale de volume

En supposant que $\mathbf{V}$ et b sont continûment dérivables dans D_1 et D_2, la dérivée particulaire d'une intégrale de volume traversée par une surface de discontinuité s'écrit :

$$\frac{d}{dt}\iiint_D b\,dv = \iiint_D \left[\frac{\partial b}{\partial t} + \nabla\cdot(b\,\mathbf{V})\right]\,dv + \iint_\Sigma [[b\,V_{rN}]]\,ds$$

où b est une variable scalaire exprimée en coordonnées eulériennes. L'énoncé s'étend aux grandeurs vectorielles ou tensorielles.

10.2.4 Conservation de la masse

La dérivée particulaire d'une intégrale de volume appliquée à la conservation de la masse conduit à :

$$\frac{d}{dt}\iiint_D \rho\,dv = \iiint_D \left[\frac{\partial \rho}{\partial t} + \nabla\cdot(\rho\,\mathbf{V})\right]\,dv + \iint_\Sigma [[\rho\,(\mathbf{V}-\mathbf{W})]]\cdot\mathbf{N}\,ds$$

où

$$[[\rho\,(\mathbf{V}-\mathbf{W})]]\cdot\mathbf{N} = (\rho_{D_1}\,(\mathbf{V}_{D_1}-\mathbf{W}))\cdot\mathbf{N} - (\rho_{D_2}\,(\mathbf{V}_{D_2}-\mathbf{W}))\cdot\mathbf{N}$$

La loi de conservation de la masse se traduit localement par les équations suivantes :

$$\begin{cases} \dfrac{\partial \rho}{\partial t} + \nabla\cdot(\rho\,\mathbf{V}) = 0 \quad \text{dans D} \\[2ex] [[\rho\,(\mathbf{V}-\mathbf{W})]]\cdot\mathbf{N} = 0 \quad \text{sur}\,\Sigma \end{cases}$$

si $\mathbf{V}_r = (\mathbf{V}-\mathbf{W})$, la loi de discontinuité associée à la conservation de la masse s'écrit:

$$[[\rho V_r]] = 0$$

le débit massique $\rho\, V_r = q_m$ est continu à travers une surface de discontinuité Σ. Il est nécessaire de considérer deux cas :

Surface de contact :

Lorsque le flux de matière est nul à travers la surface de discontinuité, Σ est appelée surface de contact et l'équation de saut se réduit à

$$[[\mathbf{V}]] \cdot \mathbf{N} = 0 \quad \text{sur}\, \Sigma$$

Cette condition exprime la continuité de la vitesse normale à l'interface, les composantes tangentielles sont quant à elles quelconques se qui se traduit par un glissement à l'interface. Dans le cas de certains fluides, par exemples des polymères, il peut y avoir glissement mais il doit alors être modélisé. Pour les fluides visqueux classiques dans des conditions standards, la vitesse sera continue et les relations de continuité porteront sur toutes les composantes de celle-ci.

Onde de choc :

Si q_m est différent de zéro, le milieu traverse effectivement la surface de discontinuité et l'on dit que Σ est une onde de choc. Par exemple un choc positionné dans le divergent d'une tuyère de Laval est traversé par tout le débit de la tuyère; l'écoulement est supersonique en amont et subsonique en aval. Ici c'est le débit massique $\mathbf{q}_m = \rho\, \mathbf{V}$ qui est constant lors de la traversée de l'onde de choc.

En fait une onde de choc peut aussi se traiter comme un milieu épais, une zone où les variables subissent des variations importantes mais finies.

10.2.5 Conservation de la quantité de mouvement

L'utilisation de la dérivée particulaire pour l'équation de conservation de la quantité de mouvement donne de manière similaire :

$$\iiint_D \left[\frac{\partial (\rho\, \mathbf{V})}{\partial t} + \nabla \cdot (\rho\, \mathbf{V} \otimes \mathbf{V})\right] dv = \iiint_D (\nabla \cdot \sigma + \mathbf{f})\, dv - \iint_\Sigma [[\rho\, \mathbf{V} \otimes (\mathbf{V} - \mathbf{W}) - \sigma]] \cdot \mathbf{N} ds$$

où $\mathbf{f}$ est une force volumique.

D'où les équations locales et de saut pour la conservation de la quantité de mouvement :

$$\begin{cases} \dfrac{\partial (\rho \mathbf{V})}{\partial t} + \nabla \cdot (\rho\, \mathbf{V} \otimes \mathbf{V}) = \nabla \cdot \sigma + \mathbf{f} \quad \text{dans}\, \mathrm{D} \\ [[\rho\, \mathbf{V} \otimes (\mathbf{V} - \mathbf{W}) - \sigma]] \cdot \mathbf{N} = 0 \quad \text{sur}\, \Sigma \end{cases}$$

Dans le cas où la continuité des composantes de vitesse à l'interface est assurée on obtient :

$$[[\sigma]] \cdot \mathbf{N} = 0 \quad \text{sur}\,\Sigma$$

ou

$$[[\mathbf{T}]] = 0 \quad \text{sur}\,\Sigma$$

Cette relation traduit la continuité des contraintes à travers Σ

Dans le cas où la tension superficielle intervient cette condition s'écrit alors :

$$[[\mathbf{T}]] = \gamma\kappa\mathbf{n} \quad \text{sur}\,\Sigma$$

où κ est la courbure de l'interface au point P.

La condition générale s'écrit alors :

$$\left(\sigma_{ik}^{(2)} - \sigma_{ik}^{(1)}\right) n_k = \gamma\left(\frac{1}{R_1} + \frac{1}{R_2}\right) n_i - \frac{\partial \gamma}{\partial x_i}$$

soit

$$\left(\tau_{ik}^{(1)} - \tau_{ik}^{(2)}\right) n_k = \left(p^{(1)} - p^{(2)}\right) n_i - \gamma\left(\frac{1}{R_1} + \frac{1}{R_2}\right) n_i + \frac{\partial \gamma}{\partial x_i}$$

σ est la tension superficielle du couple de fluide; R_1 et R_2 sont les deux rayons de courbure principaux de l'interface et τ est le déviateur des contraintes. Le dernier terme de cette relation correspond aux variations spatiales de la tension superficielle sur l'interface dues aux variations de température, c'est l'effet Marangoni.

En présence de surfaces discontinuités dans un milieu continu, le système est équivalent à un système d'équations sans discontinuité associé à des conditions de saut aux interfaces.

La prise en compte de ces conditions de saut dépend de la méthode choisie pour les décrire. Le modèle à un fluide consiste à résoudre le système d'équations sans conditions aux limites mais à prendre en compte les variations spatiales des propriétés physiques; la continuité des vitesses normales et tangentielles étant assurée implicitement dans la discrétisation. Seul le terme de tension de surface justifie d'un traitement qui le conduit à une forme volumique exploitable dans l'équation du mouvement.

D'autres approches consistent à traiter séparément les domaines continus D_1 et D_2 et à écrire explicitement les conditions à l'interface.

10.2.6 Conservation de l'Energie

La quantité intensive A est ici l'énergie totale spécifique $\rho(e + \mathbf{V}^2/2)$ où e est l'énergie interne massique et $\mathbf{V}^2/2$ est l'énergie cinétique par unité de masse ; la quantité extensive $\mathbf{K}$ est alors l'énergie totale du système . Seuls les échanges d'énergie d'origines mécaniques et calorifiques sont pris en compte.

La mécanique des fluides est en fait étroitement associée à la thermique. En effet les variations de pression dans un fluide, les frottements visqueux engendrent inéluctablement des variations de l'énergie interne et conduisent à une variation locale de la température du fluide donc modifient son mouvement.

Le premier principe de la thermodynamique montre que la dérivée temporelle dK/dt de l'énergie totale est égale à la somme de la puissance des forces extérieures et de la puissance calorifique reçue (par la surface Σ ou produite par unité de temps et de volume).

$$\frac{dE}{dt} = \mathscr{P}_e + \mathscr{P}_c$$

soit

$$\frac{d}{dt}\iiint_\Omega \rho \left(e+\mathbf{V}^2/2\right) dv = \iiint_\Omega \mathbf{f}\cdot\mathbf{V}\,dv + \iint_\Sigma (\sigma\cdot\mathbf{n})\cdot\mathbf{V}\,ds + \iiint_\Omega q\,dv - \iint_\Sigma \varphi\cdot\mathbf{n}\,ds$$
$$+ \iint_\Sigma \left[\left[\left(e+\mathbf{V}^2/2\right)(\mathbf{V}-\mathbf{W}) + \varphi - \sigma\cdot\mathbf{V}\right]\right]\cdot\mathbf{N}\,ds$$

$q(\mathbf{x},t)$ est la production volumique d'énergie calorifique due par exemple au rayonnement absorbé à l'intérieur de Ω, à l'effet Joule, avec désintégrations atomiques, φ est la densité de flux de chaleur reçue à travers Σ par convection, par conduction ou rayonnement arrêté en surface dans le cas de corps opaques ; $\mathbf{f}$ est une force volumique.

Les équations locales et de saut pour la conservation de l'énergie s'écrivent :

$$\begin{cases} \rho\,\dfrac{d}{dt}\left(e+\mathbf{V}^2/2\right) = -\nabla\cdot\varphi + \nabla\cdot(\sigma\cdot\mathbf{V}) + q + \mathbf{f}\cdot\mathbf{V} = 0 \quad \text{dans D} \\ \left[\left[\rho\,\left(e+\mathbf{V}^2/2\right)(\mathbf{V}-\mathbf{W}) + \varphi - \sigma\cdot\mathbf{V}\right]\right]\cdot\mathbf{N} = 0 \quad \text{sur}\,\Sigma \end{cases}$$

En reprenant les équations de saut pour la conservation de la masse et l'équation de quantité de mouvement il vient :

$$\rho\,\mathbf{V}\left([[e]] + \frac{1}{2}\left[\left[\mathbf{V}_r^2\right]\right]\right) = -\,[[\varphi\cdot\mathbf{N}]] + [[\sigma\cdot\mathbf{N}\cdot\mathbf{V}_r]] \quad \text{sur}\,\Sigma$$

Dans le cas d'une onde de choc pour une évolution adiabatique et dans l'hypothèse $\sigma = -p\,\mathbf{I}$ (fluide parfait) on a :

$$\left[\left[e + \frac{p}{\rho} + \frac{1}{2}\mathbf{V}_r^2\right]\right] = 0 \quad \text{sur}\,\Sigma$$

soit

$$[[h_i]] = 0 \quad \text{sur}\,\Sigma$$

où $h_i = e + \frac{p}{\rho} + \frac{1}{2}\mathbf{V}_r^2$ est l'enthalpie totale ou enthalpie génératrice par unité de masse

On conclut ainsi qu'avec ces hypothèses l'enthalpie totale est continue à la traversée d'une onde de choc.

10.2.7 Equation aux discontinuités associée au bilan d'entropie

Lorsque la grandeur intensive est l'entropie s, le flux est associé s'écrit $\varphi_d = \varphi / T$ et l'équation aux discontinuités devient une inégalité :

$$\left[\left[\rho\, s V_r + \frac{\varphi}{T} \cdot \mathbf{N}\right]\right] \geq 0 \quad \text{sur}\, \Sigma$$

Comme $q_m = \rho \mathbf{V} \cdot \mathbf{N}$ est une grandeur continue à la traversée de l'onde de choc, on a:

$$q_m\, [[s]] \geq -\left[\left[\frac{\varphi}{T} \cdot \mathbf{N}\right]\right] \quad \text{sur}\, \Sigma$$

Pour une évolution adiabatique $\varphi = 0$ et on en déduit, si la normale est orientée de sorte que q_m soit positive :

$$[[s]] \geq 0$$

L'entropie massique ne peut décroître à la traversée d'une onde de choc pour une évolution adiabatique.

10.2.8 Forme locale de l'équation de l'Energie

Le principe de conservation de l'énergie dans Ω peut s'écrire sous forme différentielle :

$$\rho \frac{d}{dt}\left(e + \frac{1}{2}V^2\right) = -\nabla \cdot \varphi + \nabla \cdot (\sigma \cdot \mathbf{V}) + q + \mathbf{f} \cdot \mathbf{V}$$

Le terme $\nabla \cdot (\sigma \cdot \mathbf{V})$ qui exprime le travail élémentaire des forces de contraintes par unité de temps peut se décomposer :

$$\nabla \cdot (\sigma \cdot \mathbf{V}) = -\mathbf{V} \cdot \nabla \cdot \sigma + tr(\sigma \cdot \nabla \mathbf{V})$$

qui devient :

$$\nabla \cdot (\sigma \cdot \mathbf{V}) = -p \nabla \cdot \mathbf{V} - \nabla p \cdot \mathbf{V} + \mathbf{V} \cdot \nabla \cdot \tau + \tau : \nabla \mathbf{V}$$

Les termes sont associés à des phénomènes physiques suivants :

- $\nabla \cdot (\sigma \cdot \mathbf{V})$ est le travail total fourni par les forces de contraintes,
- $-p\nabla \cdot \mathbf{V}$ est le travail fourni par les forces de pression au cours de la déformation, dilatation ou
- $-\nabla p \cdot \mathbf{V}$ est le travail fourni par les forces de pression au cours du déplacement,
- $\mathbf{V} \cdot \nabla \cdot \sigma$ est le travail des forces de contraintes fournies lors du déplacement des particules fluides,
- $-\nabla \cdot (p\mathbf{V})$ est le travail total des forces de pression,
- $\nabla \cdot (\tau \cdot \mathbf{V})$ est le travail total des forces visqueuses, compression,
- $\mathbf{V} \cdot \nabla \cdot \tau$ est le travail fourni par les forces visqueuses au cours du déplacement,
- $\Phi = \tau : \nabla\mathbf{V}$ est le travail fourni par les forces visqueuses au cours de la déformation.

La fonction Φ, regroupant les termes contenant la viscosité est dite fonction de dissipation. Elle est reliée à la dégradation de l'énergie cinétique en chaleur, du fait des frottements visqueux au sein du fluide.

$$\Phi = -\frac{2}{3}\mu\,(\nabla \cdot \mathbf{V})^2 + 2\mu D_{ij}\frac{\partial V_i}{\partial x_j}$$

10.2.9 Autres formes de l'Equation de l'Energie

10.2.9.1 Equation de l'Energie Cinétique

En multipliant l'équation de Cauchy scalairement par la vitesse $\mathbf{V}$, on obtient une forme locale qui porte sur l'énergie cinétique uniquement :

$$\mathbf{V} \cdot \left[\rho\,\frac{d\mathbf{V}}{dt} - \nabla \cdot \sigma - \mathbf{f}\right] = 0$$

soit

$$\rho\,\frac{1}{2}\frac{dV^2}{dt} = -\mathbf{V} \cdot \nabla p + \mathbf{V} \cdot \nabla \cdot \tau - \mathbf{V} \cdot \mathbf{f}$$

Cette équation de conservation de l'énergie cinétique traduit que le travail des forces d'inertie est égal à la somme des travaux des forces de volume et des forces de contact lié au déplacement des particules.

Cette relation en perdant son caractère vectoriel initial dû à Navier-Stokes conduit aussi à une perte d'information.

10.2.9.2 Energie Interne et Enthalpie

L'équation de l'énergie interne s'exprime en retranchant l'équation de l'énergie cinétique de celle de l'énergie totale

$$\rho \frac{de}{dt} = -\nabla \cdot \varphi - p\nabla \cdot \mathbf{V} + \Phi + q$$

La variation d'enthalpie s'exprime quant à elle par $h = e + P/\rho$ soit :

$$dh = de - \frac{dp}{\rho} - \frac{p}{\rho^2} d\rho$$

En utilisant la dérivée particulaire on arrive à

$$\rho \frac{dh}{dt} = -\nabla \cdot \varphi - \frac{dp}{dt} + \Phi + q$$

Ces expressions de l'énergie interne ou de l'enthalpie traduise les relations thermodynamiques et thermique et n'intègrent pas la dynamique qui doit être représente par l'équation du mouvement.

10.2.9.3 Enthalpie totale

L'enthalpie totale h_i définie par $h_i = h + V^2/2$ représente l'enthalpie d'arrêt calculée en un point de l'écoulement où la vitesse est nulle.

L'équation de l'enthalpie totale s'obtient par la somme de l'équation de l'énergie cinétique et de l'enthalpie :

$$\rho \frac{dh_i}{dt} = -\nabla\varphi + \frac{\partial p}{\partial t} + \Phi + q + \mathbf{f} \cdot \mathbf{V} + \nabla \cdot (\tau \cdot \mathbf{V})$$

Cette relation est celle utilisée le plus fréquemment lorsque le nombre de Mach devient important et où la température intervient surtout pour des mécanismes de compression ou détente plutôt que par les conditions aux limites.

10.2.9.4 Entropie

La variation d'entropie d'un fluide est par définition liée aux autres grandeurs de la thermodynamique

$$T\,ds = de + pdv$$

ou

$$T\,ds = de - \frac{p}{\rho^2} d\rho$$

En dérivant en temps et en utilisant la conservation de la masse :

$$\rho \frac{ds}{dt} = \frac{1}{T}\frac{de}{dt} + \frac{p}{T\rho}\nabla \cdot \mathbf{V}$$

en remplaçant de par sa valeur on a :

$$\rho \frac{ds}{dt} = \frac{1}{T}(-\nabla \cdot \varphi + \Phi + q)$$

On peut exprimer la variation d'entropie pour un écoulement réversible par la relation $ds_r = dQ/T$. On obtiendrait une forme locale sur s_r :

$$\rho \frac{ds_r}{dt} = \frac{q}{T} - \nabla \cdot \left(\frac{\varphi}{T}\right) = \frac{q}{T} - \frac{1}{T}\nabla \cdot \varphi + \frac{\varphi}{T^2}\nabla T$$

La variation d'entropie s'écrit alors en fonction s_r :

$$\rho \frac{ds}{dt} = \rho \frac{ds_r}{dt} + \frac{1}{T}\left(\Phi - \frac{\varphi}{T^2}\nabla T\right)$$

Comme $\varphi = -k\,\nabla T$ (Fourier) le dernier terme est toujours positif et la variation d'entropie dans un écoulement est toujours supérieure à la variation d'entropie d'un écoulement réversible.

En thermodynamique classique les transformations sont supposées réversibles et l'entropie s_r est uniquement utilisée dans ce contexte.

10.2.10 Formulation adimensionnelle des équations

Le système d'équations représentatif des écoulements compressibles s'écrit :

$$\begin{cases} \dfrac{\partial \rho}{\partial t} + \nabla \cdot (\rho\,\mathbf{V}) = 0 \\[2ex] \dfrac{\partial(\rho\,\mathbf{V})}{\partial t} + \nabla \cdot (\rho\,\mathbf{V} \otimes \mathbf{V}) = -\nabla P + \mathbf{f} + \nabla \cdot \left(\mu\left(\nabla \mathbf{V} + \nabla^t \mathbf{V}\right)\right) + \nabla(\lambda \nabla \cdot \mathbf{V}) \\[2ex] \rho\, c_p \left(\dfrac{\partial T}{\partial t} + \mathbf{V} \cdot \nabla T\right) = \nabla \cdot (k \nabla T) + \beta\, T \dfrac{dp}{dt} + 2\mu D_{ij} \dfrac{\partial V_i}{\partial x_j} - \dfrac{2}{3}\mu\,(\nabla \cdot \mathbf{V})^2 \end{cases}$$

où $P(\rho, T)$ est ici la pression thermodynamique.

Le système d'équations correspondant aux écoulements compressibles ci-dessous est adapté aux nombres de Mach élevés ou modérés s'écrit sous forme adimensionnelle (voir chapitre 3.4.3) :

$$\begin{cases} \dfrac{\partial \rho}{\partial t} + \nabla \cdot (\rho \mathbf{V}) = 0 \\ \dfrac{\partial (\rho \mathbf{V})}{\partial t} + \nabla \cdot (\rho \mathbf{V} \otimes \mathbf{V}) = -\nabla P + \dfrac{1}{Re} \nabla \cdot \tau \\ \rho \left(\dfrac{\partial T}{\partial t} + \mathbf{V} \cdot \nabla T \right) = \dfrac{1}{Re\, Pr} \nabla \cdot (k \nabla T) + \dfrac{1}{E_c} \dfrac{dP}{dt} + \dfrac{1}{Re\, E_c} \Phi \end{cases}$$

L'intégration d'une équation d'état permettrait de simplifier un peu ce système d'équations; par exemple pour un gaz parfait pour lequel on a $p = \rho\, r\, T$ il vient :

$$\begin{cases} \dfrac{\partial \rho}{\partial t} + \nabla \cdot (\rho \mathbf{V}) = 0 \\ \dfrac{\partial (\rho \mathbf{V})}{\partial t} + \nabla \cdot (\rho \mathbf{V} \otimes \mathbf{V}) = -\nabla P + \dfrac{1}{Re} \nabla \cdot \tau \\ \rho \left(\dfrac{\partial T}{\partial t} + \mathbf{V} \cdot \nabla T \right) = \dfrac{1}{Re\, Pr} \nabla \cdot (k \nabla T) + \dfrac{\gamma - 1}{\gamma} \dfrac{dP}{dt} + \dfrac{M_0^2 (\gamma - 1)}{Re} \tau : \nabla \mathbf{V} \end{cases}$$

avec la pression adimensionnelle $P = \rho\,(1 + T)$.

10.3 Ecoulements à faibles nombres de Mach

10.3.1 Modèle Bas Mach

Si on dissocie de la pression une contribution purement thermodynamique P_m et une pression dynamique p en écrivant $P(\mathbf{x},t) = P_m(t) + p(\mathbf{x},t)$ on a ainsi définit deux pressions adimensionnelles :

$$\begin{cases} P = P/P_0 \\ p = (P - P_m)/(\rho\, V_0^2) \end{cases}$$

avec $P_0 = Cte$, une pression de référence (à l'infini par exemple), et on obtient alors

$$P = \frac{M_0^2}{\gamma} p + \frac{P_m}{P_0}$$

On distingue clairement le rôle joué par le nombre de Mach de référence $M_0 = V_0/c_0 = V_0/\sqrt{\gamma r T_0}$ pour les écoulement compressibles et les difficultés à attendre lorsque ce nombre tend vers zéro et où la contribution dynamique devient très inférieure à la contribution dynamique.

A partir d'un développement asymptotique où le nombre de Mach joue le rôle de petit paramètre il est aisé d'aboutir à un système d'équations où la pression présente dans l'équation de Navier-Stokes correspond à la seule dynamique. Ce système permet de considérer des écoulements compressibles à masse volumique variable tant que le nombre de Mach reste modéré. Ce modèle est connu dans la littérature sous le vocable "Low Mach Number".

10.4 Ecoulements de fluide parfait

Nous allons maintenant examiner la forme des équations de conservation lorsque les effets de la viscosité peuvent être négligés devant les effets de compressibilité. Comme la diffusion de la quantité de mouvement est négligée il en sera de même pour la diffusion de la chaleur. On supposera nul aussi la production volumique de chaleur. Ces hypothèses sont généralement vérifiées pour des écoulements de gaz à grandes vitesses mais il conviendra de le vérifier aussi à posteriori. Les forces de volume ne seront pas considérées dans l'équation de conservation de quantité de mouvement.

Les équations de conservation deviennent alors :

$$\begin{cases} \dfrac{d\rho}{dt} + \rho\,\nabla\cdot\mathbf{V} = 0 \\ \rho\,\dfrac{d\mathbf{V}}{dt} = -\nabla p \\ \rho\,\dfrac{dh}{dt} = \dfrac{dp}{dt} \\ h = f(p,\rho) \end{cases}$$

L'utilisation de l'enthalpie est justifiée par les applications où l'enthalpie ou plutôt l'enthalpie génératrice reste constante pour un écoulement stationnaire. L'enthalpie génératrice ou enthalpie d'arrêt s'écrit :

$$h_i = h + \frac{V^2}{2}$$

L'équation sur l'enthalpie d'arrêt s'écrit alors :

$$\rho\,\frac{dh_i}{dt} = \frac{\partial p}{\partial t}$$

Comme les phénomènes à la source d'irréversibilités, diffusion de la chaleur ou de quantité de mouvement, les phénomènes sont réversibles. Comme il n'y a pas non plus d'apport de chaleur (adiabaticité), les phénomènes sont réversibles et se traduisent par

$$\frac{ds}{dt} = 0$$

L'entropie reste constante le long d'une trajectoire. Celle fonction d'état dépend de deux des variables (ρ, p, T), par exemple $s = f(p, \rho)$. L'entropie n'est pas, bien sûr, une constante dans tout l'écoulement.

A l'équilibre thermodynamique qui sera supposé vérifié localement, il existe donc une relation de "barotropie".

Cette relation établit, sur une trajectoire, la relation $f(p, \rho) = Cte$. Ceci suggère alors que la transformation est définie par une évolution bien déterminée de la température absolue T. Une autre forme de l'hypothèse de barotropie peut être obtenue en introduisant la définition de la vitesse du son c :

$$c^2 = \left(\frac{\partial p}{\partial \rho}\right)_s = \gamma \left(\frac{\partial p}{\partial \rho}\right)_T = \frac{\gamma}{\rho \chi_T}$$

La dérivée totale de la pression s'exprimant quant à elle :

$$\frac{dp}{dt} = \left(\frac{\partial p}{\partial \rho}\right)_s \frac{d\rho}{dt} + \left(\frac{\partial p}{\partial s}\right)_\rho \frac{ds}{dt}$$

et comme $ds/dt = 0$,

$$\frac{dp}{dt} = c^2 \frac{d\rho}{dt}$$

10.5 Ecoulements monodimensionnels continus d'un fluide parfait

10.5.1 Evolutions isothermes et adiabatiques

Considérons un écoulement stationnaire continu (sans choc) d'un fluide parfait et plus précisément un tube de courant au sein de cet écoulement. Si ce tube de courant (Fig. 10.2) est de faible section devant sa longueur on négligera les variations spatiales orthogonales à l'axe du tube. Les variations de la vitesse V, de la pression p, de la masse volumique ρ et de la section droite S deviennent des fonctions de la seule variable x : $A(x), p(x), V(x), S(x)$.

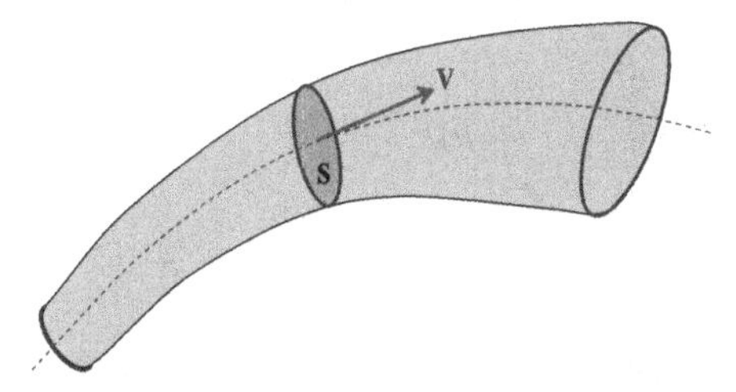

Fig. 10.2 Tube de courant limité par deux surfaces équipotentielles dans un écoulement de fluide parfait

Dans un premier temps seules les hypothèses de stationnarité, de continuité et de fluide parfait sont pris en compte; le fluide peut être quelconque, gaz parfait ou non, est généralement défini par son équation d'état $f(p, \rho, T) = 0$.

L'évolution de l'état du fluide au sein du tube de courant peut être quelconque; on distingue toutefois deux évolutions caractéristiques, le cas isotherme et le cas adiabatique. Les transformations réelles, par exemple au sein de turbomachines peuvent différer de ces comportement modèles.

10.5.1.1 Evolution isotherme

Elle correspond à l'évolution du fluide à température constante, la pression s'écrit en fonction de la masse volumique sous la forme :

$$p = k\rho$$

où $k > 0$.

10.5.1.2 Evolution adiabatique

Si l'écoulement est continu (sans choc), et le fluide est parfait (sans viscosité), les conditions de réversibilité mécanique sont satisfaites; si l'écoulement est adiabatique (sans échange de chaleur avec l'extérieur) les conditions de réversibilité thermiques sont également satisfaites. Cet écoulement est ainsi isentropique.

En reprenant

$$\frac{dp}{dt} = c^2 \frac{d\rho}{dt}$$

pour un gaz calorifiquement parfait ($\gamma = Cte$)

$$\frac{dp}{p} = \gamma \frac{d\rho}{\rho}$$

soit, en intégrant le long d'une ligne de courant :

$$p\rho^{-\gamma} = Cte$$

ou $p = k'\rho^{-\gamma}$ et $k' > 0$.

10.5.2 Equations fondamentales

Il est bien sûr possible de reprendre les équations générales pour les écoulements continus et trouver les expressions valables pour le cas monodimensionnel et pour un fluide parfait. Toutefois l'établissement d'un bilan sur un élément de volume permet de bien comprendre la notion de conservation et la signification des différents flux.

10.5.2.1 Conservation de la masse

Considérons un tube de courant d'aire $S(x)$ normale à la vitesse V. Le débit de volume est égal à $V\,S$ et le débit masse est défini par :

$$q_m = \rho\, V\, S$$

q_m est conservatif en régime stationnaire.

Sous forme différentielle cette relation devient :

$$\frac{d\rho}{\rho} + \frac{dV}{V} + \frac{dS}{S} = 0$$

elle est valable uniquement si l'écoulement est continu.

10.5.2.2 Equation d'Euler

Considérons le volume fluide qui, à l'instant t, est compris entre les abscisses x et $x + dx$; sa masse est $\rho\, S\, dx$ (Fig. 10.3) Les forces extérieures qui agissent sur ce volume sont en l'absence de tout frottement et en raison de la continuité :

- sur LL' la force de pression $p\,S$,
- sur MM' la force $-(p\,S + d(pS)$,

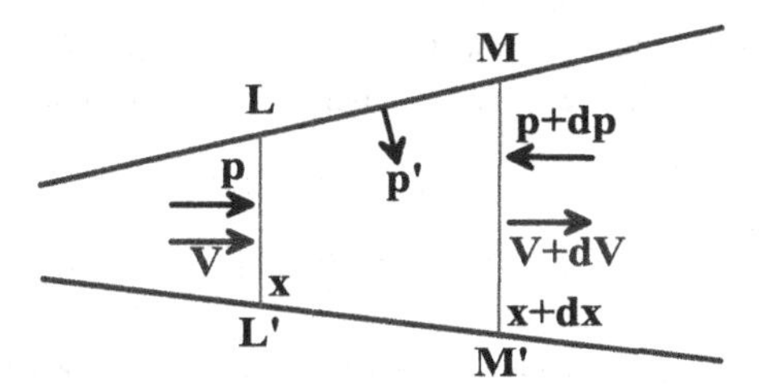

Fig. 10.3 Portion de tube de courant élémentaire pour le calcul du bilan de quantité de mouvement en fluide parfait compressible

- sur les parois latérales LM, $L'M'$ les forces de pressions normales dont la résultante en projection sur l'axe est $p'\,dS$ (où p' est la pression moyenne), soit au second ordre près en dx : $p'dS = pdS$.

L'équation fondamentale de la dynamique indique donc que l'accélération γ subie par le volume fluide considéré est définie par :

$$\rho\, S\, dx\, \gamma = p\,S - (p\,S + d(p\,S) + p\,dS$$

soit

$$\rho\, dx\, \gamma = -dp$$

On retrouve évidemment l'équation locale d'Euler en 1D :

$$\rho\,\frac{dV}{dt} = -\frac{dp}{dx}$$

Si dV représente la variation de vitesse d'une particule fluide de x à $x + dx$, le temps de parcours dt correspondant est dx/V et par conséquent l'accélération est $\gamma = V\,dV/dx$ d'où :

$$\rho\, V\, dV = -dp$$

ou encore :

$$\frac{dV}{dt} + \frac{dp}{\rho} = 0$$

10.5.2.3 Conservation de l'énergie

Considérons le volume $LL'MM'$; l'énergie totale du fluide n'a pas changé en régime stationnaire. Pendant le temps δt ce volume a reçu par la face LL' une masse δm et a perdu une masse égale par la face MM'.

Si $e+V^2/2$ représente l'énergie totale spécifique en LL' et $e+de+V^2/2+d(V^2/2)$ la même grandeur en MM', l'énergie totale du volume $LL'MM'$ a reçu :

$$-\delta m\left(de+d\left(\frac{V^2}{2}\right)\right)$$

Le travail d'introduction exercé en LL' par le milieu extérieur est égal au produit de la pression p par le volume $\delta m/\rho$ soit

$$\delta m\frac{p}{\rho}$$

Le travail d'évacuation exercé en MM' contre le milieu extérieur est

$$\delta m\left(\frac{p}{\rho}+d\left(\frac{p}{\rho}\right)\right)$$

Le travail reçu par $LL'MM'$ est :

$$-\delta md\left(\frac{p}{\rho}\right)$$

La chaleur échangée avec l'extérieur est nulle. L'énergie totale n'a pas varié :

$$d\left(e+\frac{p}{\rho}+\frac{V^2}{2}\right)=0$$

$e+p/\rho$ est l'enthalpie h et

$$d\left(h+\frac{V^2}{2}\right)=0$$

Cette expression montre que dans un écoulement adiabatique permanent la grandeur

$$h_i=h+\frac{V^2}{2}$$

est invariante sur un tube de courant : on l'appelle l'enthalpie totale ou enthalpie génératrice.

10.5.2.4 Equation complémentaire

Les 3 équations précédentes sont valables quelque soit le fluide idéal [3], [19], [20]) considéré mais elles sont insuffisantes pour déterminer les caractéristiques de l'écoulement; elles contiennent en effet 4 inconnues (p,ρ,h,V). L'hypothèse de fluide divariant permet d'ajouter une relation thermodynamique, par exemple

$h = h(p,\rho)$ qui peut être donné soit explicitement soit numériquement par un diagramme de Mollier (h,s).

10.5.3 Théorème d'Hugoniot

La théorie générale, compte tenu de ce qui précède, nous fournit les deux relations :

$$\begin{cases} \dfrac{d\rho}{\rho} + \dfrac{dV}{V} + \dfrac{dS}{S} = 0 \\ \\ V\,dV + \dfrac{dp}{\rho} = 0 \end{cases}$$

La dernière équation s'écrit aussi :

$$V\,dV + \frac{dp}{d\rho}\frac{d\rho}{\rho} = 0$$

et comme le phénomène est isentropique, $dp/d\rho$ représente le carré de la vitesse du son :

$$c^2 = \left(\frac{\partial p}{\partial \rho}\right)_s = \frac{dp}{d\rho}$$

$$\frac{dV}{V}\left(1 - \frac{V^2}{c^2}\right) + \frac{dS}{S} = 0$$

Cette relation indique comment varie la vitesse V lorsque l'aire S varie; on peut distinguer plusieurs cas :

- $V > c$: on dit que l'écoulement est supersonique. Le facteur de dV/V est négatif; par suite, si dS est positif il en est de même de dV d'où le théorème.
  "Dans un écoulement supersonique, la vitesse varie dans le même sens que l'aire de la section droite de l'écoulement."
- $V < c$: on dit que l'écoulement est subsonique
  "Dans un écoulement subsonique la vitesse varie en sens inverse de l'aire de la section droite de l'écoulement"
- $V = c$

$dS = 0$ que dV soit positif ou négatif : "dans un écoulement sonique l'aire de la section droite est stationnaire". Cet extremum est un minimum, puisque d'après ce qui précède on ne peut passer du subsonique au sonique ou du supersonique au sonique qu'en diminuant la section. Notons que si $dS = 0$ et $V \neq c$ on a $dV = 0$ c'est à dire que la vitesse est stationnaire.

Ce théorème dû à Hugoniot montre aussi que le rapport V/c joue un rôle important, le nombre de Mach $M = V/c$.

L'exposé qui précède ne suppose que l'isentropie et la continuité de l'écoulement, quel que soit le fluide considéré, gaz parfait ou non.

10.5.4 Détente et compression continues isentropiques d'un gaz parfait

Les relations précédentes seront ici appliquées à un gaz calorifiquement parfait (γ et c_p constantes). L'air par exemple, aux températures et aux pressions modérées peut être considéré comme un gaz parfait où $\gamma = 1.4$ et $c_p = 1000\,J\,kg^{-1}\,K^{-1}$.

Les relations thermodynamiques suivantes seront utilisées pour aboutir à des expressions de la pression, de la masse volumique et de la température en fonction du nombre de Mach et de γ:

- équation d'état : $p = \rho\, r\, T$,
- relation de Mayer : $r = c_p - c_v$,
- enthalpie : $h = c_p\, T$,
- entropie : $s = c_p\, LogT - rLogp + Cte$,
- entropie : $s = c_v\, Log(p\,\rho^{-\gamma}) + Cte$,
- vitesse du son : $c^2 = \gamma p/\rho = \gamma r T = h\,(\gamma - 1)$.

La conservation de l'énergie conduit à l'équation de Saint-Venant. :

$$V^2 + 2\,c_p\,T = V^2 + \frac{2}{\gamma - 1}\,c^2 = Cte$$

- a - La constante peut être calculée si l'état est connu dans une tranche quelconque. Si l'état générateur est donné ($V = 0$) :

$$V^2 + \frac{2}{\gamma - 1}\,c^2 = \frac{2}{\gamma - 1}\,c_i^2 = 2\,c_p\,T_i$$

- b - Si l'état critique est fixé on aurait de même :

$$V_c^2 + \frac{2}{\gamma - 1}\,c_c^2 = c_c^2\left(1 + \frac{2}{\gamma - 1}\right) = c_c^2\,\frac{\gamma + 1}{\gamma - 1} = Cte$$

soit

$$V^2 + \frac{2}{\gamma - 1}\,c^2 = \frac{\gamma + 1}{\gamma - 1}c_c^2 = (\gamma + 1)\,c_p\,T_c + Cte$$

10.5.4.1 Variation des grandeurs caractéristiques

- Variation des vitesses du son et des températures

En utilisant les conditions génératrices :

$$\frac{2}{\gamma-1}c^2+V^2=\frac{2}{\gamma-1}c_i^2$$

en divisant les deux membres de cette expression par c_i^2 et comme

$$\frac{V^2}{c_i^2}=\frac{V^2}{c^2}\frac{c^2}{c_i^2}$$

Le nombre de Mach local s'écrivant $M=V/c$, on a

$$\frac{c^2}{c_i^2}=\frac{1}{1+\frac{\gamma-1}{2}M^2}$$

Comme $c^2=\gamma rT$ et $c_i^2=\gamma rT_i$
soit :

$$\frac{c^2}{c_i^2}=\frac{T}{T_i}=\left(1+\frac{\gamma-1}{2}M^2\right)^{-1}$$

- Variation des pressions et des masses volumiques
  L'isentropie de l'écoulement permet d'écrire :

$$p\rho^{-\gamma}=p_i\rho_i^{-\gamma}$$

avec

$$\frac{p}{p_i}=\frac{\rho}{\rho_i}\frac{T}{T_i}$$

soit :

$$\begin{cases}\dfrac{p}{p_i}=\left(1+\dfrac{\gamma-1}{2}M^2\right)^{-\gamma/(\gamma-1)}\\[2ex]\dfrac{\rho}{\rho_i}=\left(1+\dfrac{\gamma-1}{2}M^2\right)^{-1/(\gamma-1)}\end{cases}$$

- Variation des Aires
  Le débit $\rho\, V\, S$ dans une section quelconque est égal au débit au col $\rho_c\, V_c\, S_c$, d'où

$$\frac{S}{S_c}=\frac{\rho_c\, c_c}{\rho\, V}$$

Pour $M=1$

$$\begin{cases} \dfrac{\rho_c}{\rho_i} = \left(\dfrac{\gamma+1}{2} M^2\right)^{-\gamma/(\gamma-1)} \\ \dfrac{c_c}{c_i} = \left(\dfrac{\gamma+1}{2} M^2\right)^{-1/2} \end{cases}$$

D'autre part

$$\frac{V}{c_i} = \frac{V}{c}\frac{c}{c_i} = M\left(1+\frac{\gamma-1}{2}M^2\right)^{-1/2}$$

que l'on peut écrire

$$\frac{S}{S_c} = \frac{\rho_c}{\rho_i}\frac{\rho_i}{\rho}\frac{c_c}{c_i}\frac{c_i}{V}$$

soit :

$$\frac{S}{S_c} = \left(\frac{2}{\gamma+1}\right)^{\frac{\gamma+1}{2(\gamma-1)}} \frac{1}{M}\left(1+\frac{\gamma-1}{2}M^2\right)^{\frac{\gamma+1}{2(\gamma-1)}}$$

- Variation de V
  Avec $V/c_i \, c_i/c_c$ on a

$$\bar{V} = \frac{V}{c_c} = M\sqrt{\frac{\frac{\gamma+1}{2}}{1+\frac{\gamma-1}{2}M^2}}$$

Si M croit indéfiniment $\bar{V}$ tend vers $\sqrt{(\gamma+1)/(\gamma-1)}$ et $V \to c_c\sqrt{(\gamma+1)/(\gamma-1)} = V_{lim}$

$$V_{lim} = \sqrt{\frac{\gamma+1}{\gamma-1}}\,c_c = \sqrt{\frac{2}{\gamma-1}}\,c_i = \sqrt{2\,c_p\,T_i}$$

On dit que la détente est complète.

10.5.5 Cas limite de l'écoulement incompressible

Si le nombre de Mach M est assez faible par rapport à l'unité, les rapports précédents se simplifient. En remarquant que $(1-X)^n = 1-nX+O(X^2)$ et de même $(1+X)^n = 1+nX+O(X^2)$ il vient :

$$\begin{cases} \dfrac{p}{p_i} = 1 - \dfrac{\gamma}{2} M^2 + O(M^4) \\ \\ \dfrac{\rho}{\rho_i} = 1 - \dfrac{M^2}{2} + + O(M^4) \end{cases}$$

Si $M \leq 0.2$ on peut considérer ρ comme constant et égal à ρ_i avec une erreur inférieure à 2%.

Si $M << 1$ on peut écrire comme $c^2 = \gamma p/\rho$:

$$\gamma p M^2 = \rho V^2$$

On retrouve la loi de Bernouilli avec une erreur en $O(M^4)$:

$$p_i = p + \rho \frac{V^2}{2}$$

10.6 Ondes de choc

10.6.1 Physique des phénomènes

Les équations de Navier-Stokes sont susceptibles de rendre compte des phénomènes de propagation [24], [25]; initialement une onde est généralement générée par le déplacement à vitesse finie d'une surface comme par exemple une membrane de haut-parleur ou les cordes vocales. La perturbation engendrée dans un milieu compressible (gaz ou liquide) peut être de faible amplitude ou de très forte amplitude; dans ce dernier cas l'onde de compressibilité devient une onde de choc.

La seule équation de Navier-Stokes peut permettre par exemple de simuler la houle puis le déferlement de la vaque sur la plage en tenant compte des effets visqueux et turbulents mais aussi du bruit rayonné dans l'air et des ondes dans l'eau.

Afin d'expliquer le mécanisme de génération d'une onde de choc il suffit de calculer les vitesses du son dans le milieu considéré :

10.6.1.1 Cas du gaz parfait

Pour un gaz parfait en évolution adiabatique on a :

$$\left(\frac{\partial p}{\partial \rho}\right)_s = \frac{p}{\rho^\gamma}(\gamma \rho^{\gamma-1}) = \gamma \frac{p}{\rho} = \gamma r T$$

La vitesse du son est une fonction unique de la température. Par exemple, l'air à $300\,K$ avec $\gamma = 1.4$ donne $c = 347\,m\,s^{-1}$.

10.6.1.2 Cas du liquide

Lorsque le liquide est considéré comme incompressible la vitesse du son est infinie. Ce cas n'est pas réaliste, c'est un modèle utilisé lorsque les ondes ne sont pas considérée dans la modélisation d'un écoulement.

En évolution isotherme la vitesse du son peut être calculée à partir de son coefficient de compressibilité

$$\chi_T = \frac{1}{\rho}\left(\frac{\partial \rho}{\partial p}\right)_T$$

Il est à noter que cette quantité physique est une des seules qui puisse être mesurée sans être affectée par une modélisation plus ou moins entachée d'erreur. La vitesse du son peut ainsi être calculée par

$$c^2 = \left(\frac{dp}{d\rho}\right)_T = \frac{1}{\rho\,\chi_T}$$

En évolution adiabatique on trouverait de même

$$c^2 = \left(\frac{dp}{d\rho}\right)_s = \gamma\left(\frac{dp}{d\rho}\right)_T = \frac{\gamma}{\rho\,\chi_T}$$

Pour l'eau à $20\,C$ par exemple, $\gamma = 1$ et la vitesse du son est égale à $c = 1435\,m\,s^{-1}$.

Si l'on reprend le cas d'un gaz en évolution adiabatique, le coefficient de compressibilité vaut $\chi_T = 1/p$ pour un gaz parfait ce qui veut dire que, si la pression augmente, le gaz devient moins compressible. Les ondes de tête sont donc rattrapées par les ondes de queue dont la vitesse du son locale est plus grande; il en résulte un raidissement progressif de tous les profils jusqu'à l'établissement d'une onde de choc. Une compression peut permettre donc, si la pression en aval est suffisamment basse, la formation d'une onde de choc (Fig. 10.4).

Au contraire les ondes de détente tendent à s'étaler au cours de leur déplacement.

Au droit de l'onde de choc toutes les quantités physiques, vitesse, pression, masse volumique, subissent des variations brusques qui sont de véritables discontinuités à l'échelle macroscopique. A beaucoup plus petite échelle elles peuvent s'interpréter comme des évolutions continues.

Les ondes de choc peuvent être stationnaire si les conditions de l'écoulement le permettent comme dans le divergent d'une tuyère ou bien se propager dans le milieu comme l'onde de choc produit par un avion en vol supersonique.

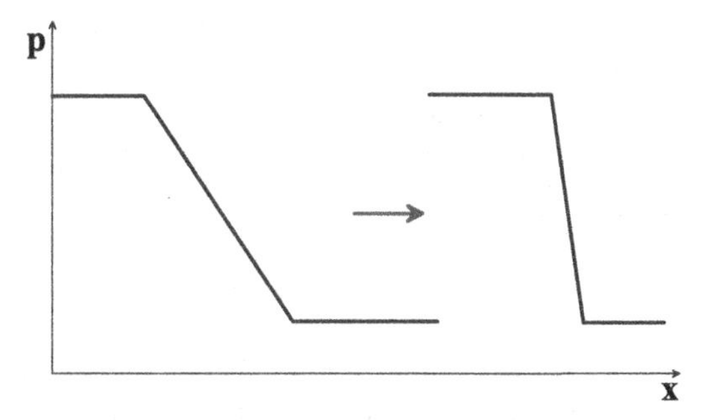

Fig. 10.4 Formation d'une onde de choc lorsque le fluide en aval est en compression, le coefficient de compressibilité étant plus faible lorsque la pression augmente

10.6.2 Onde de choc plane stationnaire

Considérons un écoulement dans une veine de section constante incluant une onde de choc droite normale à la direction de l'écoulement (Fig. 10.5). Pour une section d'aire unité l'équation de continuité s'écrit :

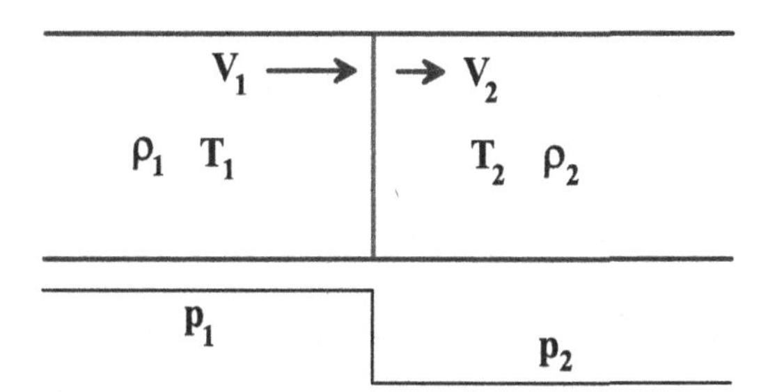

Fig. 10.5 Onde de choc plane stationnaire dans un écoulement de fluide parfait; l'indice 1 désigne les quantités amont et l'indice 2 désigne les mêmes quantités en aval

$$\rho_1 V_1 = \rho_2 V_2$$

si les indices désignent respectivement l'amont et l'aval de l'onde de choc.

Pour obtenir l'équation associée au théorème de quantité de mouvement on considère un cylindre d'axe parallèle à la direction de l'écoulement traversé par l'onde de choc. Les forces de pression sur ce cylindre ont une résultante

$$p_1 - p_2$$

Le débit de quantité de mouvement sortant du cylindre est égal à

$$p_1 + \rho_1 V_1^2 = p_2 + \rho_2 V_2^2$$

résultat qui aurait pu être obtenu par l'équation d'Euler.

Le premier principe de la thermodynamique s'exprime, en considérant le choc comme adiabatique, sous la forme :

$$\frac{V_1^2}{2} + h_1 = \frac{V_2^2}{2} + h_2 = h_i$$

Compte tenu des constantes de temps de la traversée du choc par le fluide, les phénomènes sont en effet sans échange de chaleur avec le reste de l'écoulement.

D'où le système d'équations :

$$\begin{cases} \rho_1 V_1 = \rho_2 V_2 \\ p_1 + \rho_1 V_1^2 = p_2 + \rho_2 V_2^2 \\ \dfrac{V_1^2}{2} + h_1 = \dfrac{V_2^2}{2} + h_2 = h_i \end{cases}$$

Il est possible d'introduire le volume spécifique, inverse de la masse volumique $v = 1/\rho$ et l'énergie interne $e = h_p\, v$. Le système devient :

$$\begin{cases} \dfrac{V_1}{v_1} = \dfrac{V_2}{v_2} \\ p_2 - p_1 = \dfrac{V_1}{v_1}(V_1 - V_2) \\ \dfrac{V_1^2}{2} - \dfrac{V_2^2}{2} = (e_2 - e_1) + p_2\, v_2 - p_1\, v_1 \end{cases}$$

En combinant ces équations pour éliminer les vitesses on obtient l'équation d'Hugoniot ou de l'adiabatique dynamique

$$(p_1 + p_2)\,(v_1 - v_2) = 2\,(e_2 - e_1)$$

10.6.3 Onde de choc plane stationnaire pour un gaz parfait

Dans le cas particulier d'un gaz parfait l'énergie interne a pour expression :

$$e = c_v T = \frac{c_v}{r}\, p\, v$$

L'équation d'Hugoniot devient :

$$(p_1+p_2)\,(v_1-v_2)=\frac{2\,c_v}{r}\,(p_2\,v_2-p_1\,v_1)$$

Soit

$$\frac{p_2}{p_1}=\frac{(c_p-c_v)\,v_2-(c_p+c_v)\,v_1}{(c_p-c_v)\,v_1-(c_p+c_v)\,v_2}$$

En introduisant $\gamma=c_p/c_v$:

$$\frac{p_2}{p_1}=\frac{(\gamma+1)\,v_1-(\gamma-1)\,v_2}{(\gamma+1)\,v_2-(\gamma-1)\,v_1}$$

C'est l'équation qui remplace l'équation de Laplace $p\,\rho^{-\gamma}=Cte$ dans le cas d'une onde de choc.

Si on pose $\varpi=p_2/p_1$, $\varphi=v_2/v_1$ et $\beta=(\gamma+1)/(\gamma-1)$ on a

$$\varpi=\frac{\beta-\varphi}{\beta\,\varphi-1}$$

C'est une hyperbole (Fig. 10.6) d'asymptote $\varphi=1/\beta$; du point de vue physique l'asymptote signifie que, quelque soit le rapport des pressions, la masse volumique garde une valeur finie en aval $\rho_2=\beta\,\rho_1$. Pour l'air $\beta=6$.

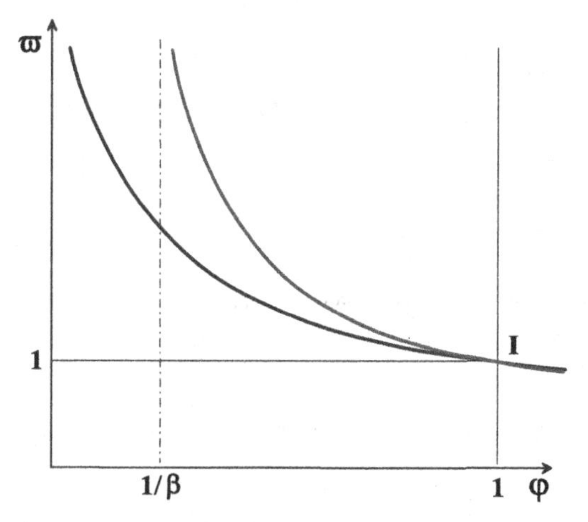

Fig. 10.6 Rapport de compression en fonction du rapport des volumes spécifiques; adiabatique dynamique en rouge et isentropique en bleu

Le point I de coordonnée (1, 1) représente l'état amont; l'isentropique dans ce système de coordonnées est donné par l'équation :

$$\varpi = \frac{1}{\varphi^\gamma}$$

Au point I les deux courbes ont même tangente et même rayon de courbure.

La vitesse amont V_1 est donnée par

$$V_1^2 = v_1^2 \frac{p_2 - p_1}{v_2 - v_1}$$

En introduisant les variables réduites ϖ et φ

$$V_1 = \sqrt{p_1 v_1} \sqrt{\frac{\varpi - 1}{1 - \varphi}} = \sqrt{p_1 v_1} \sqrt{\tan(\alpha)}$$

En désignant par α l'angle que fait la sécante IM avec la direction II'. L'angle α_s de la tangente en I à l'adiabatique dynamique avec la direction II' impose une valeur minimale pour V_1 (Fig. 10.7).

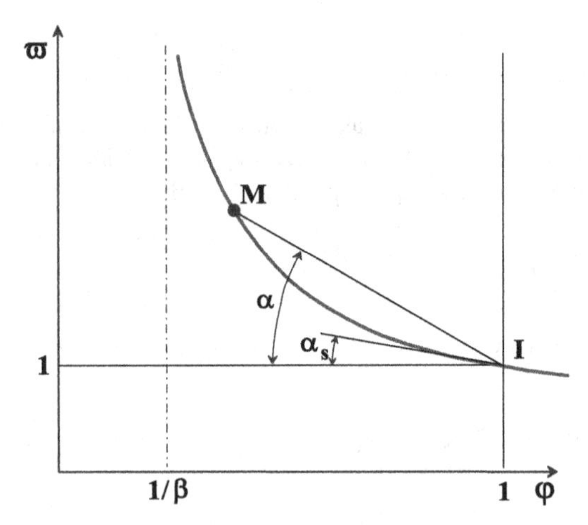

Fig. 10.7 Rapport de compression en fonction du rapport des volumes spécifiques pour le calcul de la vitesse en amont d'une onde de choc

$$(V_1)_{min} = \sqrt{p_1 v_1 \tan(\alpha_s)} = \sqrt{\gamma p_1 v_1} = c_1$$

Tant que la vitesse V_1 ne dépasse pas la célérité du son c_1, il n'y a pas formation d'une onde de choc. On en déduit que l'écoulement en amont d'une onde de choc est supersonique.

10.6.4 Variation du taux de compression en fonction du nombre de Mach amont

On pourra démontrer que ce rapport de compression (Fig. 10.8) s'écrit :

$$\frac{p_2}{p_1} = \frac{2\gamma}{\gamma+1} M_1^2 - \frac{\gamma-1}{\gamma+1}$$

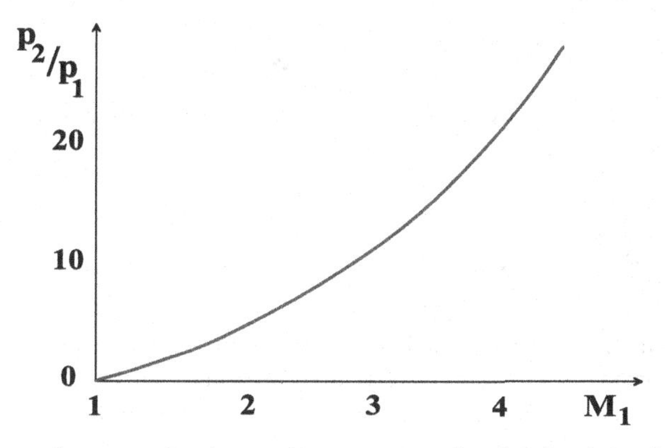

Fig. 10.8 Rapport de compression des pressions amont et aval en fonction du nombre de Mach à l'amont M_1

Compte tenu des expressions des pressions génératrices amont et aval données précédemment on trouve le rapport de compression des pressions génératrices (Fig. 10.9) :

$$\frac{p_{i2}}{p_{i1}} = \left(1 + \frac{2\gamma}{\gamma+1}\left(M_1^2 - 1\right)\right)^{-\frac{1}{\gamma-1}} \left(1 - \frac{2}{\gamma+1}\left(1 - \frac{1}{M_1^2}\right)\right)^{-\frac{\gamma}{\gamma-1}}$$

A partir de ces expressions il est possible de calculer les évolutions des pressions et des pressions génératrices, dans chacun des deux domaines, l'écoulement est isentropique et ce sont les expressions données plus haut pour un écoulement continu qui s'appliquent. Le design d'une tuyère peut alors être calculé section par section.

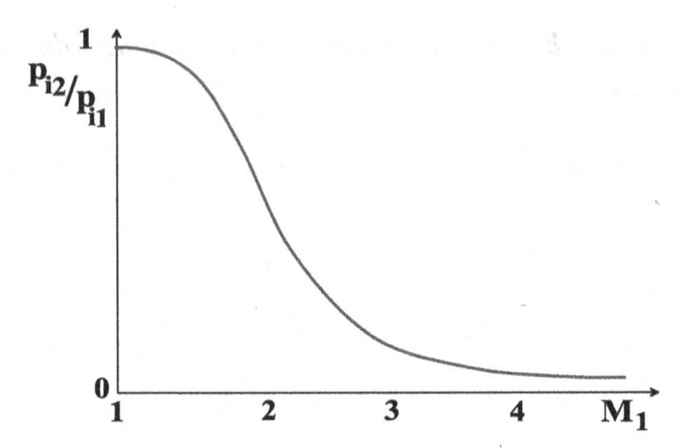

Fig. 10.9 Rapport de compression des pressions génératrices amont et aval en fonction du nombre de Mach à l'amont M_1

10.6.5 Tuyère supersonique

Compte tenu des éléments précédents on peut par exemple montrer les évolutions de la pression dans une tuyère convergente-divergente (Fig. 10.10) en fonction de la pression en aval de la tuyère.

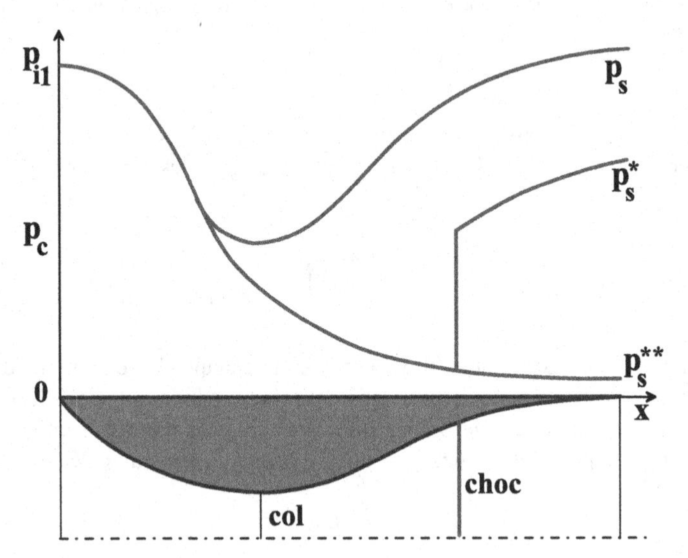

Fig. 10.10 Schéma d'une tuyère convergente-divergente de Laval et positionnement d'une onde de choc stationnaire dans le convergent lorsque la tuyère n'est pas adaptée

L'écoulement est toujours subsonique en amont du col où la vitesse du son est atteinte. Dans le cas incompressible la pression passe par un minimum au col puis remonte à sa valeur imposée en aval si les effets visqueux sont négligeables. Si la pression à la sortie de la tuyère est égale à p_s^{**} l'écoulement est partout continue et on dit que la tuyère est adaptée. Si la pression est plus grande que cette valeur alors il y a présence d'une onde de choc droite stationnaire dans le convergent.

Chapitre 11
Multiphysique

Le besoin d'universalité dénoncé un peu plus haut peut être énoncé ici en une vision plus pragmatique. Les propriétés des milieux continus sont souvent définies à partir de lois phénoménologiques érigées en règles strictes : on bâtit le modèle et on trouve ensuite les coefficients qui permettent de représenter le phénomène. C'est la relation flux-force énoncée en thermodynamique des processus irréversibles et qui généralise les anciennes loi de Newton, de Fourier, de Joule, etc. Assez souvent ces lois sont défaillantes pour une large gamme de variation des contraintes et deux stratégies sont alors utilisées pour retrouver un bon comportement : changer de loi ou affecter des coefficients variables.

L'approche proposée vise à répondre à ce qui est devenu une nécessité : intégrer dans une même simulation le calcul de l'écoulement, le calcul de la propagation des ondes dues à l'écoulement, la réponse des structures solides et leur action sur l'écoulement, etc. Bien évidemment les échelles spatio-temporelles nécessitées pour l'étude de ces phénomènes sont bien différentes mais la réalité est celle-ci : l'écoulement autour d'un hélicoptère et le bruit induit illustre bien les efforts encore à faire pour appréhender les phénomènes dans leur ensemble.

Comment représenter dans le même domaine l'écoulement d'un fluide newtonien dans un milieu hétérogène composé de zones poreuses, fluides, solides; ceci est possible par l'association de plusieurs équations compatibles dont chaque terme est accompagné de coefficients adaptés à la physique du problème local

11.1 Sur une approche globale Navier-Stokes - Brinkman - Darcy

11.1.1 Introduction

Reprenons un système d'équations basé sur l'équation de Navier-Stokes et de la loi de Darcy Forchheimer:

J.-P. Caltagirone, *Physique des Écoulements Continus*,
Mathématiques et Applications 74, DOI: 10.1007/978-3-642-39510-9_11,

$$\begin{cases} \dfrac{d\mathbf{V}}{dt} + \rho \nabla \cdot \mathbf{V} = 0 \\ \rho \left(\dfrac{\partial \mathbf{V}}{\partial t} + \mathbf{V} \cdot \nabla \mathbf{V} \right) = -\nabla p + \rho \, \mathbf{g} + \nabla \cdot (\mu \, (\nabla \mathbf{V} + \nabla^t \mathbf{V})) - \dfrac{\mu}{K} \mathbf{V} + \dfrac{\beta \, \rho}{\sqrt{K}} \|\mathbf{V}\| \mathbf{V} - \nabla (\lambda \nabla \cdot \mathbf{V}) \\ \rho \, c_p \left(\dfrac{\partial T}{\partial t} + \mathbf{V} \cdot \nabla T \right) = \nabla \cdot (\Lambda \nabla T) - \beta \, T \, \nabla \cdot \mathbf{V} + q + \Phi \end{cases}$$

Ce système d'équations permet de représenter l'écoulement dans un fluide pur (Navier-Stokes) en faisant tendre la perméabilité vers l'infini, l'écoulement dans un milieu poreux en adaptant la perméabilité K ou bien un solide $\mathbf{V} = 0$ en faisant tendre la perméabilité vers zéro. Cette dernière notion est décrite dans le chapitre équations de conservation : elle est basée sur l'introduction dans le fluide de particules fixes de dimension d distantes d'une longueur caractéristique l avec $\varepsilon = l/d >> 1$. Lorsque d tend vers zéro à ε constant, la perméabilité tend aussi vers zéro.

Ce modèle global doit être utilisé avec précaution; notamment on observe que deux termes d'inertie incompatibles sont présents dans l'équation du mouvement. Soit on est plutôt en présence d'un fluide autour d'obstacles auquel cas il faut choisir les termes inertiels de type Navier-Stokes ou bien l'écoulement est plutôt darcéen et on adoptera les termes de Forchheimer.

11.1.2 Justification du modèle proposé

L'écoulement d'un fluide visqueux autour d'un obstacle ou d'un profil est généralement obtenu par la résolution des équations de Navier-Stokes et des conditions aux limites traduisant l'adhérence du fluide sur la surface sans nécessité de connaître les propriétés physiques de ce corps. On suppose généralement que le profil est rigide et indéformable. La connaissance du champ de vitesse autour d'un obstacle solide permet de calculer la force exercée par l'écoulement du fluide visqueux sur celui-ci. La détermination numérique de cette force reste toutefois peu précise puisqu'elle fait intervenir la répartition de la pression et les gradients de vitesse à la surface de l'obstacle.

L'idée proposée ici consiste à affecter à l'obstacle des propriétés particulières sauvegardant bien entendu l'adhérence du fluide visqueux à la paroi. La notion de pression dans le solide peut permettre d'améliorer l'évaluation de l'action du fluide sur celui-ci et de calculer toutes les composantes de la traînée et de la portance.

L'introduction d'un terme de traînée volumique de type Darcy dans l'équation de Navier-Stokes permet de rendre compte des écoulements de fluide dans des systèmes mixtes fluide-poreux. Cette équation du mouvement de type Navier-Stokes-Brinkman représente en fait l'écoulement d'un fluide fictif composé d'un fluide newtonien parsemé de particules solides, fixes, dont le diamètre est d'ordre de grandeur très inférieur à la distance entre les particules (Levy 1981). Tout en restant dans cette hypothèse, le rapprochement des particules permet de faire tendre le comportement de ce fluide vers celui du solide; le paramètre indépendant contrôlant l'évolution vers le solide est la perméabilité K.

Une autre approche est proposée: elle consiste à trouver la solution globale, vitesses et pression, dans un système composite fluide-solide, en résolvant l'équation de Navier-Stokes dans la zone fluide et l'équation de Brinkman dans le milieu poreux dont la perméabilité tend vers zéro. De la connaissance des champs de pression et de vitesses dans l'obstacle, il est alors aisé de déterminer les forces appliquées sur sa frontière par le fluide extérieur.

L'application de cette méthode est effectuée sur un problème d'homogénéisation classique sur une cellule élémentaire; l'objet est entre autres de calculer le tenseur de perméabilité et d'évaluer les différentes composantes de la traînée des particules solides dans un volume élémentaire représentatif.

Considérons un écoulement périodique incompressible de fluide newtonien dans un réseau représentant un milieu poreux modèle. La cellule de base de longueur caractéristique L contient un obstacle immobile représenté par un volume de contrôle Ω_p limité par une surface Σ munie d'un vecteur normal unitaire extérieur $\mathbf{n}$ (Fig. 11.1). Le fluide de viscosité μ et de masse volumique ρ sature complètement le milieu poreux. La modélisation de ce problème est effectuée de la manière suivante:

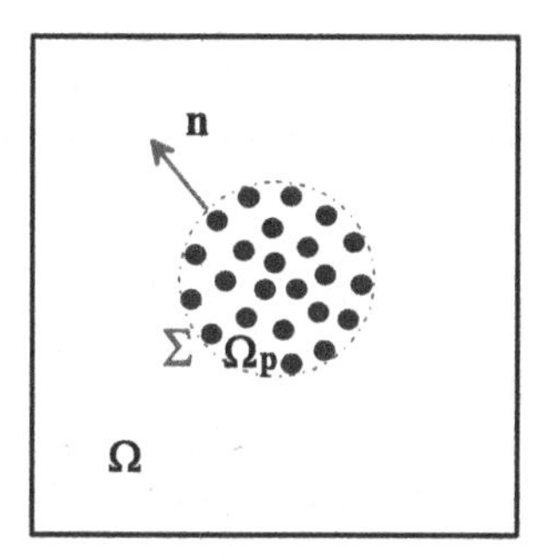

Fig. 11.1 Schématisation d'une cellule élémentaire et d'un amas de particule solide de petites dimensions devant leur distances pour modéliser la présence d'un milieu poreux fictif représenté par un terme de Darcy dans l'équation du mouvement

L'obstacle est constitué par un ensemble de particules de diamètre d et distantes d'une longueur δ avec $\varepsilon = d/\delta \ll 1$. L'écoulement dans un tel milieu est représenté par une loi de Brinkman. Chaque particule produit sur le fluide une traînée qui peut-être calculée dans l'hypothèse de Stokes ($Re = \rho d V_0/\mu$ où V_0 est la vitesse en amont de chacune des particules). Par exemple s'il s'agit de particules sphériques, la particule exerce une force égale à $\mathbf{F} = 3\,\pi\,\mu V_0\,d$. Il est alors possible de définir une force volumique égale à $\mathbf{f} = 3\,\pi\,\mu V_0\,d/\delta^3$.

La force appliquée par cet amas de particules sur le fluide est alors:

$$\mathbf{F} = \frac{3\pi\varepsilon}{\delta^2} \iiint_{\Omega} \mu \mathbf{V} dv$$

Il est possible d'identifier alors le groupement devant l'intégrale à la perméabilité du milieu poreux: $K \approx \delta^2/(3\,\pi\varepsilon)$. Lorsque la distance entre particules tend vers zéro à ε constant, le comportement de cet agrégat tend, comme le carré de la distance inter-particules, vers celui du solide . La vitesse au sein de cet ensemble de particules tend aussi vers zéro, notamment à la frontière vérifiant ainsi la condition d'adhérence à la paroi. L'écoulement externe devient complètement indépendant de la structure et des variables internes de l'agrégat.

La quantité d'accélération de cet ensemble de particules fixes étant nulle, le principe de la dynamique s'écrit:

$$-\iiint_{\Omega p} \frac{\mu}{K} \mathbf{V} dv + \iint_{\Sigma} T ds = 0$$

En exprimant la contrainte, on aboutit à la loi locale de Brinkman. Les conditions aux limites à l'interface entre l'écoulement de fluide pur et l'écoulement interne à l'amas sont des conditions de raccordement de la pression et des contraintes normale et tangentielle. Les efforts visqueux ou de pression peuvent ainsi être calculés à l'intérieur du domaine.

Les contributions de la pression et des tensions visqueuses sur la traînée totale peuvent, à l'aide de la méthode présentée, être évaluées aisément soit par intégration sur la surface de l'obstacle, soit, en utilisant le théorème de la divergence, sur le volume de celui-ci. Cette dernière forme permet une évaluation précise de la contrainte adimensionnelle totale:

$$\mathbf{F}_t = \mathbf{F}_p + \mathbf{F}_v = \iiint_{\Omega p} \frac{\mathbf{V}}{Re\,Da\,K} dv = -\iiint_{\Omega p} \nabla p\, dv + \iiint_{\Omega p} \frac{1}{Re} \nabla^2 \mathbf{V} dv$$

Chacune de ces intégrales peut-être évaluée aisément et précisément. Dans la première intégrale, la vitesse et la perméabilité tendent simultanément vers zéro mais le rapport reste parfaitement déterminé et d'ordre un. Il est à remarquer l'intégrale du gradient de pression dans le complémentaire de Ω_p donne la traînée visqueuse.

L'objectif de cette étude est la résolution simultanée des équations de Navier-Stokes dans le fluide et de la loi de Brinkman dans le milieu poreux pseudo-solide. Le système d'équations correspondant s'écrit:

$$\mathbf{V} \begin{cases} \nabla \cdot \mathbf{V} = 0 \text{ dans } \Omega_p \cup \Omega \\ \dfrac{\partial \mathbf{V}}{\partial t} + \mathbf{V} \cdot \nabla \mathbf{V} - \dfrac{1}{Re} \nabla^2 \mathbf{V} + \nabla p = 0 \text{ dans } \Omega_f \\ \dfrac{1}{Re\,Da} \dfrac{\mathbf{V}}{K} - \dfrac{1}{Re} \nabla^2 \mathbf{V} + \nabla p = 0 \text{ dans } \Omega_p \end{cases}$$

où $Da = K_0/L^2$ est le nombre de Darcy traduisant les effets visqueux de Brinkman par rapport aux effets de traînée de Darcy. Il est à noter que lorsque le nombre de Darcy tend vers zéro, la dernière équation dégénère vers la loi de Darcy.

La résolution de l'équation de Navier-Stokes avec la contrainte d'incompressibilité permet de trouver les champs de pression et de vitesses en tenant compte des conditions aux limites adéquates sur le domaine . Si l'obstacle est solide la condition est l'adhérence à la paroi; si, par contre, l'obstacle est de forte perméabilité, la condition à la limite traduit la continuité des contraintes normale et tangentielle et de la pression à l'interface.

11.1.3 Conditions de raccordement et conditions aux limites

L'avantage de représenter tous les écoulements par une équation du mouvement unique est la non nécessité d'écrire explicitement des conditions aux limites entre les différentes régions fluide-poreux-solides.

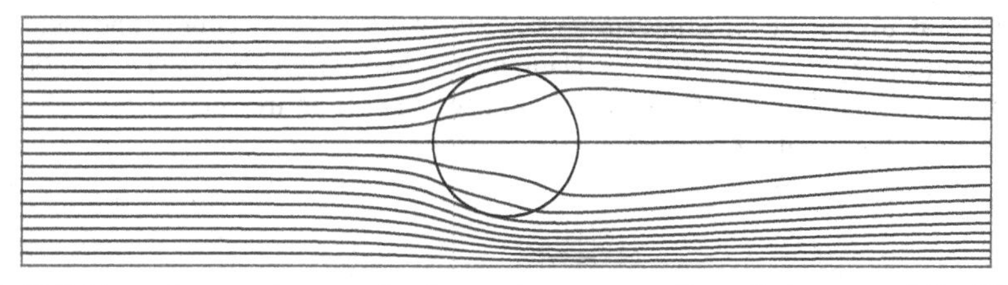

Fig. 11.2 Lignes de courant pour un écoulement dans et autour d'un cylindre poreux ($K = 2\,10^{-6}$) pour un nombre de Reynolds de 30.

Implicitement ce sont des conditions de raccordement de la vitesse et des contraintes qui sont adoptées. Pour les zones solides la pénalisation avec la perméabilité qui tend vers zéro (numériquement $K \propto 10^{-50}$ par exemple) permet d'obtenir une vitesse qui vers vers zéro comme K.

On remarque notamment que la recirculation présente pour un cylindre solide disparaît ici à cause de l'écoulement du fluide à l'intérieur de l'obstacle poreux (Fig. 11.2).

11.1.4 Cas de l'homogénéisation sur une cellule périodique

La simulation numérique est effectuée par une méthode de volumes finis sur un maillage cartésien et décalé en vitesse-pression. L'obstacle est alors approché par une succession de mailles rectangulaires. Les volumes de contrôle d'une seule espèce, solide ou fluide, prennent les propriétés: masse volumique, perméabilité, etc...du sous-domaine correspondant.

L'algorithme de résolution simultanée des composantes de la vitesse et de la pression est une méthode de Lagrangien Augmenté correspondant au traitement implicite de la méthode classique de compressibilité artificielle (Fortin et al. 1982). Cette méthode conduit à un système linéaire couplé dont les inconnues sont les composantes (u, v, w) de la vitesse $\mathbf{V}$. La résolution de celui-ci est effectuée par la méthode de gradient conjugué Bi-CGSTAB (Van Der Vorst et al. 1990) préconditionné par une factorisation incomplète de Gauss.

On montre la validité et l'efficacité de la méthodologie proposée sur un cas test étudié qui a fait l'objet de nombreux travaux, dans le cadre de l'homogénéisation: il s'agit d'un écoulement incompressible, périodique dans une cellule élémentaire carrée.

Le problème consiste à décomposer la pression en une partie linéaire et une perturbation de pression périodique : $p = \bar{p} + \langle \nabla p \rangle \cdot \mathbf{x}$

L'homogénéisation des équations de Navier-Stokes conduit à la détermination d'un pseudo-tenseur de perméabilité, dépendant du nombre de Reynolds et non symétrique dans le cas général.

Les calculs ont été effectués sur un réseau à mailles carrées et pour une inclusion cylindrique de rayon égal à 0.25. Dans un premier temps l'influence du nombre de Reynolds sur la perméabilité a été étudiée; elle est en très bon accord avec les résultats obtenus antérieurement.

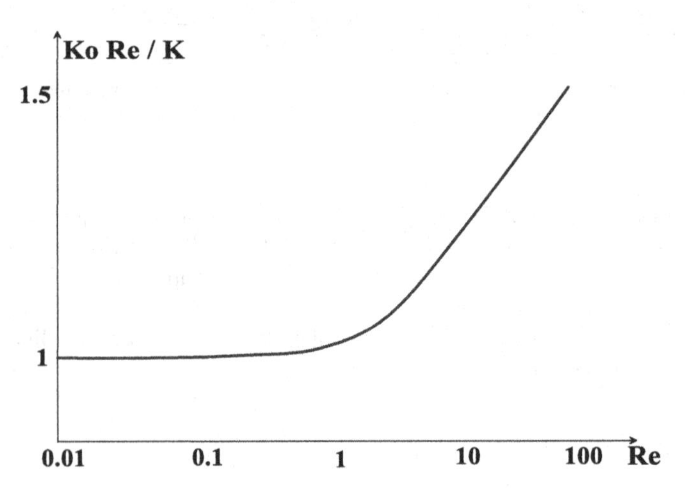

Fig. 11.3 Ecart à la loi de Darcy - Evolution du groupement Ko Re / K où Ko est la perméabilité intrinsèque en régime de Stokes.

Avec la méthodologie numérique mise au point, le calcul de la traînée totale et de la traînée de pression ne pose aucune difficulté et ne nécessite aucune extrapolation de la pression ou des gradients de vitesse à l'interface. Elle est de plus tout à fait conforme à la discrétisation spatiale dans le domaine. La figure 11.3 montre les évolutions des traînées de pression et totale en fonction du nombre de Reynolds basé sur la vitesse de débit. Lorsque le nombre de Reynolds augmente au-delà de l'unité, la traînée de pression augmente alors que les effets visqueux diminuent relativement. La traînée totale calculée à l'aide de V/K est très précisément égale à l'unité.

La somme des traînées visqueuse et de pression, dans ce cas où la traînée induite est négligeable, est égale évidemment au gradient de pression unitaire imposé par la section de la cellule (unitaire aussi). Dans le cas d'une cellule anisotrope la méthode permettrait de calculer les portances visqueuses et de pression.

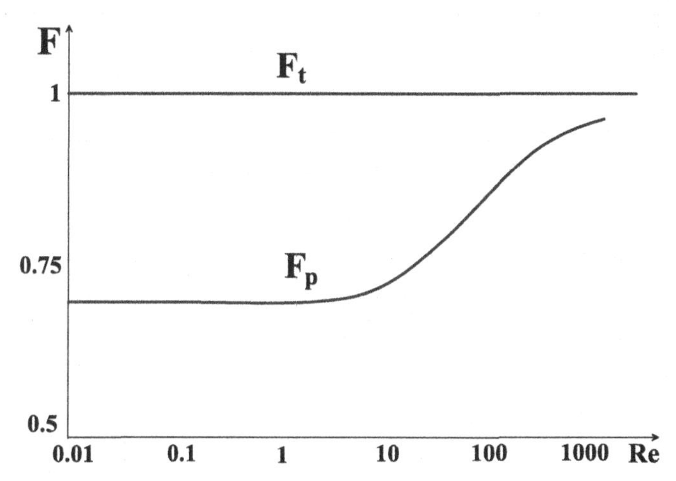

Fig. 11.4 Ecart à la loi de Darcy - Evolution du groupement Ko Re / K où Ko est la perméabilité intrinsèque en régime de Stokes.

La figure 11.4 donne un exemple de résultat sous la forme d'un champ de pression obtenu pour un nombre de Reynolds de pression égal à 80 et une inclusion cylindrique de rayon 0.25. La vitesse dans l'inclusion pseudo-solide est de l'ordre de 10^{-20} alors que la vitesse moyenne de l'écoulement est d'ordre un. Le champ de pression dans l'inclusion est cohérent avec celui de l'écoulement externe qui montre l'existence de zones de recirculations isobares dans la partie médiane entre les cylindres.

La résolution simultanée des équations de Navier-Stokes dans le fluide et de Brinkman dans l'obstacle solide permet le prolongement de la pression dans celui-ci. Cette méthodologie peut aussi être utilisée avec des équations d'Euler ou de Stokes résolues sur des sous-domaines différents par des méthodes locales ou multi-domaines. Les applications potentielles de la détermination de la pression dans les obstacles sont nombreuses: traînée et portance de profils, interactions entre particules, etc... La résolution numérique couplée des équations comporte aussi quelques avantages tels que la précision ou la continuité de toutes les variables du problème.

11.1.5 Cas d'un écoulement autour d'un cylindre dans un canal

Considérons un écoulement horizontal uniforme autour d'une rangée de cylindres alignés verticalement. La périodicité du problème permettent de réduire le domaine à une seule cellule limitée verticalement par des plans de symétrie.

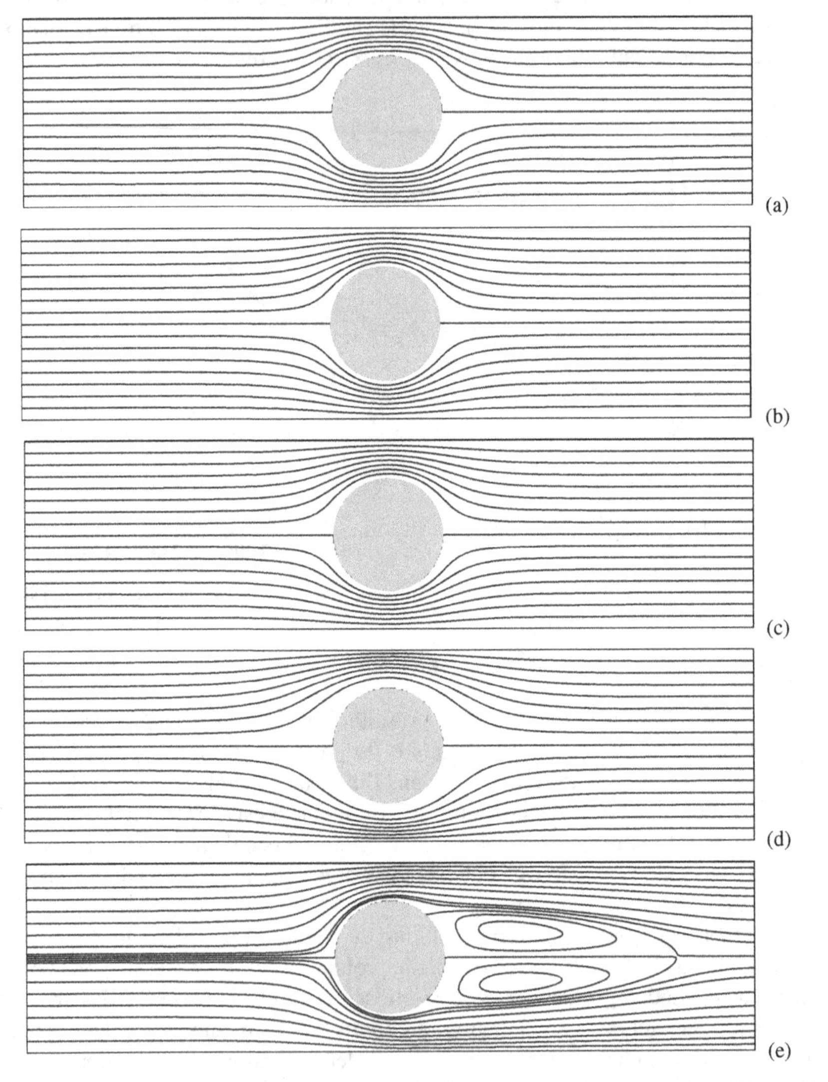

Fig. 11.5 Lignes de courant pour - (a) un écoulement cinematiquement admissible - (b) écoulement plan irrotationnel de fluide parfait - (c) Darcy - (d) Stokes - (e) Navier-Stokes $Re = 30$

Les conditions aux limites sont les suivantes :

- à gauche la vitesse constante V_0 y est imposée
- à droite le fluide sort librement
- en haut et en bas des conditions de symétrie : $\mathbf{V} \cdot \mathbf{n} = 0$
- le cylindre est solide et fixe $\mathbf{V} = 0$

Les différentes figures (Figs. 11.5) correspondent respectivement à :

- (a) - un écoulement cinématiquement admissible satisfaisant uniquement aux conditions aux limites et à la contrainte d'incompressibilité,
  La seule application des conditions aux limites et de la contrainte d'incompressibilité $\nabla \cdot \mathbf{V} = 0$ permet d'obtenir un champ de vitesse cohérent mais ne satisfaisant à aucune équation de conservation et le résultat ne représente pas une physique particulière. Le fluide contourne l'obstacle simplement l'obstacle. Comme aucun terme visqueux n'est introduit, la pression est nulle dans tout le domaine. On note toutefois que le contournement de l'obstacle n'est pas naturel.
- (b) - l'écoulement plan, irrotationnel, incompressible de fluide parfait,
  L'approximation classique de fluide parfait avec la contrainte supplémentaire d'irrotationnalité de l'écoulement conduit comme attendu à une solution symétrique suivant les deux axes passant par le centre du cylindre, sans recirculation. La pression y est définie par l'équation de Bernouilli.
- (c) - l'écoulement en milieu poreux correspondant à la loi de Darcy
- (d) - l'écoulement en régime de Stokes,
- (e) - l'écoulement gouverné par l'équation de Navier-Stokes à $Re = 30$,

11.1.6 Cas d'un écoulement autour d'un cylindre en milieu infini

11.1.6.1 Modèle de Darcy

Considérons un cylindre de section circulaire de rayon $R = 1$ dans un milieu infini (Fig. 11.6). La vitesse à l'infini est constante et égale à $V_0 = 1$.

L'équation de Navier-Stokes-Darcy écrite sous forme adimensionnelle en termes de fonction de courant s'écrit :

$$\begin{cases} \dfrac{1}{Re} \nabla^4 \psi = \dfrac{1}{r} \left(\dfrac{\partial \psi}{\partial \theta} \dfrac{\partial}{\partial r} - \dfrac{\partial \psi}{\partial r} \dfrac{\partial}{\partial \theta} \right) \nabla^2 \psi + \dfrac{1}{Re\, Da} \nabla^2 \psi \\ \psi(1, \theta) = 0 \\ \psi(\infty, \theta) = r \sin \theta \end{cases}$$

où $Da = K/R^2$ est le nombre de Darcy.

On cherche des solutions par la méthode des développements asymptotiques :

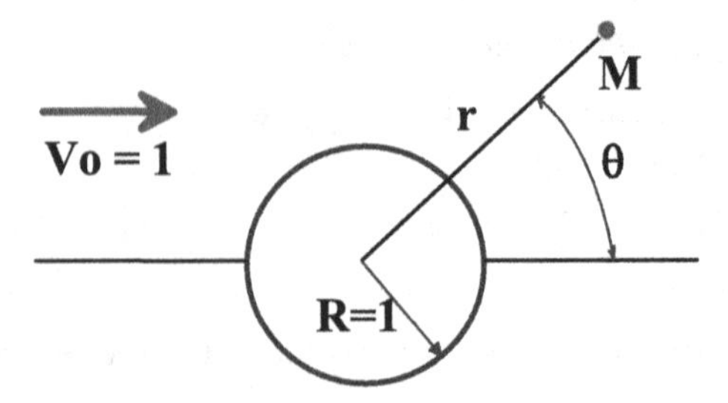

Fig. 11.6 Ecoulement autour d'un cylindre à section circulaire inclus dans un milieu poreux de perméabilité constante; (r,θ) est le système de coordonnées polaires

$$\psi(r,\theta) = \sum_{n=0}^{\infty} Re^n \ \psi^{(n)}$$

où les $\psi^{(n)}(r,\theta)$ sont des fonctions satisfaisant aux conditions aux limites.

Dans le cas présent le domaine est occupé par un milieu poreux et l'équation de Darcy est seule représentative du phénomènes ($Da \to 0$) :

$$-\nabla p - \frac{\mu}{K}\mathbf{V} = 0$$

Pour trouver sa formulation en terme de fonction de courant on prend le rotationnel de cette équation pour faire disparaitre la pression, on remplace V_r et V_θ par leur expression respectives en fonction de ψ et on trouve en coordonnées cylindriques:

$$\begin{cases} \nabla^2\psi = \dfrac{1}{r}\dfrac{\partial}{\partial r}\left(r\dfrac{\partial\psi}{\partial r}\right) + \dfrac{1}{r^2}\dfrac{\partial^2\psi}{\partial\theta^2} = 0 \\ \psi(1,\theta) = 0 \\ \psi(\infty,\theta) = r\sin\theta \end{cases}$$

Les conditions aux limites sur les vitesses en coordonnées cylindriques V_r et V_θ sont obtenues en transformant les conditions aux limites sur les vitesses cartésiennes $(u = V_O,\ v = 0)$.

En coordonnées polaires les vitesses s'écrivent en terme de fonction de courant sous la forme :

$$V_r = \frac{1}{r}\frac{\partial\psi}{\partial\theta};\ \ V_\theta = \frac{\partial\psi}{\partial r}$$

Le changement de système de coordonnées (cartésien - polaire) s'écrit :

$$\begin{bmatrix} V_r \\ V_\theta \end{bmatrix} = \begin{bmatrix} cos\theta & sin\theta \\ -sin\theta & cos\theta \end{bmatrix} \begin{bmatrix} u \\ v \end{bmatrix}$$

Pour un écoulement uniforme $u = V_0, v = 0$:

$$\begin{cases} V_r = \dfrac{1}{r}\dfrac{\partial \psi}{\partial \theta} = V_0\, cos\theta \\ \\ V_\theta = -\dfrac{\partial \psi}{\partial r} = -V_0\, sin\theta \end{cases}$$

L'intégration de chacune de ces équations avec θ et r donne:

$$\begin{cases} \psi(r,\theta) = V_0\, r\, sin\theta + f(r) \\ \\ \psi(r,\theta) = V_0\, r\, sin\theta + g(\theta) \end{cases}$$

Soit $f = g = Cte$, cette constante étant choisie égale à zéro sur l'axe (y=0).
D'où la condition à l'infini pour $V_0 = 1$:

$$\psi(\infty,\theta) = r\sin\theta$$

Solution sur ψ

La solution est recherchée par la méthode de séparation des variables :

$$\psi(r,\theta) = f(r)\, g(\theta)$$

On trouve

$$g(\theta) = \sin\theta$$

soit :

$$\frac{r}{f(r)}\frac{d}{d\,r}\left(r\,\frac{d\,f(r)}{d\,r}\right) = -\frac{g''(\theta)}{g(\theta)} = n^2$$

deux fonctions de variables différentes ne peuvent être égales qu'à une constante, n entier. Soit :

$$\begin{cases} g'' - n^2\, g = 0 \\ r\dfrac{d}{d\,r}\left(r\,\dfrac{d\,f}{d\,r}\right) - n^2\, f = 0 \end{cases}$$

et l'équation sur f :

$$f'' + \frac{1}{r}f' - \frac{n^2}{r^2}f = 0$$

dont on recherche des solutions sous la forme

$$f(r) = r^m$$

$$\left(m^2 - n^2\right) = 0$$

soit $m = \pm n$.

La solution sur $g(\theta)$ avec ses conditions aux limites étant triviale la solution sur ψ s'écrit alors

$$\psi(r,\theta) = \left(a\,r + \frac{b}{r}\right)\,\sin\theta$$

en tenant compte des conditions aux limites sur le cylindre et à l'infini on trouve $a = 1$ et $b = -1$:

$$\psi(r,\theta) = \left(r - \frac{1}{r}\right)\,\sin\theta$$

Solution sur $p(r,\theta)$

Reprenons l'équation de Darcy :

$$-\nabla p - \frac{\mu}{K}\mathbf{V} = 0$$

Prenons la divergence de cette équation. En tenant compte du fait que l'écoulement est incompressible on obtient :

$$\nabla^2 p = 0$$

L'équation sur la pression étant la même que pour la fonction de courant on a donc la même solution générale mais ici la pression est symétrique par rapport à l'axe Ox :

$$p(r,\theta) = \left(a\,r + \frac{b}{r}\right)\,\cos\theta$$

Pour trouver a et b, on identifie la solution à l'équation de Darcy :

$$\frac{\partial p}{\partial r} = \left(a - \frac{b}{r^2}\right)\cos\theta = -\frac{\mu}{K}\mathbf{V}_r$$

Comme on connait V_r à partir de l'expression de ψ :

$$\left(a - \frac{b}{r^2}\right)\cos\theta = -\frac{\mu}{K}\left(1 - \frac{1}{r^2}\right)\cos\theta$$

On trouve $a = -\mu/K$ et $b = \mu/K$.

$$p(r,\theta) = -\frac{\mu}{K}\left(r + \frac{1}{r}\right)\,\cos\theta$$

11.1.6.2 Modèle de Stokes

$$\begin{cases} \nabla^2\nabla^2\psi = 0 \\ r \Rightarrow \infty \;\; \psi = r\ \sin\theta \\ r = 1 \;\; \psi = 0,\ \partial\psi/\partial r = 0 \end{cases}$$

On cherche des solutions de la forme :

$$\psi(r,\theta) = f(r)\ \sin\theta$$

on obtient :

$$\begin{cases} r^4 f'''' + 2r^3 f''' - 3r^2 f'' + 3rf' - 3f = 0 \\ f(1) = f'(1) = 0 \end{cases}$$

Pour trouver f on cherche des solutions de la forme $f(r) = r^n\, u(r)$

On trouve :

$$f(r) = A\, r^3 + B\, r\, Log r + C\, r + \frac{D}{r}$$

A, B, C, D sont des constantes arbitraires.

D'après la condition à la limite pour $r \longrightarrow \infty$ on doit raccorder avec $f(r) \propto r$ d'où $A = 0$.

On a de plus

$$\begin{cases} C + D = 0 \\ B + C - D = 0 \end{cases}$$

La solution du problème s'écrit avec une seule constante indéterminée :

$$\psi(r,\theta) = 2D\left(r\, Log r - \frac{r}{2} + \frac{1}{2r}\right)\sin\theta$$

Comme on peut le voir $\forall D$ il est impossible de raccorder la solution à la condition à l'infini : c'est le paradoxe de Stokes.

On peut montrer que loin du cylindre, lorsque $r \approx 1/Re$, la solution doit être remplacée par la solution d'Oseen :

$$\psi(r,\theta) = r \sin\theta$$

11.1.6.3 Modèle de Fluide Parfait

Soit le potentiel complexe :

$$f(z) = V_0\left(z + \frac{1}{z}\right)$$

avec $V_0 = 1$.

La vitesse complexe s'écrit :

$$\zeta(z) = \left(1 - \frac{1}{z^2}\right)$$

soit

$$f(z) = \left(r e^{i\theta} - \frac{1}{r} e^{-i\theta}\right)$$

d'où la fonction de courant :

$$\psi(r,\theta) = \left(r - \frac{1}{r}\right) \sin\theta$$

Le module de la vitesse est :

$$\mathbf{q} = 2 \sin\theta$$

Le calcul de la pression donne :

$$p - p_0 = \frac{1}{2}\rho \left(1 - 4 \sin^2\theta\right)$$

11.1.6.4 Modèle de Brinkman

Afin d'obtenir la solution dans le cadre de ce modèle reprenons l'équation:

$$-\nabla p + \mu \nabla^2 \mathbf{V} - \frac{\mu}{K}\mathbf{V} = 0$$

En posant $Da = K/R^2$, le nombre de Darcy et rendant le système d'équations adimensionnelles, on a:

$$-\nabla p + \nabla^2 \mathbf{V} - \frac{1}{Da}\mathbf{V} = 0$$

En adoptant $\sigma = 1/\sqrt{(}Da)$, on trouve la solution générale :

$$\psi(r,\theta) = \left(\frac{A}{2\sigma^2 r} - \frac{B}{\sigma^2} r + C K_1(\sigma r)\right)$$

En appliquant les conditions aux limites d'adhérence sur le cylindre et de raccordement à la solution d'Oseen à l'infini on a :

$$\psi(r,\theta) = \left(-\frac{(\sigma K_0(\sigma) + 2K_1(\sigma))}{\sigma K_0(\sigma)}\frac{1}{r} + r + \frac{2}{\sigma K_0(\sigma)} K_1(\sigma r)\right) \sin\theta$$

On remarque notamment que la solution du modèle de Darcy est la même que celle du modèle d'Euler (fluide parfait) alors que les phénomènes physiques n'on rien de commun entre eux. Il est à remarquer que l'équation obtenue $\nabla^2 \psi = 0$ est la même (potentiel des vitesses et fonction de courant sont des fonctions harmoniques).

De nombreuses solutions analytiques peuvent être trouvées à partir de l'équation de Navier-Stokes-Darcy. Elles correspondent à des situations ou le cylindre est poreux et le milieu extérieur fluide, ou les deux poreux. On peut montrer que le passage aux limites est possible en faisant tendre le nombre de Darcy vers l'infini ou vers zéro. Le paradoxe de Stokes mis en évidence pour un cylindre dans un milieu fluide est ici levé par l'introduction d'un amas de particules fixes évanescentes dans le milieu fluide.

11.2 Modification des termes visqueux

11.2.1 Reformulation du tenseur des contraintes

Une approche originale [5] présentée ci-dessous, consiste en une reformulation du tenseur des contraintes en quatre tn,seurs associés chacune à une viscosité. Du point de vue physique cette approche permet de mettre en évidence les différentes contributions de la notion de viscosité sur la diffusion de la quantité de mouvement et du point de vue numérique permettre la pénalisation sélective de chacun des termes.

Pour un fluide newtonien le tenseur des contraintes σ s'écrit :

$$\sigma_{ij} = -p\,\delta_{ij} + \lambda \nabla \cdot \mathbf{V}\,\delta_{ij} + 2\mu\,\mathbf{D}_{ij}$$

où λ et μ sont respectivement les viscosités de dilatation et de cisaillement et $\mathbf{D}$ le tenseur des taux de déformation.

L'introduction de la viscosité de volume permet de mettre en évidence la contribution sphérique des contraintes de viscosité. On peut l'exprimer en fonction des viscosités de dilatation et de cisaillement :

$$\xi = \lambda + \frac{2\mu}{3}$$

Classiquement l'établissement du tenseur des contraintes visqueuses suppose que le fluide est homogène et que les composantes du tenseur des contraintes s'annulent pour un écoulement constant ou pour un écoulement en rotation uniforme $\mathbf{V} = \Omega \times \mathbf{r}$. De plus, les composantes σ_{ij} s'expriment linéairement par rapport aux dérivées et sont exactement égales et opposées en signe à la pression hydrostatique lorsque le fluide est au repos. En outre, on suppose qu'il n'existe pas de direction privilégiée dans le fluide. La vitesse et les contraintes de viscosité sont ainsi reliées par une relation isotrope.

Les équations de Navier-Stokes dans leur formulation conservative compressible dédiée aux fluides newtoniens peuvent alors s'écrire :

$$\frac{\partial \rho}{\partial t} + \nabla \cdot (\rho \mathbf{V}) = 0$$
$$\frac{\partial \rho \mathbf{u}}{\partial t} + \nabla \cdot (\rho \mathbf{V} \otimes \mathbf{V}) = -\nabla p + \rho\, \mathbf{g} + \nabla \cdot \left(\mu \left(\nabla \mathbf{V} + \nabla^t \mathbf{V}\right)\right) - \nabla (\lambda \nabla \cdot \mathbf{V})$$

Cette forme classique des équations de conservation de la masse et de la quantité de mouvement nécessite un couplage entre les différentes contraintes et les équations de conservation. Notamment dans le cas d'un écoulement incompressible la contrainte $\nabla \cdot \mathbf{V} = 0$ peut être assurée par différentes méthodes : méthode de projection, lagrangien augmenté, etc.

L'objectif est ici de reformuler le problème de manière à faire appîître les différentes contributions naturelles du tenseur des contraintes relatives à la compression, au cisaillement et à la rotation. L'intérêt de cette décomposition est de pouvoir ensuite pénaliser séparément chacun des termes de manière à imposer fortement les contraintes associées. On peut supposer que les équations de Navier-Stokes contiennent l'ensemble des contributions physiques traduisant les effets de compressibilité, de frottement, etc. Leur séparation permet alors d'agir de manière différentielle en modifiant les ordres de grandeur de chacun de ces termes directement dans l'équation du mouvement.

Commençons par décomposer le tenseur d'ordre deux ∇_{ij} correspondant au gradient d'une variable vectorielle en une partie symétrique D_{ij} et une partie asymétrique Ω_{ij} :

$$\nabla_{ij} = \frac{1}{2}(\nabla_{ij} + \nabla_{ji}) + \frac{1}{2}(\nabla_{ij} - \nabla_{ji}) = D_{ij} + \Omega_{ij}$$

le tenseur des contraintes se réécrit alors sous la forme :

$$\sigma_{ij} = -p\,\delta_{ij} + \lambda\,\nabla \cdot \mathbf{V}\,\delta_{ij} + 2\,\mu D_{ij} = -p\,\delta_{ij} + \lambda\,\nabla \cdot \mathbf{V}\,\delta_{ij} + 2\,\mu\,\left(\nabla_{ij} - \Omega_{ij}\right)$$

Soit en décomposant dans $\nabla_{ij} - \Omega_{ij}$ les contributions sphériques des autres contributions de cisaillement pur et de rotation pure :

$$\sigma = \begin{bmatrix} -p + \lambda\,\nabla \cdot \mathbf{V} & 0 & 0 \\ 0 & -p + \lambda\,\nabla \cdot \mathbf{V} & 0 \\ 0 & 0 & -p + \lambda\,\nabla \cdot \mathbf{V} \end{bmatrix} + \delta \begin{bmatrix} \frac{\partial u}{\partial x} & 0 & 0 \\ 0 & \frac{\partial v}{\partial y} & 0 \\ 0 & 0 & \frac{\partial w}{\partial z} \end{bmatrix}$$

$$+ \zeta \begin{bmatrix} 0 & \frac{\partial u}{\partial y} & \frac{\partial u}{\partial z} \\ \frac{\partial v}{\partial x} & 0 & \frac{\partial v}{\partial z} \\ \frac{\partial w}{\partial x} & \frac{\partial w}{\partial y} & 0 \end{bmatrix} - \eta \begin{bmatrix} 0 & \frac{\partial u}{\partial y} - \frac{\partial v}{\partial x} & \frac{\partial u}{\partial z} - \frac{\partial w}{\partial x} \\ \frac{\partial v}{\partial x} - \frac{\partial u}{\partial y} & 0 & \frac{\partial v}{\partial z} - \frac{\partial w}{\partial y} \\ \frac{\partial w}{\partial x} - \frac{\partial u}{\partial z} & \frac{\partial w}{\partial y} - \frac{\partial v}{\partial z} & 0 \end{bmatrix}$$

on arrive alors à une forme décomposée originale du tenseur des contraintes qui fait apparaître artificiellement de nouveaux coefficients de viscosité

$$\sigma_{ij} = (-p + \lambda\, \nabla \cdot \mathbf{V})\, \delta_{ij} + \delta\, \Lambda_{ij} + \zeta\, \Xi_{ij} - \eta\, \Gamma_{ij}$$

où :
λ est la viscosité de compression
δ est la viscosité élongationnelle
ζ est la viscosité de cisaillement
η est la viscosité de rotation
La forme habituelle de l'expression du tenseur des contraintes visqueuses peut être obtenue en affectant aux viscosités les valeurs suivantes : $\lambda = -2/3\mu$, $\delta = 2\mu$, $\zeta = 2\mu$, $\eta = \mu$.

La divergence du tenseur des contraintes σ fait intervenir 4 termes différents, soient le tenseur de compression $\nabla \cdot \mathbf{V}$, le tenseur d'élongation Λ, le tenseur de cisaillement pur Ξ et le tenseur de rotation Γ, qui sont associés à 4 phénomènes caractéristiques d'un écoulement :

$$\nabla \cdot \sigma = -\nabla (p - \lambda \nabla \cdot \mathbf{V}) + \nabla \cdot (\delta\, \Lambda) + \nabla \cdot (\zeta\, \Xi) - \nabla \cdot (\eta\, \Gamma)$$

L'intérêt de cette formulation est de dissocier les contraintes qui interviennent dans un écoulement de fluide visqueux, ce qui facilite l'utilisation d'une méthode numérique de pénalisation, par le biais des viscosités λ, δ, ζ et η, pour satisfaire précisément un type de contrainte.
La décomposition précédente du tenseur des contraintes visqueuses doit être intégrée dans l'équation de l'énergie pour que la formulation soit cohérente. On remplace donc les termes $-\frac{\beta}{\chi_T} T \nabla \cdot \mathbf{V} + \mu \Phi(\mathbf{V})$ par le tenseur générique $\sigma : \nabla \mathbf{V}$ écrit selon la théorie exposée précédemment.

11.2.2 Pénalisation de la contrainte d'incompressibilité

Un certain nombre de méthodes de résolution des équations de Navier-Stokes permet d'assurer la contrainte d'incompressibilité $\nabla \cdot \mathbf{V} = 0$ telles que les méthodes de perturbation (Temam), de compressibilité artificielle (Chorin), de projection scalaire [10], [27] ou vectorielle [4], de lagrangien augmenté [16], [36], etc. A partir de la formulation précédente, il est possible de construire une méthode de pénalisation qui utilise la viscosité de compression λ pour maintenir l'incompressibilité.
Pour un écoulement incompressible, on montre que la trace du tenseur des contraintes doit être identiquement nulle pour que la pression mécanique soit égale à

la pression thermodynamique [9]. Une expression de la pression est ainsi obtenue directement à partir de la trace de σ_{ij}

$$tr(\sigma_{ij}) = 3p - (3\lambda + \delta)\nabla \cdot \mathbf{V} = 0$$

Soit quand $\dfrac{\delta}{\lambda} \to +\infty$,

$$p - \lambda \nabla \cdot \mathbf{V} = 0$$

En remplaçant le gradient de pression discrétisé en temps dans les équations de Navier-Stokes par son expression et en augmentant artificiellement la valeur de la viscosité de compression telle que $\lambda \to +\infty$, la divergence de la vitesse tend progressivement vers 0, tandis que la pression s'adapte automatiquement en fonction de la divergence.
On peut montrer que cette méthode est équivalente à la technique du lagrangien augmenté où la viscosité λ est remplacée par le paramètre numérique du lagrangien. La résolution implicite de ce système d'équations couplées conduit à une divergence nulle (à la précision machine) à convergence. Le maintien d'une divergence nulle à chaque itération peut être assuré par exemple par la méthode de projection vectorielle [4].
La méthode présentée pour satisfaire la contrainte d'incompressibilité conduit à des valeurs de λ qui ne satisfont évidemment plus l'hypothèse de Stokes. Ceci ne pose aucune difficulté dans la mesure où le terme $\nabla(\lambda \nabla \cdot \mathbf{V})$ dans les équations de Navier-Stokes n'a plus de sens pour un écoulement incompressible.

11.2.3 Pénalisation de la contrainte de rotation

En présence de solides mobiles dans un écoulement, on souhaite, dans un souci de simplicité, modéliser les contraintes mécaniques qui opèrent dans les différents matériaux au moyen du même système d'équations. En tout point d'un objet indéformable en mouvement de rotation uniforme, la vitesse de rotation ω est constante. Soit

$$\nabla \times \mathbf{V} = 2\omega = \text{ constante}$$

En remarquant que $\nabla(\nabla \cdot \mathbf{V}) = \nabla \cdot (\nabla^t \mathbf{V})$, on obtient alors :

$$\nabla \times \nabla \times \mathbf{V} = \nabla(\nabla \cdot \mathbf{V}) - \nabla \cdot (\nabla \mathbf{V}) = -\nabla \cdot (\nabla \mathbf{V} - \nabla^t \mathbf{V}) = -\nabla \cdot \Omega$$

On peut remarquer que l'expression précédente fait apparaître une forme différentielle identique à celle du tenseur de rotation qui existe dans σ. Ainsi, à partir de la reformulation des équations de Navier-Stokes et en utilisant les différentes viscosités introduites à la section précédente, il est possible de donner à un volume quelconque du domaine d'étude des propriétés matérielles correspondant à celles d'un solide. En pénalisant localement un écoulement selon la viscosité de rotation $\eta \rightarrow +\infty$, on modifie le modèle tel que :

$$\nabla \cdot (\nabla \mathbf{V} - \nabla^t \mathbf{V}) = 0$$

Pour assurer à une zone solide son immobilité, il faut en plus caractériser l'écoulement par un cisaillement local nul. En utilisant la viscosité dédiée à cet effet, soit $\zeta \rightarrow +\infty$, on modifie le modèle tel que

$$\begin{bmatrix} 0 & \frac{\partial u}{\partial y} & \frac{\partial u}{\partial z} \\ \frac{\partial v}{\partial x} & 0 & \frac{\partial v}{\partial z} \\ \frac{\partial w}{\partial x} & \frac{\partial w}{\partial y} & 0 \end{bmatrix} - \begin{bmatrix} 0 & \frac{\partial u}{\partial y} - \frac{\partial v}{\partial x} & \frac{\partial u}{\partial z} - \frac{\partial w}{\partial x} \\ \frac{\partial v}{\partial x} - \frac{\partial u}{\partial y} & 0 & \frac{\partial v}{\partial z} - \frac{\partial w}{\partial y} \\ \frac{\partial w}{\partial x} - \frac{\partial u}{\partial z} & \frac{\partial w}{\partial y} - \frac{\partial v}{\partial z} & 0 \end{bmatrix} = \begin{bmatrix} 0 & \frac{\partial v}{\partial x} & \frac{\partial w}{\partial x} \\ \frac{\partial u}{\partial y} & 0 & \frac{\partial w}{\partial y} \\ \frac{\partial u}{\partial z} & \frac{\partial v}{\partial z} & 0 \end{bmatrix} = 0$$

En combinant le résultat précédent avec la définition du taux de rotation local de la matière ω, on montre que choisir $\eta \rightarrow +\infty$ et $\zeta \rightarrow +\infty$ implique que $\nabla \times \mathbf{V} = 0$, soit $\omega = 0$.
L'utilisation des viscosités pour traiter un solide dans un écoulement comme un fluide aux propriétés rhéologiques particulières (rotation constante et éventuellement cisaillement nul) permet avec le même système d'équations et la même discrétisation de résoudre par simulation numérique directe l'interaction entre un obstacle et un fluide en mouvement ou même les écoulements induits par un solide en mouvement.

11.3 Modèle multiphysique multimatériaux

Les enjeux de ces prochaines décennies résident dans la capacité des différentes communautés, physiciens, mathématiciens, ...à appréhender des problèmes complexes qui font intervenir des physiques très différentes dans l'espace et dans le temps, des échelles très différentes et des matériaux de propriétés variables. L'établissement des systèmes équations ne se réduit pas à une simple compilation d'équations connues résolues en séquence, les couplages devront être cohérents, monolithiques afin d'obtenir une solution réaliste.

Contrairement aux idées reçues l'augmentation de degrés de liberté des simulations numériques ne permettra pas de résoudre de tels problèmes, il sera nécessaire d'abord de créer des modèles adéquats. Il ne suffit pas de collecter quelques équations standards et de les assembler, la modélisation doit être basée sur la bonne compréhension des différents phénomènes physiques du problème posé.

Le modèle original présenté sépare les évolutions de la vitesse et du flux au cours du mouvement par des effets thermodynamiques des évolutions spatiales dues à l'advection des différentes quantités intensives scalaires. Le modèle est constitué d'une phase lagrangienne portant sur les vecteurs $(\mathbf{V}, \boldsymbol{\Phi})$ et d'une phase eulérienne sur l'advection des autres quantités (T, p, ρ).

Le développement de ce modèle sera limité aux évolutions des variables d'état classiques, température, pression thermodynamique, masse volumique T, p, ρ reliées par une équation d'état quelconque $f(\rho, p, T) = 0$. Le modèle pourra être étendu sans peine aux évolutions d'autres quantités, masses volumiques partielles, potentiels chimiques, chaleurs latentes, contraintes mécaniques, etc.

Les paramètres physiques seront obtenus à partir des lois d'état α, β, χ_T ou de mesures ou corrélations pour les autres quantités, conductivité thermiques k, viscosité de cisaillement μ, chaleurs massiques à pression et à volume constant c_p, c_v [8].

11.3.1 Bases du modèle

Considérons un domaine Ω limité par une surface Γ contenant un fluide newtonien isotrope divariant entre deux états, initial et final d'une transformation de durée dt. Ces deux états sont des états d'équilibre thermodynamique caractérisés par deux contraintes résiduelles d'équilibre σ^0 et $\sigma^0 + d\tau^0$. La contrainte résiduelle est généralement prise égale à zéro mais elle constitue les bases de l'accumulation des efforts dans les matériaux et considérée comme un lagrangien. Pour un fluide homogène et isotrope l'état de contrainte résiduelle est associée à la pression d'équilibre thermodynamique p_0 notée simplement p par la suite :

$$\sigma^0 = -p_0 \mathbf{I}$$

Le fluide est uniquement caractérisé par ses propriétés, c_v chaleur massique, ρ, masse volumique, χ_T, coefficient de compressibilité isotherme, α, coefficient d'augmentation de pression à volume constant et β, coefficient d'expansion thermique. L'état thermodynamique du système dépend de deux variables par exemple T et p la température absolue et la pression thermodynamique (Fig. 11.7). Ces deux variables sont strictement positives.

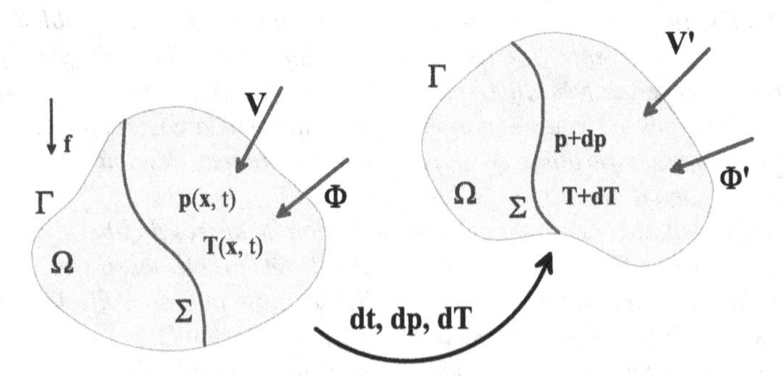

Fig. 11.7 Evolution lagrangienne des variables pression, température, masse volumique pour un temps dt lorsque l'on suit un système au cours de son mouvement; dp, dT, $d\rho$ sont les incréments lagrangiens de la pression, de la température et de la masse volumique

Deux autres quantités vectorielles sont définies, $\mathbf{V}$ la vitesse locale et $\boldsymbol{\Phi}$ le flux de chaleur. Nous appellerons $\mathbf{f}$ la force volumique.

Physiquement l'état du système va varier en fonction des flux de quantité de mouvement et de chaleur. La pression et la température évolueront donc en fonction de $\mathbf{V}$ et de $\boldsymbol{\Phi}$. Par exemple un flux de chaleur fourni au système fera augmenter la pression dans la cavité ou une compression mécanique du système conduira à une élévation de la température. Plus exactement ce sont les différences de vitesses ou de flux qui engendrent les variations ou plutôt la divergence de la vitesse et la divergence du flux.

$$\begin{cases} dT = \left(\dfrac{\partial T}{\partial \rho}\right)_p d\rho + \left(\dfrac{\partial T}{\partial p}\right)_\rho dp \\ \\ dp = \left(\dfrac{\partial p}{\partial \rho}\right)_T d\rho + \left(\dfrac{\partial p}{\partial T}\right)_\rho dT \\ \\ d\rho = -dt\, \rho\, \nabla \cdot \mathbf{V} \end{cases}$$

Ré-introduisons les définitions des différentes dérivées partielles correspondant aux coefficients thermodynamiques pour un fluide divariant :

$$\begin{cases} \alpha = \dfrac{1}{p}\left(\dfrac{\partial p}{\partial T}\right)_\rho \quad \beta = -\dfrac{1}{\rho}\left(\dfrac{\partial \rho}{\partial T}\right)_p \quad \chi_T = \dfrac{1}{\rho}\left(\dfrac{\partial \rho}{\partial p}\right)_T \\ \\ c_p = \left(\dfrac{\partial h}{\partial T}\right)_p \quad c_v = \left(\dfrac{\partial e}{\partial T}\right)_\rho \end{cases}$$

Comme on sait que

$$\left(\frac{\partial \rho}{\partial T}\right)_p \left(\frac{\partial T}{\partial p}\right)_\rho \left(\frac{\partial p}{\partial \rho}\right)_T = -1$$

la relation entre ces coefficients s'écrit:

$$\frac{\beta}{\alpha\, p\, \chi_T} = 1$$

Le système d'équations fera ainsi apparaître ces seuls coefficients; les variables d'état $(p, \rho, T$ ne seront pas évaluées par d'autres équations ou lois d'état, elles seront remontées à partir des variables vectorielles vitesse et flux. Ces coefficients thermodynamiques seront calculés à partir des lois d'état (gaz parfait, Van der Waals, Peng-Robinson, ...) dans des cas simples ou mieux, évalués à l'aide de tables thermodynamiques très précises. Cette structure du système d'équations permettra d'éviter la décorrélation des variables notamment due à la satisfaction locale de la loi d'état en calculant a posteriori la pression ou la masse volumique. Les propriétés de transport, viscosité μ et conductivité thermique k seront aussi évaluées avec des tables ou corrélations connues.

En utilisant l'équation de l'énergie déduite de l'énergie interne pour la variation de p, les variations élémentaires de pression, température et masse volumique s'écrivent alors:

$$\begin{cases} \dfrac{dp}{dt} = -\left(\dfrac{1}{\chi_T} + \dfrac{\beta^2 T}{\rho\, c_v \chi_T^2}\right) \nabla \cdot \mathbf{V} - \left(\dfrac{\beta}{\rho\, c_v \chi_T}\right) \nabla \cdot \boldsymbol{\Phi} + \dfrac{\beta\, q}{\rho\, c_v \chi_T} + \dfrac{\beta\, \phi}{\rho\, c_v \chi_T} \\ \dfrac{dT}{dt} = -\left(\dfrac{\beta\, T}{\rho\, c_v \chi_T}\right) \nabla \cdot \mathbf{V} - \left(\dfrac{1}{\rho\, c_v}\right) \nabla \cdot \boldsymbol{\Phi} + \dfrac{q}{\rho\, c_v} + \dfrac{\phi}{\rho\, c_v} \\ \dfrac{d\rho}{dt} = -\rho\, \nabla \cdot \mathbf{V} \end{cases}$$

où $\boldsymbol{\Phi} = -k \nabla T$ est le flux de diffusion. Les deux premières relations font apparaître les variables de flux et la conservation de la masse reste inchangée.

On retrouve l'intégralité des phénomènes physiques associée à chacun des termes de ces relations. Par exemple l'augmentations de la pression due à une production de chaleur au sein du domaine produit un déséquilibre thermodynamique qui conduit à une vitesse, à une augmentation de la température et à une masse volumique en accord thermodynamique. Dans le cas d'équations découplées il faudrait d'abord résoudre l'équation de l'énergie, ensuite calculer ρ par l'équation d'état pour obtenir un effet sur la vitesse en résolvant l'équation de Navier-Stokes.

11.3.2 Equations de conservation

Reprenons les équations de conservation pour un fluide newtonien en formulation non conservative:

$$\begin{cases} \dfrac{d\rho}{dt} + \rho\, \nabla \cdot \mathbf{V} = 0 \\ \rho\, \dfrac{d\mathbf{V}}{dt} = -\nabla p + \mathbf{f} + \nabla \cdot \left(\mu \left(\nabla \mathbf{V} + \nabla^t \mathbf{V}\right)\right) + \nabla (\lambda\, \nabla \cdot \mathbf{V}) \\ \rho\, \dfrac{de}{dt} = -\nabla \cdot \boldsymbol{\Phi} + \sigma : \mathbf{D} + q \end{cases}$$

Sous cette forme il faudrait joindre à ce système une loi d'état $f(\rho, p, T) = 0$. Le modèle multiphasique est bâti sur ce système classique, seule la formulation sera modifiée en intégrant les lois thermodynamiques au sein des équations de conservation. L'équation de conservation de l'énergie sera elle-même reformulée.

Examinons tout d'abord quels sont effets déjà présents au sein de ce système en dissociant du terme visqueux la partie des effets visqueux de cisaillement des effets de compressibilité dans l'équation du mouvement:

$$\begin{cases} \dfrac{d\rho}{dt} + \rho\, \nabla \cdot \mathbf{V} = 0 \\ \rho \dfrac{d\mathbf{V}}{dt} = -\nabla \left(p - \dfrac{3\lambda + 2\mu}{3} \nabla \cdot \mathbf{V} \right) + \mathbf{f} + \nabla \cdot \left(\mu \left(\nabla \mathbf{V} + \nabla^t \mathbf{V} - \dfrac{2}{3} \nabla \cdot \mathbf{V} \mathbf{I} \right) \right) \end{cases}$$

Si l'on ne considère que les effets de compression élastique due à une transformation isotherme, on voit que l'évolution de la pression de p à $p + dp$ pendant l'intervalle de temps dt est égale à

$$dp = -\frac{3\lambda + 2\mu}{3} \nabla \cdot \mathbf{V}$$

Si, par exemple, le fluide contenu dans le système Ω est comprimé, alors $\nabla \cdot \mathbf{V}$ traduit la variation de volume au cours du temps; l'augmentation de pression est alors donnée par l'expression ci-dessous:

$$dp = -\frac{1}{\chi_T} \frac{dv}{v} = \frac{1}{\chi_T} \frac{d\rho}{\rho} = -\frac{dt}{\chi_T} \nabla \cdot \mathbf{V}$$

où $v = 1/\rho$ est le volume spécifique.

Il est possible d'identifier la partie élastique de variation de la pression dans l'équation de Navier-Stokes à celle déduite de la définition de dp pour obtenir

$$\frac{dt}{\chi_T} = \frac{3\lambda + 2\mu}{3}$$

L'équation de Navier-Stokes contient déjà la réaction à toute sollicitation élastique isotherme, compression, détente, qui vise à modifier la divergence de la vitesse. Il faut simplement y ajouter l'ensemble des autres effets mécaniques et thermiques qui ne sont pas pour autant des effets du second ordre. Il est d'ores et déjà à noter que seules μ et χ_T sont des quantités objectivement mesurables. La viscosité de compression reste par contre un sujet de controverse.

Cette formulation fait de l'équation de Navier-Stokes une équation autonome de conservation de la quantité de mouvement. La pression thermodynamique p n'est plus qu'un accumulateur des différentes contraintes mécaniques et thermiques qui réalisent l'équilibre thermodynamique. L'équation de conservation de la masse ne sert qu'à obtenir la masse volumique et ne doit plus être associée formellement à l'équation du mouvement.

A ce stade on peut ré-écrire les variations élémentaires sous la forme:

$$\begin{cases} \dfrac{dT}{dt} = -\psi_{\Phi V}\,\nabla\cdot\mathbf{V} - \psi_{\Phi\Phi}\,\nabla\cdot\boldsymbol{\Phi} + \psi_{\Phi\Phi}\,q + \psi_{\Phi\Phi}\,\phi \\[2ex] \dfrac{dp}{dt} = -\psi_{VV}\,\nabla\cdot\mathbf{V} - \psi_{V\Phi}\,\nabla\cdot\boldsymbol{\Phi} + \psi_{V\Phi}\,q + \psi_{V\Phi}\,\phi \\[2ex] \dfrac{d\rho}{dt} = -\rho\,\nabla\cdot\mathbf{V} \end{cases}$$

où cette dernière équation peut être intégrée directement.

Les coefficients s'écrivent sous la forme :

$$\begin{cases} \psi_{VV} = \left(\dfrac{1}{\chi_T} + \dfrac{\beta^2 T}{\rho\, c_v\, \chi_T^2}\right) = \left(\dfrac{2\mu + 3\lambda}{3} + \dfrac{\beta^2 T}{\rho\, c_v\, \chi_T^2}\right) \\[2ex] \psi_{V\Phi} = \dfrac{\beta}{\rho\, c_v\, \chi_T} \\[2ex] \psi_{\Phi V} = \dfrac{\beta\, T}{\rho\, c_v\, \chi_T} \\[2ex] \psi_{\Phi\Phi} = \dfrac{1}{\rho\, c_v} \end{cases}$$

Les quantités scalaires (p, ρ, T) sont relevées à partir de la divergence des quantités vectorielles $(\mathbf{V}, \boldsymbol{\Phi})$ et des apports internes, dissipation visqueuse et production de chaleur.

$$\begin{cases} T(\mathbf{V}, \boldsymbol{\Phi}) = T_0 - dt\;\psi_{\Phi V}\,\nabla\cdot\mathbf{V} - dt\;\psi_{\Phi\Phi}\,\nabla\cdot\boldsymbol{\Phi} + dt\;\psi_{\Phi\Phi}\,q + dt\;\psi_{\Phi\Phi}\,\phi \\[2ex] p(\mathbf{V}, \boldsymbol{\Phi}) = p_0 - dt\;\psi_{VV}\,\nabla\cdot\mathbf{V} - dt\;\psi_{V\Phi}\,\nabla\cdot\boldsymbol{\Phi} + dt\;\psi_{V\Phi}\,q + dt\;\psi_{V\Phi}\,\phi \\[2ex] \rho(\mathbf{V}) = \rho_0\, e^{-dt\,\nabla\cdot\mathbf{V}} \end{cases}$$

Revenons sur l'équation de l'énergie; en tenant compte de l'expression du tenseur des contraintes pour un fluide newtonien l'équation de l'énergie s'écrit:

$$\rho\,\frac{de}{dt} = -\nabla\cdot\boldsymbol{\Phi} - p\,\nabla\cdot\mathbf{V} + q + \phi$$

avec ϕ la fonction de dissipation:

$$\phi = \lambda\;(\nabla\cdot\mathbf{V})^2 + 2\mu D_{ij}\frac{\partial V_i}{\partial x_j}$$

ou, en introduisant l'enthalpie

$$\rho \frac{dh}{dt} = -\nabla \cdot \boldsymbol{\Phi} + \frac{dp}{dt} + q + \phi$$

Finalement on obtient plusieurs formes équivalentes de l'équation de l'énergie dans une formulation en température:

$$\begin{cases} \rho\, c_p \left(\dfrac{\partial T}{\partial t} + \mathbf{V} \cdot \nabla T \right) = -\nabla \cdot \boldsymbol{\Phi} + \beta\, T \dfrac{dp}{dt} + q + \phi \\ \\ \rho\, c_v \left(\dfrac{\partial T}{\partial t} + \mathbf{V} \cdot \nabla T \right) = -\nabla \cdot \boldsymbol{\Phi} - \alpha\, p\, T\, \nabla \cdot \mathbf{V} + q + \phi \\ \\ \rho\, c_v \left(\dfrac{\partial T}{\partial t} + \mathbf{V} \cdot \nabla T \right) = -\nabla \cdot \boldsymbol{\Phi} - \dfrac{\beta\, T}{\chi_T} \nabla \cdot \mathbf{V} + q + \phi \end{cases}$$

L'une de ces formes de l'équation de l'énergie peut servir à relever la température mais les plus adaptées à une résolution couplée en variables $(\mathbf{V}, \boldsymbol{\Phi})$ restent les deux dernières formes où les divergences de $\mathbf{V}$ et $\boldsymbol{\Phi}$ sont quantités importantes qui traduisent les effets d'accumulation des flux. Elles interviennent directement et implicitement au sein des équations vectorielles.

11.3.3 Equations de conservation vectorielles

Le système d'équations sera reformulé en séparant les variables de flux de vitesse et de chaleur des variables intensives scalaires, température, pression, masse volumique.

En introduisant le coefficient de compressibilité χ_T lié aux coefficients de Lamé et en séparant les effets de compression des effets de viscosité on obtient une expression équivalente de l'équation de Navier-Stokes:

$$\begin{cases} \rho \dfrac{d\mathbf{V}}{dt} = -\nabla \left(p - \dfrac{dt}{\chi_T} \nabla \cdot \mathbf{V} \right) + \mathbf{f} + \nabla \cdot \left(\mu \left(\nabla \mathbf{V} + \nabla^t \mathbf{V} - \dfrac{2}{3} \nabla \cdot \mathbf{V}\, \mathbf{I} \right) \right) \\ \\ \dfrac{d\rho}{dt} + \rho\, \nabla \cdot \mathbf{V} = 0 \end{cases}$$

L'équation de l'énergie ne sera pas utilisée directement, elle servira uniquement au relèvement de la température à partir de la divergence des flux $\mathbf{V}$ et $\boldsymbol{\Phi}$.

$$\begin{cases} \varepsilon \dfrac{d\boldsymbol{\Phi}}{dt} + \boldsymbol{\Phi} = -k \nabla T \\ \\ \dfrac{dT}{dt} = -\left(\dfrac{\beta T}{\rho c_v \chi_T} \right) \nabla \cdot \mathbf{V} - \left(\dfrac{1}{\rho c_v} \right) \nabla \cdot \boldsymbol{\Phi} + \dfrac{q}{\rho c_v} + \dfrac{\phi}{\rho c_v} \end{cases}$$

Le paramètre ε doit être retenu lorsque les constantes de temps sont inférieures à $10^{-9}, 10^{-10}$ seconde pour lesquels les effets hyperboliques sont prédominants; pour des constantes de temps plus importantes ces effets peuvent être négligés et la loi de Fourier est alors retrouvée: $\boldsymbol{\Phi} = -k\nabla T$.

Pour autant il est nécessaire de retenir le caractère vectoriel du système où la variable est le flux $\boldsymbol{\Phi}$, la température devient quant à elle un lagrangien comme la pression.

Pour les inconditionnels des équations scalaires il est toujours possible de résoudre l'équation de l'énergie toujours en coordonnées lagrangiennes sous la forme implicite:

$$\frac{dT}{dt} = -\left(\frac{\beta T}{\rho c_v \chi_T} \right) \nabla \cdot \mathbf{V} - \left(\frac{1}{\rho c_v} \right) \nabla \cdot (-k \nabla T) + \frac{q}{\rho c_v} + \frac{\phi}{\rho c_v}$$

pour en tirer $\boldsymbol{\Phi} = -k\nabla T$.

Le système d'équations final est composé de deux équations de conservation de la quantité de mouvement et du flux. Le nouvel état de l'équilibre thermodynamique est fixé par les expressions de p et de T et des coefficients thermodynamiques.

$$\begin{cases} \rho \dfrac{d\mathbf{V}}{dt} = -\nabla \left(p_o - dt\, \psi_{VV} \nabla \cdot \mathbf{V} - dt\, \psi_{V\Phi} \nabla \cdot \boldsymbol{\Phi} - dt\, \psi_{Vq}\, q - dt\, \psi_{V\phi}\, \phi \right) + \mathbf{f} + \nabla \cdot \left(\mu \left(\nabla \mathbf{V} + \nabla^t \mathbf{V} - \dfrac{2}{3} \nabla \cdot \mathbf{V} \mathbf{I} \right) \right) \\ \\ \varepsilon \dfrac{d\boldsymbol{\Phi}}{dt} + \boldsymbol{\Phi} = -k \nabla \left(T_o - dt\, \psi_{\Phi V} \nabla \cdot \mathbf{V} - dt\, \psi_{\Phi\Phi} \nabla \cdot \boldsymbol{\Phi} - dt\, \psi_{\Phi q}\, q - dt\, \psi_{\Phi\phi}\, \phi \right) \\ \\ p = p_o - dt \left(\dfrac{1}{\chi_T} + \dfrac{\beta^2 T}{\rho c_v \chi_T^2} \right) \nabla \cdot \mathbf{V} - dt \left(\dfrac{\beta}{\rho c_v \chi_T} \right) \nabla \cdot \boldsymbol{\Phi} + dt \dfrac{\beta q}{\rho c_v \chi_T} + dt \dfrac{\beta \phi}{\rho c_v \chi_T} \\ \\ T = T_o - dt \left(\dfrac{\beta T}{\rho c_v \chi_T} \right) \nabla \cdot \mathbf{V} - dt \left(\dfrac{1}{\rho c_v} \right) \nabla \cdot \boldsymbol{\Phi} + dt \dfrac{q}{\rho c_v} + dt \dfrac{\phi}{\rho c_v} \\ \\ \rho = \rho_0\, e^{-dt \nabla \cdot \mathbf{V}} \\ \\ \textit{Propriétés}: \chi_T \;\; \underset{,}{\beta} \;\; \underset{,}{c_p} \;\; \underset{,}{c_v} \;\; \underset{,}{\mu} \;\; \underset{,}{k} \end{cases}$$

La résolution implicite des deux équations vectorielles permettent d'obtenir $\mathbf{V}$ et $\boldsymbol{\Phi}$; elles peuvent être résolues de manière couplées au sein du même système pour avoir la solution $(\mathbf{V}, \boldsymbol{\Phi})$. Le relèvement des autres variables (p, ρ, T) est réalisé explicitement. Les paramètres thermophysiques sont actualisés au mieux.

Cette étape permet ainsi le calcul lagrangien des différentes quantités, en suivant le système au cours du temps.

11.3.4 Etape eulérienne

La dernière étape concerne l'advection des quantités scalaires à partir des expressions des dérivées particulaires:

$$\begin{cases} \dfrac{\partial \mathbf{V}}{\partial t} = \dfrac{d\mathbf{V}}{dt} - \mathbf{V} \cdot \nabla \mathbf{V} \\ \dfrac{\partial T}{\partial t} = \dfrac{dT}{dt} - \mathbf{V} \cdot \nabla T \\ \dfrac{\partial p}{\partial t} = \dfrac{dp}{dt} - \mathbf{V} \cdot \nabla p \\ \dfrac{\partial \rho}{\partial t} = \dfrac{d\rho}{dt} - \mathbf{V} \cdot \nabla \rho \end{cases}$$

Cette dernière équation peut être remplacée par l'expression exacte sur ρ, $\rho = \rho_0 \, e^{-dt \, \nabla \cdot \mathbf{V}}$.

Le modèle permet ainsi d'obtenir la solution dans une formulation lagrange-euler où les effets thermodynamiques sont résolus dans la phase lagrangienne et l'advection dans la phase eulérienne.

11.3.5 La pression en incompressible

En incompressible il est toujours possible d'ajouter un terme source correspondant à un gradient d'une fonction quelconque dans l'équation de Navier-Stokes sans en changer la solution.

La décomposition de Hodge-Helmholtz permet de décomposer un vecteur de manière unique en trois champs sous la forme $\mathbf{V} = \mathbf{V}_\Phi + \mathbf{V}_\Psi + \mathbf{V}_h = \nabla \Phi + \nabla \times \Psi + \mathbf{V}_h$ où Φ est le potentiel scalaire et Ψ est le potentiel vecteur. Le champ $\mathbf{V}_h$ est à la fois à divergence et à rotationnel nuls. Il s'écrit $\mathbf{V}_h = \nabla \Phi_h = \nabla \times \Psi_h$.

Considérons une fonction scalaire $\Phi(\mathbf{x})$ et appliquons l'opérateur gradient pour obtenir un terme source volumique $\mathbf{F} = \nabla \Phi$ ajouté purement et simplement à l'équation de Navier-Stokes et ce terme est directement associé au ∇p existant. La solution en vitesse n'en est pas affectée mais la pression obtenue après résolution devient p^* tel que

$$p^* = p + \Phi$$

Cette nouvelle pression ne correspond évidemment pas à la pression thermodynamique, en incompressible la pression est un simple lagrangien.

Corrélativement on peut considérer que le potentiel vectoriel $\mathbf{V}_\Psi = \nabla \times \Psi$ est le véritable moteur du mouvement. La décomposition de Hodge-Helmholtz peut être appliquée à tous les termes sources de l'équation pour séparer les différentes composantes et éviter ainsi de mélanger des pressions d'ordre de grandeur très différentes. Par exemple la pression capillaire d'une gouttelette d'eau de $1\,\mu m$ est de l'ordre de $1\,bar$ alors que les variations de pression locales dans le fluide environnant peut être de l'ordre de $10^{-4}\,Pa$.

Cette partition des différents termes de l'équation de Navier-Stokes est fondamentale pour la compréhension des mécanismes d'échanges d'énergie notamment pour la turbulence.

11.3.6 Remarque sur la loi de Stokes

L'inégalité de Clausius-Duhem (voir les chapitres 2-4-10 et 2-4-11), a permis de fixer les conditions à respecter pour les valeurs des coefficient de Lamé μ et λ, les coefficients de viscosité de cisaillement et de compression. Si la viscosité de cisaillement est mesurable il n'en est pas de même de la viscosité de compression λ qui doit être compris d'après cette inégalité entre $-2/3\,\mu$ et l'infini [17]. G.G. Stokes en identifiant pression mécanique et pression thermodynamique aboutissait à la loi $3\,\lambda + 2\,\mu = 0$. Depuis la fin du 19ème siècle un certain nombre d'études ont alimenté des controverses sur l'extension de cette loi à tous les fluides sans que des mesures fiables puissent permettre de trancher sur sa validité.

L'analyse précédente permet d'identifier la viscosité de compression à partir de la viscosité de volume $\zeta = \lambda + 2/3\,\mu$. Alors que celle-ci est nulle d'après la loi de Stokes elle devient égale ici à :

$$\frac{3\,\lambda + 2\,\mu}{3} = \frac{dt}{\chi_T}$$

dans laquelle dt représente la constante de temps du phénomène, d'où l'expression de λ :

$$\lambda = \frac{dt}{\chi_T} - \frac{2}{3}\,\mu$$

La viscosité de compression n'est donc pas une quantité intrinsèque au fluide alors que χ_T est intrinsèque et parfaitement mesurable, quel que soit le milieu considéré, gaz, liquide ou solide; la viscosité de compression dépend de la constante du temps du phénomène. Par exemple l'impact d'un plongeur à la surface de l'eau n'aura pas les mêmes effets suivant que la hauteur du plongeon est d'un mètre ou de 20 m.

Les conséquences de ce constat sont importantes surtout aux grandes vitesses mais aussi à des vitesses plus faibles mais à petites constantes de temps, même pour les liquides. La propagation du son dans l'eau (à peine 4 fois la célérité du son dans l'air) est bien due au fait que l'eau est compressible.

La notion d'incompressibilité est donc surtout liée aux constantes de temps des phénomènes, elle n'est vraiment utilisable que lorsque celles-ci sont importantes, notamment en stationnaire. Mais l'analyse est plus complexe qu'il n'y paraît, celle-ci doit être réalisée directement au sein même de l'équation de Navier-Stokes. En fait c'est le produit $dt/\chi_T \nabla \cdot \mathbf{V}$ qui doit être comparé aux autres termes de cette équation. Au sein d'un même écoulement il peut apparaître des phénomènes très locaux et rapides, comme en turbulence par exemple, qui doivent impérativement être traités en compressible même si globalement l'écoulement peut paraître plutôt incompressible.

L'approche proposée est aussi cohérente pour les ondes de choc où l'entropie varie de manière considérable dans la zone du choc. De fait c'est la divergence de la vitesse qui devient localement très importante et le produit $dt/\chi_T \nabla \cdot \mathbf{V}$ est lui-même très important. Le phénomène est bien sûr irréversible, y compris en fluide parfait pour lequel $\mu = 0$. La fonction de dissipation dans l'équation de l'énergie devient en effet:

$$\phi = \lambda \ (\nabla \cdot \mathbf{V})^2$$

Si λ est d'ordre de grandeur de dt/χ_T on comprendra aisément l'importance de ce terme dans la dissipation au sein de la zone de choc y compris en fluide parfait. La propagation d'ondes de forte puissance de fréquence de 250 kHz dans l'eau a été étudiée en tenant compte de cette viscosité de compression, elle a permis de retrouver des résultats expérimentaux sur l'apparition de zones de cavitation dans le liquide.

L'atténuation du son dans les gaz aux hautes fréquences est ainsi explicable si on se réfère à l'expression de la viscosité de compression. Le lézard basilic (ou lézard Jésus-Christ) marche sur l'eau; sa grande vitesse de déplacement (11 km /h) lui permet de frapper l'eau avec ses pattes palmées et de ne pas s'enfoncer. Cette force qui lui permet de prendre appui sur l'eau pourrait être due aux effets compressibles.

De nombreux autres exemples ont été traités avec ce modèle multiphysique dont certains sont présentés dans le sous-chapitre suivant. Que la solution du problème soit purement analytique et donc comparée à celle du modèle ou bien numérique, le résultat est en cohérence avec la physique des phénomènes [23].

L'Histoire de la Mécanique des Fluides n'est pas encore écrite. Navier et un certain nombre de ses contemporains ont établi des lois de conservation incontournables et pour autant toutes les subtilités des liens existants entre les variables de flux et les potentiels ne sont pas encore biens comprises. Toutes les formulations de ces lois ne sont pas aptes à rendre compte de phénomènes complexes, mul-

tiphysiques, multiéchelles et multimatériaux. Le couplage des écoulements fluides avec la mécanique du solide, la diffusion des espèces, l'électromagnétisme, ... permettront d'améliorer la compréhension des équations de Navier-Stokes.

Bien sûr le système vectoriel basé sur le modèle multiphysique est plus compliqué et difficile à résoudre qu'un système aux dérivées partielles à coefficients constants. Mais la Nature est complexe, il faut s'y faire.

11.3.7 Comportement du modèle sur quelques exemples

11.3.7.1 Statique des fluides

On considère une cavité fermée remplie d'un fluide, gaz ou liquide dont les coefficients thermodynamiques sont connus. La pression initiale est constante égale à p_0 et la gravité est mise subitement égale à $\mathbf{g}$. L'équation de la statique des fluides permet de trouver la pression $p(z)$ (mais uniquement à une constante près) et la masse volumique $\rho(z)$.

Le modèle instationnaire présenté permet de simuler les évolutions des différentes quantités au cours du temps mais bien sûr aussi de retrouver le résultat de l'équilibre statique. L'intérêt de celui-ci réside dans le fait que tous les phénomènes physiques sont pris en compte lors de l'évolution : le fluide soumis à la gravité tombe dans la cavité à une certaine vitesse mais comme la paroi inférieure est imperméable ($\mathbf{V} \cdot \mathbf{n} = 0$) et que le fluide possède une compressibilité finie, des ondes se propagent dans celui-ci à la vitesse du son. Les variations de la pression s'atténuent très rapidement pour donner exactement la solution de l'équilibre statique.

Les résultats du modèle peuvent être comparés à ceux de l'équilibre statique pour des évolutions isothermes ou adiabatiques.

Equilibre incompressible

La température est égale à T_0 et la masse volumique est supposée constante et égale à ρ_0. L'équation de l'hydrostatique conduit à

$$p(z) = p_0 - \rho_0 \, g \, z$$

si la pression est définie en $z = 0$ et égale à p_0.

Gaz parfait en évolution isotherme

Si la température est maintenue à T_0, le fluide est barotrope $p = p(\rho)$.

$$\begin{cases} -\nabla p + \rho\, \mathbf{g} = 0 \\ p = \rho\, r\, T_0 = Cte\, \rho \end{cases}$$

La seconde équation permet d'écrire:

$$dp = r\, T_0\, d\rho$$

donc

$$\frac{dp}{dz} = r\, T_0\, \frac{d\rho}{dz} = -\rho\, g$$

La solution est la suivante:

$$p(z) = \rho\, g\, z$$

Gaz parfait en évolution adiabatique

On considère le système suivant :

$$\begin{cases} -\nabla p + \rho\, \mathbf{g} = 0 \\ \dfrac{p}{\rho^\gamma} = Cte \\ p = \rho\, r\, T \end{cases}$$

on pose

$$p = A\rho^\gamma = \frac{p_0}{\rho_0^\gamma}\, \rho^\gamma$$

La seconde équation donne :

$$dp = \frac{\gamma\, p}{\rho}\, d\rho$$

comme

$$\frac{dp}{dz} = \frac{dp}{d\rho}\, \frac{d\rho}{dz} = c^2\, \frac{d\rho}{dz} = \frac{\gamma}{\rho\, \chi_T}\, \frac{d\rho}{dz}$$

en fait on ne peut rien en faire car $\chi_T = 1/p$.

et

$$\begin{cases} \dfrac{dp}{dz} = -\rho\, g \\[2ex] \dfrac{dp}{dz} = \dfrac{\gamma p}{\rho} \dfrac{d\rho}{dz} = \dfrac{\gamma A \rho^{\gamma}}{\rho} \dfrac{d\rho}{dz} \end{cases}$$

soit

$$\rho^{\gamma-2} d\rho = -\frac{g}{A\gamma} dz$$

la solution est donc :

$$\rho(z) = \left(-\frac{g\,(\gamma-1)}{A\gamma} z + B \right)^{\frac{1}{\gamma-1}}$$

la pression est quant à elle :

$$p(z) = \left(-\frac{g\,(\gamma-1)}{A\gamma} z + B \right)^{\frac{\gamma}{\gamma-1}}$$

La constante B reste à déterminer par une condition, condition à la limite ou conservation de la masse dans la cavité.

La température peut être déterminée par l'équation d'état. Sa distribution correspond à une évolution isentropique, sans échange avec l'extérieur (et sans diffusion interne).

A l'instant initial la pression est constante et la vitesse est nulle, la solution de ce problème est alors $v(z) = -\Delta t\, g$ qui ne satisfait pas aux conditions aux limites du problème. Si elles sont maintenues sur des plans horizontaux alors c'est la divergence qui n'est pas nulle. C'est le champ de divergence locale qui permet de remonter la pression à sa valeur d'équilibre.

Dans le cas où la contrainte est appliquée lors de la résolution alors la pression correspond à sa valeur d'équilibre instantanément.

11.3.7.2 Injection isotherme

Le cas consiste à injecter un fluide compressible unique dans une cavité fermée à vitesse faible et à observer les évolutions de la masse volumique et de la pression au cours du temps. La compression du gaz parfait est supposée être très lente et isotherme à la température de référence T_0. Le fluide injecté dans la cavité est toujours de masse volumique ρ_0. La masse volumique, la température et la pression sont uniformes dans tout le domaine.

La masse de fluide contenue dans la cavité est de

$$m(t) = m_0 + \rho_0 V_0 S t$$

ou, pour un temps $\Delta t = t - t_0$:

$$m = m_0 + \Delta t \, \rho_0 \, V_0 \, S$$

La masse volumique moyenne est :

$$\rho(t) = \frac{\rho_0 + \rho_0 \, \Delta t \, \rho_0 \, V_0 \, S_0}{V} = \rho_0 \left(1 + \frac{V_0 \, S}{V} \Delta t\right)$$

où V est le volume de la cavité.

Mais

$$\nabla \cdot \mathbf{V} = -\frac{V_0 \, S}{V}$$

Soit

$$\rho = \rho_0 \, (1 - \Delta t \, \nabla \cdot \mathbf{V})$$

Comme on considère un gaz parfait $p = \rho \, r \, T_0$ la pression s'écrit quant à elle :

$$p = p_0 \, (1 - \Delta t \, \nabla \cdot \mathbf{V})$$

ou bien encore, comme $\chi_T = 1/p$ en gaz parfait :

$$p = p_0 - \frac{\Delta t}{\chi_T} \nabla \cdot \mathbf{V}$$

Cette expression généralise le cas du gaz parfait aux gaz quelconques.

On constate donc que la solution théorique correspond exactement à la solution du modèle (Fig. 11.8).

11.3.7.3 Injection adiabatique

Commençons par injecter très lentement le même fluide que celui existant dans le domaine avec une vitesse V_0 à travers une surface S pendant un laps de temps τ. La masse volumique du fluide injecté est, à chaque instant, la même que celle du fluide déjà présent dans l'enceinte.

La divergence globale uniforme de la vitesse est ainsi :

$$\nabla \cdot \mathbf{V} = -\frac{V_0 \, S}{[\Omega]}$$

La solution de ce problème, obtenue en considérant l'évolution comme adiabatique et le gaz parfait, est simple et donne les évolutions des variables du problème :

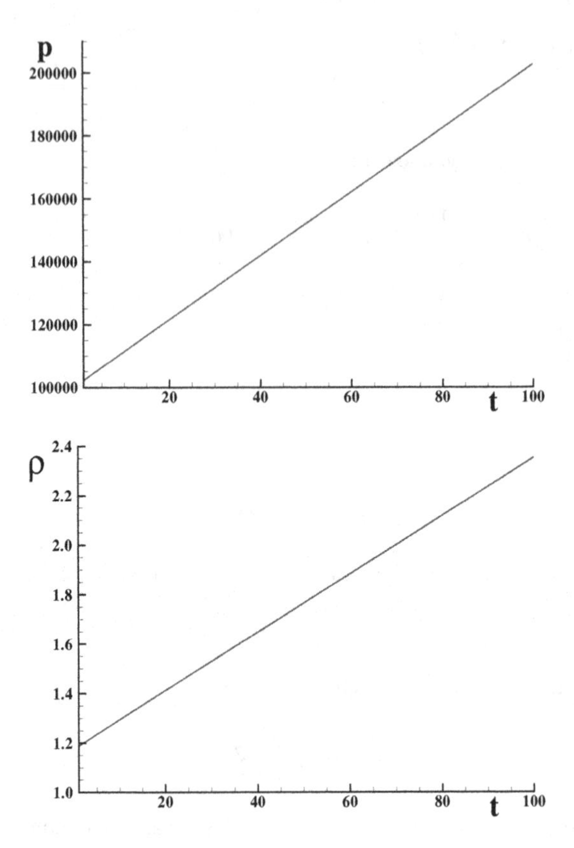

Fig. 11.8 Evolutions de la pression et de la masse volumique pour une injection isotherme

$$\begin{cases} p_1 = p_0\, e^{-\gamma \nabla \cdot \mathbf{V}\, \tau} \\ \rho_1 = \rho_0\, e^{-\nabla \cdot \mathbf{V}\, \tau} \\ T_1 = T_0\, e^{-(\gamma-1)\, \nabla \cdot \mathbf{V}\, \tau} \end{cases}$$

On injecte un fluide dans une cavité parfaitement isolée de l'extérieur avec une vitesse constante V_0. La masse volumique, la pression et la température du fluide injecté sont dans les conditions thermodynamiques déjà existantes dans la cavité. La compression est adiabatique réversible si l'injection est infiniment lente.

L'évolution peut être décrite par :

$$p/\rho^\gamma = Cte$$

La variation de masse volumique est égale à :

$$d\rho = \rho\, V_0\, S\, dt$$

L'intégration donne :

$$\rho = \rho_0\, e^{V_0 S t}$$

Comme :

$$\frac{V_0\, S}{V} = -\nabla \cdot \mathbf{V}$$

on a :

$$\rho = \rho_0\, e^{-\nabla \cdot \mathbf{V}\, t}$$

La pression s'écrit quant à elle :

$$\frac{p}{p_0} = \left(\frac{\rho}{\rho_0}\right)^{\gamma} = e^{-\gamma \nabla \cdot \mathbf{V}\, t}$$

La température est déduite de l'équation d'état $p = \rho\, r\, T$.

$$\frac{T}{T_0} = \frac{p}{p_0}\frac{\rho_0}{\rho} = \left(\frac{\rho_0}{\rho}\right)^{\gamma-1} = \left(\frac{p}{p_0}\right)^{\frac{\gamma-1}{\gamma}}$$

Si le pas de temps Δt est petit on peut développer l'exponentielle :

$$\frac{p}{p_0} = 1 - \gamma \nabla \cdot \mathbf{V}\, \Delta t + O(\Delta^2 t)$$

Pour une transformation adiabatique on a donc :

$$p = p_0 - \frac{\gamma \Delta t}{\chi_{T0}} \nabla \cdot \mathbf{V}$$

La figure 11.9 montre les évolutions de la pression et de la température au cours du temps. Les essais numériques montrent effectivement que l'ordre deux en temps a été obtenu avec le modèle sur la pression et la masse volumique et en conséquence sur la température (Tab. 11.1).

Injection quelconque dans une cavité

On constate que les expressions de l'évolution de la pression dans le cas isotherme et en évolution adiabatique sont les mêmes. Elle s'écrit finalement:

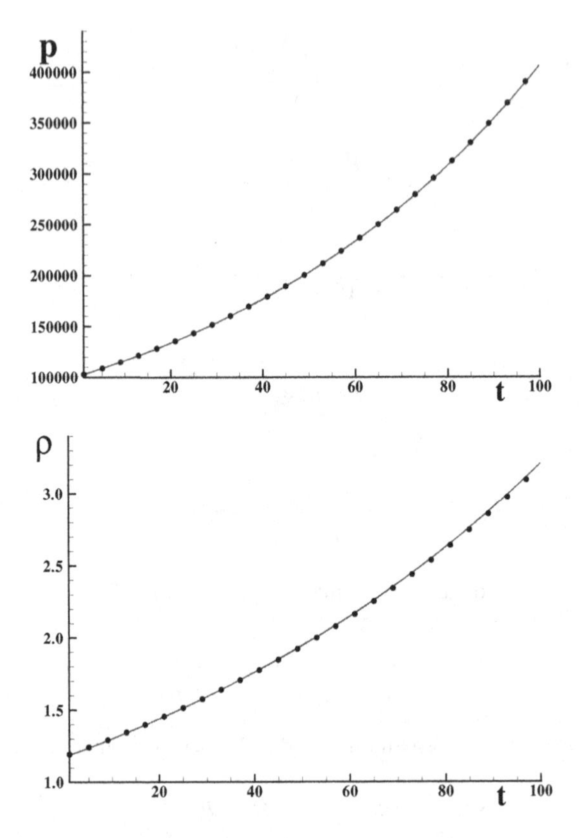

Fig. 11.9 Evolutions de la pression et de la masse volumique au cours du temps; trait : analytique et points : numérique.

Tableau 11.1 Injection adiabatique dans une cavité; convergence en temps; les erreurs relatives sont calculées à partir de la solution théorique.

N	ρ	p
10	$0.90354\,10^{-2}$	$0.90354\,10^{-2}$
1	$0.96624\,10^{-4}$	$0.91711\,10^{-4}$
0.1	$0.88953\,10^{-6}$	$0.88952\,10^{-3}$
0.01	$0.97\,10^{-8}$	$0.97\,10^{-8}$
Ordre	2	2

$$p^{n+1} = p^n - \frac{\gamma \Delta t}{\chi_T} \nabla \cdot \mathbf{V}$$

Pour une évolution isotherme $\gamma = 1$, pour une transformation adiabatique $\gamma = c_P/c_v$ et pour une transformation polytropique $\gamma = k$.

11.3.7.4 Chauffage d'une cavité

Une cavité remplie d'air considéré comme un gaz parfait est portée de $T_0 = 300$ à $T_1 = 400$ par mise en température par les deux parois verticales. La pression initiale est $p_0 = 101325\, Pa$ et la masse volumique est égale à $\rho_0 = 1.176829$.

La solution théorique est :

$$\begin{cases} p_1 = \rho_0 \, r \, T_1 = 1.1768292 \cdot 287 \cdot 400 = 135100 \\ \rho_1 = \rho_0 \\ T_1 = 400 \end{cases}$$

soit $\Delta p = 33775\, Pa$.

Tableau 11.2 Chauffage d'une cavité; convergence en espace avec un pas de temps de $\Delta t = 0.1s$.

N	$(p_1 - p_0)$	$(p_1 - p_0)/(p_{th} - p_0)$
4	22279	$3.4037\, 10^{-2}$
8	27615	$1.8238\, 10^{-2}$
16	30603	$9.3915\, 10^{-3}$
32	32211	$4.6306\, 10^{-3}$
64	33027	$2.2146\, 10^{-3}$
128	33422	$1.0451\, 10^{-3}$
256	33612	$4.8260\, 10^{-4}$
512	33707	$2.0133\, 10^{-4}$
1024	33751	$7.1058\, 10^{-5}$
Ordre	1.11	1.11
Théorique	33775	-

La solution numérique obtenue avec un maillage régulier et un pas de temps de $\Delta t = 0.1s$ pour une cavité de $H = 0.1$ permet de trouver une pression $p_1 - p_0$ qui dépend de l'approximation spatiale.

La précision dépend des pas de temps et d'espace. Le fort couplage en temps et en espace ne permet d'atteindre que l'ordre un (Tab. 11.2).

Ce problème est complexe : le fluide est chauffé par les parois par diffusion dans un premier temps; La dilatation du fluide générée par ce chauffage va engendrer des effets thermoacoustiques importants dans les tous premiers instants du chauffage. Des ondes acoustiques vont donc évoluer à la vitesse du son dans la cavité et se réfléchir sur la paroi opposée pour établir après quelques instants une solution stationnaire et uniforme.

A aucune étape de la résolution la conservation de la masse est invoquée, la masse de fluide dans la cavité est conservée intrinsèquement. De même la loi d'état n'est pas utilisée, seuls les coefficients thermodynamiques, β, χ_T, sont à actualiser localement.

11.3.7.5 Tube à choc

Le problème physique

Le but est de tester le modèle compressible diphasique sur une configuration à plus grande vitesse avec la présence de discontinuités. Le modèle compressible permet déjà de simuler des écoulements avec discontinuités de contact comme des interfaces liquide-gaz, l'objectif est de savoir si celui-ci peut prendre en compte des ondes de choc.

La méthodologie lagrangienne-eulerienne est basée sur une formulation non conservative de manière à représenter des écoulements où les variations de la masse volumiques sont dues à la fois à l'advection des phases et aux variations thermodynamiques locales. Ce modèle permet de traiter des phénomènes multiphysiques, écoulements, ondes, thermique, élasticité linéaire... par exemple des transferts thermiques avec changement de phase en présence d'un front de solidification ou de fusion.

Traditionnellement ce cas test correspondant à l'un des problèmes de Riemann est résolu numériquement à partir d'un système d'équations écrites en variables conservatives par un schéma approprié (Lax-Wendroff, Osher, Van Leer, Roe, Mc Cormack, Garlerkin discontinu, etc.). La méthodologie à maillages décalés basée sur une formulation non conservative est testée ici sur un cas de discontinuité de type choc.

Tube de Sod

Le cas un problème 1D a été choisi, celui du tube à choc, nommé tube de Sod comme son auteur; un canal fermé aux deux extrémités est séparé en deux par un opercule. La pression en aval est maintenue à la pression p_R tandis que la pression en amont est augmentée jusqu'à la rupture du diaphragme. La pression est alors égale à p_L.

La figure 11.10 montre le schéma du tube à choc, les conditions initiales sont les suivantes: $p_L = 1$, $\rho_L = 1$, $p_R = 0.1$, $\rho_R = 0.125$, $u_L = u_R = 0$.

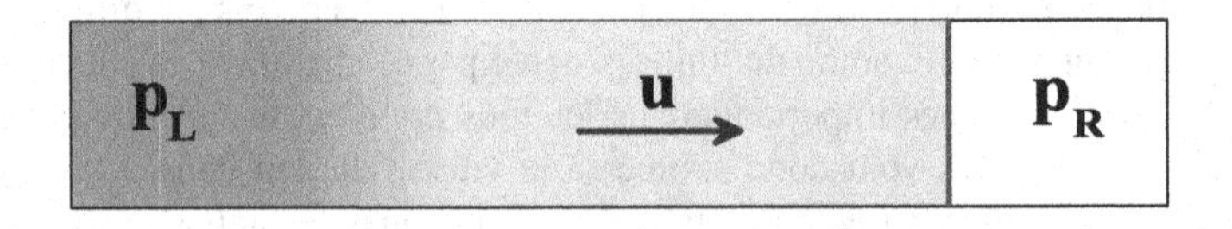

Fig. 11.10 Champ de pression dans le tube à choc pour des conditions amont et aval : p_L et p_R; on schématise la formation d'une onde de raréfaction à gauche et d'une onde de choc à droite.

La comparaison entre la théorie et les résultats numérique est réalisée à partir des références de la littérature, abondante sur ce sujet.

La figure 11.11 montre les résultats obtenus avec le modèle compressible pour un nombre points de $N = 1000$. Les variations de la pression, de la masse volumique et de la vitesse numériques et théoriques sont données pour un temps de $t = 0.2$.

Le modèle présenté permet de dissocier les influences des différents effets thermodynamiques sur l'évolution de la pression de la phase de transport eulérienne. Notamment l'évolution de la divergence de la vitesse entre les temps t et $t + dt$ permet de remonter la pression implicitement lors de la résolution de l'équation de Navier-Stokes. De même la masse volumique et la température sont évalués pendant la phase lagrangienne.

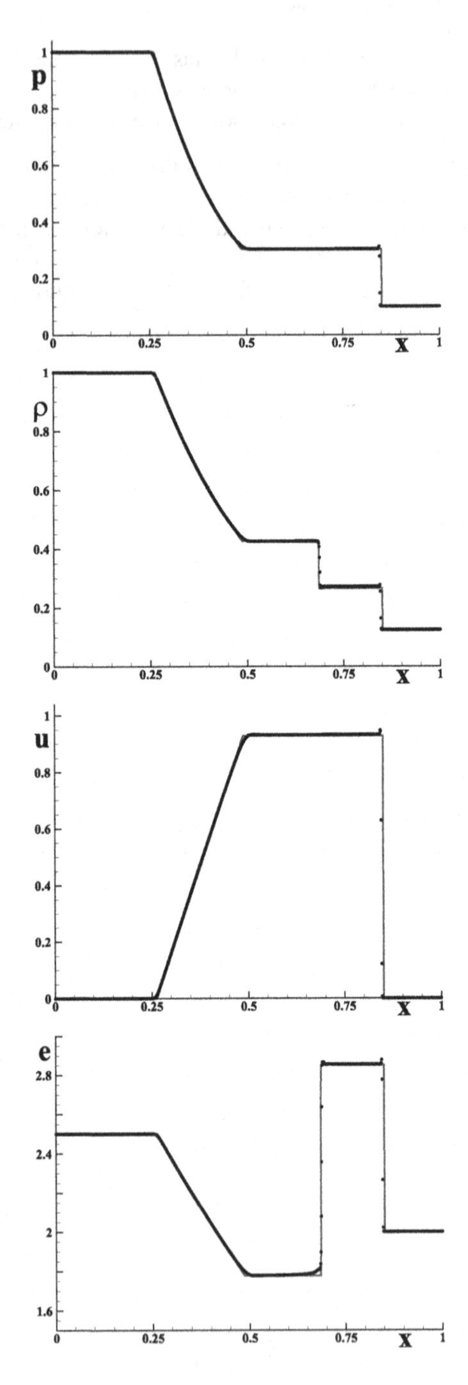

Fig. 11.11 Evolutions de la pression, de la vitesse, de la masse volumique, et de l'énergie interne avec N = 1000. Conditions amont-aval : $p_L = 1$, $\rho_L = 1$, $p_R = 0.1$, $\rho_R = 0.125$, $u_L = u_R = 0$; pas de temps $\delta t = 2\,10^{-5}$, solution à $t = 0.2$; courbe : solution théorique et points : simulation.

11.3.7.6 Production de chaleur dans une cavité

Considérons une cavité fermée non déformable contenant de l'air considéré comme un gaz parfait à la température initiale T_0 et à la pression p_0. Un flux de chaleur uniforme est directement produit dans l'air par un moyen approprié. On notera q la production volumique constante pendant un temps dt. Une fois l'équilibre obtenu (toutes quantités uniformes dans la cavité) on cherchera la température finale T_1 et la pression finale p_1 et on vérifiera que la masse volumique est égale la la valeur initiale.

$$\begin{cases} \rho_1 = \rho_0 \\ T_1 = T_0 + \dfrac{q}{\rho\, c_v}\, dt \neq T_0 + \dfrac{q}{\rho\, c_p}\, dt \\ p_1 = \rho\, r\, T_1 \end{cases}$$

Pour ce problème on peut remarquer que les effets correspondant à l'advection sont nuls et que le flux $\boldsymbol{\Phi}$ est aussi égal à zéro. Les différentes quantités T, p, ρ sont uniformes dans la cavité. Seuls les variations temporelles peuvent être prises en compte. Pour autant il est nécessaire de calculer la vitesse et sa divergence au cours du temps.

Dans ces conditions on peut reprendre les deux formes de l'équation de l'énergie

$$\begin{cases} \rho\, c_v \dfrac{dT}{dt} = -\dfrac{\beta\, T}{\chi_T} \nabla \cdot \mathbf{V} + q \\ \rho\, c_p \dfrac{dT}{dt} = \beta\, T \dfrac{dp}{dt} + q \end{cases}$$

La question est de savoir si ces deux équations conduisent au même résultat. En repartant de la seconde forme on peut exprimer la dérivée particulaire sur la pression

$$\frac{dp}{dt} = -\psi_{VV}\, \nabla \cdot \mathbf{V} - \psi_{V\Phi}\, \nabla \cdot \boldsymbol{\Phi} + \psi_{V\Phi}\, q + \psi_{V\Phi}\, \phi$$

En négligeant la fonction de dissipation et en considérant que le fluide est un gaz parfait on a

$$\frac{dp}{dt} = -\frac{\gamma}{\chi_T} \nabla \cdot \mathbf{V} + \frac{\beta}{\rho\, c_v\, \chi_T}\, q$$

Comme, pour un gaz parfait:

$$\frac{\beta^2\, T}{\rho\, c_v\, \chi_T} = \gamma - 1$$

on retrouve bien

$$\frac{dT}{dt} = -\frac{\beta T}{\rho c_v \chi_T} \nabla \cdot \mathbf{V} + \frac{1}{\rho c_v} q$$

Ce cas test est très intéressant car il montre qu'un simple problème de thermique peut conduire à une solution complexe. La résolution de ces deux formes de l'équation de l'énergie conduisent bien sûr au même résultat. Celui-ci correspond bien à une évolution à volume constant comme la cavité est non déformable. Dans le cas général les évolutions ne se font ni à pression constante ni à volume constant les modèles simplistes sont incapables de rendre compte de l'évolution réelle. En effet pour des systèmes ouverts la conservation de la masse au sein du système n'est pas une contrainte. Dans le modèle proposé elle est conservée intrinsèquement et localement.

11.3.7.7 Opalescence critique

Le modèle diphasique compressible en formulation non conservative permet de rendre compte d'un certain nombre de phénomènes dynamiques, thermiques et thermodynamiques; il a été partiellement validé sur des cas très simples mais néanmoins représentatifs de transformations thermodynamiques en écoulements monophasiques ou diphasiques. Il peut être utilisé par exemple pour simuler des écoulements de fluides en phase supercritique ou transcritique.

Le cas test choisi s'apparente à l'expérience de Natterer, où du CO_2 contenu dans un tube de verre dans des conditions de pression et de température proches du point critique C se transforme en deux phases. Lorsque la température du tube d'essai est diminuée de quelques degrés (Fig. 11.12) il est observé l'apparition d'une zone médiane translucide appelée opalescence critique qui se transforme progressivement en interface liquide-vapeur.

La condition initiale figuré par le point S correspond à fluide sous forme de vapeur dont la masse volumique est égale à la masse volumique au point critique C mais dont la température est de $1\,K$ au-dessus du point critique; le fluide est en phase dite supercritique. La température est diminuée progressivement et la masse volumique de la vapeur est toujours égale à ρ_C tant que la température est au-dessus du point critique soit $T_C = 305.14\,K$ pour le CO_2. Lorsque le point critique est atteint il apparaît deux phases qui se séparent sous l'effet de la gravité, le liquide descend et la vapeur monte alors que la phase intermédiaire reste dans la partie médiane. Celle-ci est composée d'un brouillard de fines gouttelettes qui sédimentent lentement vers le bas alors que la vapeur s'accumule vers le haut. On constate expérimentalement la formation d'une opalescence qui diffracte la lumière incidente.

Le modèle compressible est utilisé pour représenter ce phénomène à partir des propriétés du CO_2 fournies par des lois d'état ou mieux par des tables très précises. Ces tables fournissent tous les coefficients thermodynamiques notamment les co-

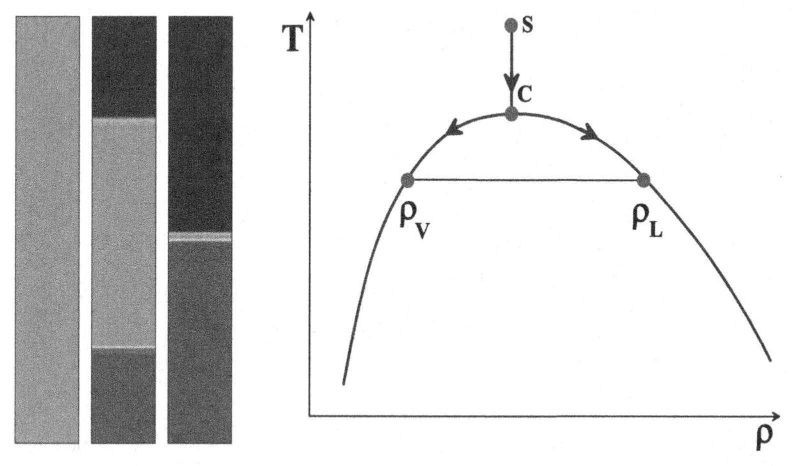

Fig. 11.12 Transcritique: formation d'une interface lors du refroidissement d'un fluide autour de son point critique; évolution de la masse volumique au cours du temps conduisant à deux phases séparées, liquide et vapeur de masse volumique ρ_L et ρ_V.

efficients de compressibilité χ_T et de dilatation β en fonction de deux variables d'état, ici la température et la masse volumique. Au point critique mais aussi dans la zone diphasique ces deux propriétés divergent vers l'infini alors que le rapport $\beta / \chi_T = \alpha \, p$ est constant. Les phases liquide et vapeur sont homogènes de masse volumique ρ_L et ρ_V; leurs coefficients de compressibilité deviennent finis et très faibles en dehors de la zone diphasique, elles sont quasiment incompressibles. Par contre la zone intermédiaire formée d'un brouillard peut être considérée dans le modèle comme une phase hypercompressible, infiniment compressible en toute rigueur puisque toute variation de pression engendre une variation infinie de la masse volumique. Lorsque les phases denses sont obtenues le CO_2 redevient incompressible. Le processus est entretenu par les forces de gravité qui génèrent une vitesse d'ensemble vers le bas dans la zone du brouillard.

La sédimentation complète du brouillard conduit à la formation d'une interface fine et à l'arrêt des mouvements de sédimentation. La vitesse devient strictement nulle et la masse totale des deux phases du CO_2 est bien sûr égale à la masse initiale.

11.3.7.8 Couplage fluide-structure

L'équilibre d'un solide est donné par

$$\nabla \cdot \sigma + \mathbf{f} = 0$$

σ est le tenseur des contraintes et $\mathbf{f}$ est une force volumique avec

$$\sigma = \lambda \, (tr \, \varepsilon) \, \mathbf{I} + 2 \, \mu \, \varepsilon$$

où λ et μ sont les coefficients de Lamé.

Le tenseur des déformations est :

$$\varepsilon = \frac{1}{2} \left(\nabla \mathbf{V} + \nabla^t \mathbf{V} \right) = 0$$

où $\mathbf{V}$ est le vecteur déplacement.

Les équations de Navier s'écrivent :

$$\begin{cases} \nabla (\lambda \, \nabla \cdot \mathbf{V}) + \nabla \cdot \left(\mu . (\nabla \mathbf{V} + \nabla^t \mathbf{V}) \right) = 0 \\ \mathbf{V} \, |_{\Sigma} = 0 \end{cases}$$

Pour un matériau isotrope en déformation plane, les coefficients de Lamé s'expriment à partir du module d'Young E et du coefficient de Poisson ν :

$$\begin{cases} \lambda = \dfrac{E \, \nu}{(1+\nu)\,(1-2\,\nu)} \quad 2\mu = \dfrac{E}{(1+\nu)} \\ E = \dfrac{\mu(3\,\lambda + 2\,\mu)}{\lambda + \mu} \quad \nu = \dfrac{\lambda}{2\,(\lambda + \mu)} \end{cases}$$

On considère un problème d'élasticité plane simple : une plaque d'acier carrée est encastrée sur une base immobile sur sa surface inférieure et maintenue par une embase rigide sur sa surface supérieure (Fig. 11.13). La plaque d'acier est soumise à un déplacement vertical fixé $V_z = V_0$ à l'aide de l'embase.

Lorsque le déplacement est imposé verticalement le matériau se rétracte horizontalement. La résolution de ce problème conduit à la connaissance des déplacements, et éventuellement des contraintes. Le calcul de la déformée peut aussi être visualisé en amplifiant les déplacements.

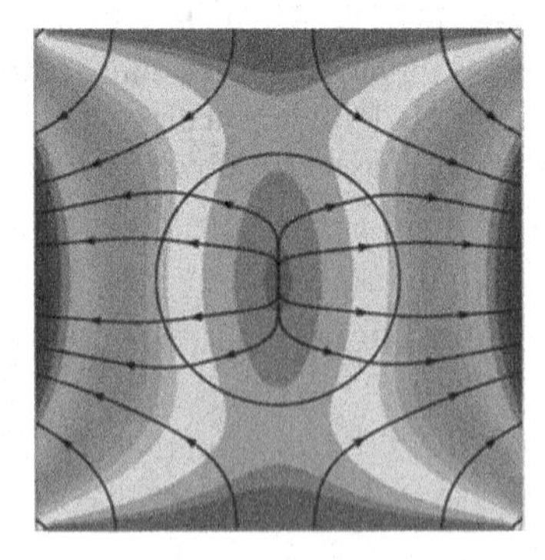

Fig. 11.13 Plaque comportant deux matériaux élastiques, contraintes dans le matériau composite et trajectoires du vecteur déplacement.

Le modèle présenté permet de calculer non seulement la vitesse d'un fluide ou le déplacement d'un solide élastique mais aussi de fournir le résultat d'un couplage fluide structure où vitesse et déplacement d'un matériau hétérogène sont calculés simultanément, par l'équation de Navier-Stokes. Ce couplage dit monolithique permet de remonter les valeurs des lagrangiens, la pression pour un fluide homogène et le tenseur des contraintes résiduelles pour le solide. Pour un problème stationnaire la vitesse devient constante tandis que les déplacements deviennent nuls.

Bien d'autres problèmes physiques ont été résolus par cette approche par exemple des écoulements multiphasiques d'eau et d'air ou bien d'acier et de gaz où chaque phase possède ses propres coefficients thermodynamiques. L'utilisation de ce modèle permet de s'approcher au mieux de la réalité, un fluide gaz ou liquide par exemple n'est jamais strictement incompressible; le fait d'adopter cette contrainte d'incompressibilité est inutile et conduit à des incohérences physiques.

La propagation d'ondes ultrasonores, d'ondes de choc, de fronts de solidification, de phénomènes thermoacoustiques, de thermodiffusion ou la diffusion de mélanges multiconstituants sont autant de problèmes qui sont traités suivant cette même approche.

Annexe A : Formulaire

- Dérivée particulaire d'un scalaire

$$\frac{ds}{dt} = \frac{\partial s}{\partial t} + \mathbf{V} \cdot \nabla s$$

- Dérivée particulaire d'une intégrale de volume

$$\frac{d}{dt} \iiint_{\Omega} s \, dv = \iiint_{\Omega} \frac{\partial s}{\partial t} + \nabla \cdot (s \, \mathbf{V}) dv$$

$$\frac{d}{dt} \iiint_{\Omega} s \, dv = \iiint_{\Omega} \frac{ds}{dt} + s \nabla \cdot \mathbf{V} dv$$

- Conservation de la masse

$$\begin{cases} \dfrac{\partial \rho}{\partial t} + \nabla \cdot (\rho \, \mathbf{V}) = 0 \\ \\ \dfrac{d\rho}{dt} + \rho \nabla \cdot \mathbf{V} = 0 \end{cases}$$

- Fluide newtonien

$$\begin{aligned} \sigma_{ij} &= -p \, \delta_{ij} + \tau_{ij} \\ &= -p \, \delta_{ij} + \lambda \, \nabla \cdot \mathbf{V} \delta_{ij} + 2\mu D_{ij} = -p \, \delta_{ij} + \lambda \, \nabla \cdot \mathbf{V} \delta_{ij} + \mu \left(\mathbf{V}_{i,j} + \mathbf{V}_{j,i} \right) \\ \sigma &= -p \mathbf{I} + \lambda \, \nabla \cdot \mathbf{V} \mathbf{I} + \mu \left(\nabla \mathbf{V} + \nabla^T \mathbf{V} \right) \end{aligned}$$

- Equations de Navier-Stokes

$$\begin{cases} \rho \left(\dfrac{\partial V_i}{\partial t} + V_j \dfrac{\partial V_i}{\partial x_j} \right) = -\dfrac{\partial p}{\partial x_i} + \rho \, g_i + \dfrac{\partial}{\partial x_i} \left(\mu \left(\dfrac{\partial V_i}{\partial x_j} + \dfrac{\partial V_j}{\partial x_i} \right) \right) + \dfrac{\partial}{\partial x_j} \left(\lambda \, \dfrac{\partial V_i}{\partial x_i} \right) \\ \\ \rho \left(\dfrac{\partial \mathbf{V}}{\partial t} + \mathbf{V} \cdot \nabla \mathbf{V} \right) = -\nabla p + \rho \, \mathbf{g} + \nabla \cdot \left(\mu \left(\nabla \mathbf{V} + \nabla^T \mathbf{V} \right) \right) + \nabla \left(\lambda \, \nabla \cdot \mathbf{V} \right) \\ \\ \rho \left(\dfrac{\partial \mathbf{V}}{\partial t} + \dfrac{1}{2} \left(\nabla \mathbf{V} \right)^2 + \nabla \times \mathbf{V} \times \mathbf{V} \right) = -\nabla p + \rho \, \mathbf{g} + \nabla \cdot \left(\mu \left(\nabla \mathbf{V} + \nabla^T \mathbf{V} \right) \right) + \nabla \left(\lambda \, \nabla \cdot \mathbf{V} \right) \end{cases}$$

J.-P. Caltagirone, *Physique des Écoulements Continus*,
Mathématiques et Applications 74, DOI: 10.1007/978-3-642-39510-9,

- Equations de l'Energie

$$\rho\, c_p \left(\frac{\partial T}{\partial t} + \mathbf{V}\cdot\nabla T\right) = \nabla\cdot(\lambda \nabla T) + q + \beta\, T \frac{dp}{dt} + \Phi$$

$$\Phi = -\frac{2}{3}\mu\left(\frac{\partial \mathbf{V}_i}{\partial x_i}\right)^2 + 2\mu D_{ij}\frac{\partial \mathbf{V}_i}{\partial x_j}$$

- Théorème de quantité de mouvement

$$\left|\frac{\partial(\rho\,\mathbf{V})}{\partial t}\right]_{\Omega} + [\rho\,\mathbf{V}(\mathbf{V}\cdot\mathbf{n})]_{\Sigma} = [\mathbf{f}(M)]_{\Omega} + [\mathbf{T}(M,\mathbf{n})]_{\Sigma}$$

- Théorème de l'Energie cinétique

$$\frac{d}{dt}\iiint_{\Omega}\rho\,\frac{V_i^2}{2}dv = \iiint_{\Omega} f_i V_i dv + \iint_{\Sigma} V_i\,\sigma_{ij}\,n_j ds - \iiint_{\Omega}\sigma_{ij}\frac{\partial V_i}{\partial x_j}dv$$

- Premier théorème de Bernouilli

$$\frac{V^2}{2} + h + U_m = Cte\ sur\ une\ ligne\ de\ courant$$

- Théorème de Bernouilli pour un écoulement incompressible oú $U_m = g\,z$

$$\rho\frac{V^2}{2} + p + \rho\, g\, z = Cte\ sur\ une\ ligne\ de\ courant$$

- Ecoulements irrotationnels; advection-diffusion de la rotation

$$\rho\left(\frac{\partial \omega}{\partial t} + \nabla\times(\omega\times\mathbf{V})\right) = \mu\nabla^2\omega$$

- Paramètres de similitude

$$Re = \frac{\rho\, V_0 D}{\mu},\ M = \frac{V_0}{c},\ Fr = \frac{V_0^2}{g D},\ Pr = \frac{\mu\, c_p}{\lambda},\ Ra = \frac{g\,\beta \Delta T\, D^3}{\nu\, a},\ \gamma = \frac{c_p}{c_v}$$

- Equation de Stokes

$$\begin{cases} \nabla\cdot\mathbf{V} = 0 \\ -\nabla p + \mu\nabla^2\mathbf{V} = 0 \\ ou\ \ \nabla^4\psi = 0 \end{cases}$$

- Ecoulements en milieux poreux, loi de Darcy, équation de l'énergie

$$\begin{cases} -\nabla p + \rho\,\mathbf{g} - \dfrac{\mu}{\mathbf{K}}\mathbf{V} = 0 \\ (\rho\,c_p)_f\,\dfrac{\partial T}{\partial t} + (\rho\,c_p)^*\,\mathbf{V}\cdot\nabla T = \nabla\cdot(\lambda\nabla T) + q \end{cases}$$

- Couche limite, définitions

$$\text{ep. de deplacement}\ \delta_* = \int_0^\delta \left(1 - \frac{\rho\,u}{\rho_e\,u_e}\right) dz$$
$$\text{ep. de qte de mouvemment}\ \theta = \int_0^\delta \frac{\rho u}{\rho_e u_e}\left(1 - \frac{u}{u_e}\right) dz$$

- Equations de la couche limite

$$\begin{aligned} \frac{\partial u}{\partial x} + \frac{\partial w}{\partial z} &= 0 \\ u\frac{\partial u}{\partial x} + w\frac{\partial u}{\partial z} &= -\frac{1}{\rho}\frac{\partial p}{\partial x} + \nu\frac{\partial^2 u}{\partial z^2} \\ u\,\frac{\partial T}{\partial x} + w\,\frac{\partial T}{\partial z} &= \frac{\lambda}{\rho\,c_p}\frac{\partial^2 T}{\partial z^2} \\ \frac{\partial p}{\partial z} &= 0 \\ p + \frac{1}{2}\rho u_e^2 &= Cte\ \text{a l'exterieur} \end{aligned}$$

- Equation de Blasius

$$\begin{gathered} 2\,f''' + f\,f'' = 0 \\ f'(0) = 0,\ \ f(0) = 0,\ \ f'(\infty) = 1 \end{gathered}$$

- Turbulence : hypothèse de Boussinesq

$$k = 0.5u_i'u_i',\ \ \varepsilon = \nu\frac{\partial u_i'}{\partial x_j}\frac{\partial u_i'}{\partial x_j}$$
$$-\rho\left(\mathbf{v}'\otimes\mathbf{v}' - \frac{2}{3}kI\right) = \mu_t\left(\nabla\mathbf{V} + \nabla^t\mathbf{V} - \frac{2}{3}\nabla\cdot\mathbf{V}\,I\right)$$

- Modèle $(k-\varepsilon)$

$$\begin{aligned} &\frac{\partial k}{\partial t} + \mathbf{V}\cdot\nabla k = \nabla\cdot\left(\left(\nu + \frac{\nu_t}{\sigma_k}\right)\nabla k\right) + \nu_t\nabla\mathbf{V} : (\nabla\mathbf{V} + \nabla^t\mathbf{V}) - \varepsilon \\ &\frac{\partial \varepsilon}{\partial t} + \mathbf{V}\cdot\nabla\varepsilon = \nabla\cdot\left(\left(\nu + \frac{\nu_t}{\sigma_\varepsilon}\right)\nabla\varepsilon\right) + C_1\frac{\varepsilon}{k}\nu_t\nabla\mathbf{V} : (\nabla\mathbf{V} + \nabla^t\mathbf{V}) - C_2\frac{\varepsilon^2}{k} \\ &\nu_t = \frac{\mu_t}{\rho} = C_\mu\frac{k^2}{\varepsilon} \end{aligned}$$

Annexe B : Opérateurs en coordonnées curvilignes orthogonales

Désignons par (x,y,z) les coordonnées cartésiennes et par (x_1,x_2,x_3) les coordonnées curvilignes orthogonales et supposons connues les formules de changement de coordonnées :

$$\begin{cases} x = x(x_1,x_2,x_3,t) \\ y = y(x_1,x_2,x_3,t) \\ z = z(x_1,x_2,x_3,t) \end{cases}$$

Désignons par $\mathbf{h}$ la métrique de composantes :

$$\mathbf{h} = (\,\partial \mathbf{x}/\partial x_1,\ \partial \mathbf{y}/\partial x_2,\ \partial \mathbf{z}/\partial x_3\,)$$

On peut définir en chaque point le vecteur orthonormé $(\mathbf{e}_1,\mathbf{e}_2,\mathbf{e}_3)$ tel que

$$\mathbf{h}_i = h_i \mathbf{e}_i$$

On a ainsi

$$\mathbf{dx} = h_1 dx_1 \mathbf{e}_1 + h_2 dx_2 \mathbf{e}_2 + h_3 dx_3 \mathbf{e}_3$$

L'élément de longueur est donné par

$$dl^2 = h_1^2 dx_1^2 + h_2^2 dx_2^2 + h_3^2 dx_3^2$$

et l'élément de volume par

$$dV = h_1 h_2 h_3 dx_1 dx_2 dx_3$$

Soit $\mathbf{V}$ le vecteur dans le repère curviligne orthogonal :

$$\mathbf{V} = V_1\,\mathbf{e}_1 + V_2\,\mathbf{e}_2 + V_3\,\mathbf{e}_3$$

J.-P. Caltagirone, *Physique des Écoulements Continus*,
Mathématiques et Applications 74, DOI: 10.1007/978-3-642-39510-9,

Gradient d'un scalaire

$$\nabla s = \frac{1}{h_1}\frac{\partial s}{\partial x_1}\mathbf{e}_1 + \frac{1}{h_2}\frac{\partial s}{\partial x_2}\mathbf{e}_2 + \frac{1}{h_3}\frac{\partial s}{\partial x_3}\mathbf{e}_3$$
$$(\nabla s)_i = \frac{1}{h_i}\frac{\partial s}{\partial x_i}$$

Divergence d'un vecteur : $\nabla \cdot \mathbf{V} = \mathbf{Trace}(\nabla \mathbf{V})$

$$\nabla \cdot \mathbf{V} = \frac{1}{h_1 h_2 h_3}\left(\frac{\partial (h_2 h_3 V_1)}{\partial x_1} + \frac{\partial (h_3 h_1 V_2)}{\partial x_2} + \frac{\partial (h_1 h_2 V_3)}{\partial x_3}\right)$$

Rotationnel d'un vecteur

$$(\nabla \times \mathbf{V})_i = \frac{1}{h_j h_k}\left(\frac{\partial (h_k V_k)}{\partial x_j} - \frac{\partial (h_j V_j)}{\partial x_k}\right)$$

Laplacien d'un scalaire

$$\nabla^2 s = \frac{1}{h_1 h_2 h_3}\left(\frac{\partial}{\partial x_1}\left(\frac{h_2 h_3}{h_1}\frac{\partial s}{\partial x_1}\right) + \frac{\partial}{\partial x_2}\left(\frac{h_3 h_1}{h_2}\frac{\partial s}{\partial x_2}\right) + \frac{\partial}{\partial x_3}\left(\frac{h_1 h_2}{h_3}\frac{\partial s}{\partial x_3}\right)\right)$$

Dérivées des vecteurs unitaires e :
Pour la composante e_1 :

$$\begin{cases} \dfrac{\partial e_1}{\partial x_1} = -\dfrac{1}{h_2}\dfrac{\partial h_1}{\partial x_2}\mathbf{e}_2 - \dfrac{1}{h_3}\dfrac{\partial h_1}{\partial x_3}\mathbf{e}_3 \\ \dfrac{\partial e_2}{\partial x_1} = \dfrac{1}{h_2}\dfrac{\partial h_1}{\partial x_2}\mathbf{e}_1 \\ \dfrac{\partial e_3}{\partial x_1} = \dfrac{1}{h_3}\dfrac{\partial h_1}{\partial x_3}\mathbf{e}_1 \end{cases}$$

Par permutation on a :

$$\begin{cases} \dfrac{\partial e_1}{\partial x_2} = \dfrac{1}{h_1}\dfrac{\partial h_2}{\partial x_1}\mathbf{e}_2 \\ \dfrac{\partial e_2}{\partial x_2} = -\dfrac{1}{h_1}\dfrac{\partial h_2}{\partial x_1}\mathbf{e}_1 - \dfrac{1}{h_3}\dfrac{\partial h_2}{\partial x_3}\mathbf{e}_3 \\ \dfrac{\partial e_3}{\partial x_2} = \dfrac{1}{h_3}\dfrac{\partial h_2}{\partial x_3}\mathbf{e}_2 \end{cases}$$

et

$$\begin{cases} \dfrac{\partial e_1}{\partial x_3} = \dfrac{1}{h_1}\dfrac{\partial h_3}{\partial x_1}\mathbf{e}_3 \\ \dfrac{\partial e_2}{\partial x_3} = \dfrac{1}{h_2}\dfrac{\partial h_3}{\partial x_2}\mathbf{e}_3 \\ \dfrac{\partial e_1}{\partial x_3} = -\dfrac{1}{h_1}\dfrac{\partial h_3}{\partial x_1}\mathbf{e}_1 - \dfrac{1}{h_2}\dfrac{\partial h_3}{\partial x_2}\mathbf{e}_2 \end{cases}$$

Gradient d'un vecteur

$$d\mathbf{V} = d\left(V_1\,\mathbf{e}_1 + V_2\,\mathbf{e}_2 + V_3\,\mathbf{e}_3\right) = \nabla\mathbf{V}\cdot d\mathbf{M}$$

$$\left|\begin{array}{ccc}
\frac{1}{h_1}\left(\frac{\partial V_1}{\partial x_1} + \frac{V_2}{h_2}\frac{\partial h_1}{\partial x_2} + \frac{V_3}{h_3}\frac{\partial h_1}{\partial x_3}\right) & \frac{1}{h_2}\left(\frac{\partial V_1}{\partial x_2} - \frac{V_2}{h_1}\frac{\partial h_2}{\partial x_1}\right) & \frac{1}{h_3}\left(\frac{\partial V_1}{\partial x_3} - \frac{V_3}{h_1}\frac{\partial h_3}{\partial x_1}\right) \\
\frac{1}{h_1}\left(\frac{\partial V_2}{\partial x_1} - \frac{V_1}{h_2}\frac{\partial h_1}{\partial x_2}\right) & \frac{1}{h_2}\left(\frac{\partial V_2}{\partial x_2} + \frac{V_3}{h_3}\frac{\partial h_2}{\partial x_3} + \frac{V_1}{h_1}\frac{\partial h_2}{\partial x_1}\right) & \frac{1}{h_3}\left(\frac{\partial V_2}{\partial x_3} - \frac{V_3}{h_2}\frac{\partial h_3}{\partial x_2}\right) \\
\frac{1}{h_1}\left(\frac{\partial V_3}{\partial x_1} - \frac{V_1}{h_3}\frac{\partial h_1}{\partial x_3}\right) & \frac{1}{h_2}\left(\frac{\partial V_3}{\partial x_2} - \frac{V_2}{h_3}\frac{\partial h_2}{\partial x_3}\right) & \frac{1}{h_3}\left(\frac{\partial V_3}{\partial x_3} + \frac{V_1}{h_1}\frac{\partial h_3}{\partial x_1} + \frac{V_2}{h_2}\frac{\partial h_3}{\partial x_2}\right)
\end{array}\right|$$

Divergence d'un tenseur du second ordre

$$\begin{aligned}
(\nabla\cdot\mathbf{T})_1 &= \frac{1}{h_1\,h_2\,h_3}\left(\frac{\partial\left(h_2\,h_3\,T_{11}\right)}{\partial x_1} + \frac{\partial\left(h_3\,h_1\,T_{12}\right)}{\partial x_2} + \frac{\partial\left(h_1\,h_2\,T_{13}\right)}{\partial x_3}\right) \\
&\quad + \frac{1}{h_1\,h_2}\left(T_{21}\frac{\partial h_1}{\partial x_2} - T_{22}\frac{\partial h_2}{\partial x_1}\right) + \frac{1}{h_3\,h_1}\left(T_{31}\frac{\partial h_1}{\partial x_3} - T_{33}\frac{\partial h_3}{\partial x_1}\right) \\
(\nabla\cdot\mathbf{T})_2 &= \frac{1}{h_1\,h_2\,h_3}\left(\frac{\partial\left(h_2\,h_3\,T_{21}\right)}{\partial x_1} + \frac{\partial\left(h_3\,h_1\,T_{22}\right)}{\partial x_2} + \frac{\partial\left(h_1\,h_2\,T_{23}\right)}{\partial x_3}\right) \\
&\quad + \frac{1}{h_2\,h_3}\left(T_{32}\frac{\partial h_2}{\partial x_3} - T_{33}\frac{\partial h_3}{\partial x_2}\right) + \frac{1}{h_1\,h_2}\left(T_{12}\frac{\partial h_2}{\partial x_1} - T_{11}\frac{\partial h_1}{\partial x_2}\right) \\
(\nabla\cdot\mathbf{T})_3 &= \frac{1}{h_1\,h_2\,h_3}\left(\frac{\partial\left(h_2\,h_3\,T_{31}\right)}{\partial x_1} + \frac{\partial\left(h_3\,h_1\,T_{32}\right)}{\partial x_2} + \frac{\partial\left(h_1\,h_2\,T_{33}\right)}{\partial x_3}\right) \\
&\quad + \frac{1}{h_3\,h_1}\left(T_{13}\frac{\partial h_3}{\partial x_1} - T_{11}\frac{\partial h_1}{\partial x_3}\right) + \frac{1}{h_2\,h_3}\left(T_{23}\frac{\partial h_3}{\partial x_2} - T_{22}\frac{\partial h_2}{\partial x_3}\right)
\end{aligned}$$

Vecteur accélération

$$\gamma = \frac{\partial\mathbf{V}}{\partial t} + \mathbf{V}\cdot\nabla\mathbf{V}$$

Système	h_1	h_2	h_3
cartésien	x	y	z
	1	1	1
cylindrique	r	θ	z
	1	r	1
axi-symétrique	r	–	z
	1	r	1
polaire	r	θ	–
	1	r	1
sphérique	r	θ	ϕ
	1	r	$r\sin\theta$
axi-sphérique	r	θ	–
	1	r	$r\sin\theta$
etc.	–	–	–
	–	–	–

Tableau .1 Métriques pour quelques systèmes de coordonnées curvilignes orthogonales

Sỳsteme de coordońnees cártesiennes

Divergence de la vitesse

$$\nabla \cdot \mathbf{V} = \frac{\partial V_x}{\partial x} + \frac{\partial V_y}{\partial y} + \frac{\partial V_z}{\partial z}$$

Gradient de la vitesse

$$\left| \begin{array}{ccc} \frac{\partial V_x}{\partial x} & \frac{\partial V_x}{\partial y} & \frac{\partial V_x}{\partial z} \\ \frac{\partial V_y}{\partial x} & \frac{\partial V_y}{\partial y} & \frac{\partial V_y}{\partial z} \\ \frac{\partial V_z}{\partial x} & \frac{\partial V_z}{\partial y} & \frac{\partial V_z}{\partial z} \end{array} \right|$$

Rotationnel

$$\nabla \times \mathbf{V} = \begin{cases} \frac{\partial V_z}{\partial y} - \frac{\partial V_y}{\partial z} \\ \frac{\partial V_x}{\partial z} - \frac{\partial V_z}{\partial x} \\ \frac{\partial V_y}{\partial x} - \frac{\partial V_x}{\partial y} \end{cases}$$

Laplacien de la vitesse

$$\nabla^2 \mathbf{V} = \begin{cases} \frac{\partial^2 V_x}{\partial x^2} + \frac{\partial^2 V_x}{\partial y^2} + \frac{\partial^2 V_x}{\partial z^2} \\ \frac{\partial^2 V_y}{\partial x^2} + \frac{\partial^2 V_y}{\partial y^2} + \frac{\partial^2 V_y}{\partial z^2} \\ \frac{\partial^2 V_z}{\partial x^2} + \frac{\partial^2 V_z}{\partial y^2} + \frac{\partial^2 V_z}{\partial z^2} \end{cases}$$

Tenseur des taux de déformations **D**

$$d_{xx} = \frac{\partial V_x}{\partial x};\; d_{yy} = \frac{\partial V_y}{\partial y};\; d_{zz} = \frac{\partial V_z}{\partial z}$$

$$d_{xy} = d_{yx} = \frac{1}{2}\left(\frac{\partial V_y}{\partial x} + \frac{\partial V_x}{\partial y}\right)$$

$$d_{yz} = d_{zy} = \frac{1}{2}\left(\frac{\partial V_y}{\partial z} + \frac{\partial V_z}{\partial y}\right)$$

$$d_{zx} = d_{xz} = \frac{1}{2}\left(\frac{\partial V_z}{\partial x} + \frac{\partial V_x}{\partial z}\right)$$

Equation de Navier-Stokes en formulation incompressible à viscosité constante

$$\begin{cases}
\rho\left(\frac{\partial V_x}{\partial t} + V_x\frac{\partial V_x}{\partial x} + V_y\frac{\partial V_x}{\partial y} + V_z\frac{\partial V_x}{\partial z}\right) = -\frac{\partial p}{\partial x} + \rho\, g_x + \mu\left(\frac{\partial^2 V_x}{\partial x^2} + \frac{\partial^2 V_x}{\partial y^2} + \frac{\partial^2 V_x}{\partial z^2}\right) \\
\rho\left(\frac{\partial V_y}{\partial t} + V_x\frac{\partial V_y}{\partial x} + V_y\frac{\partial V_y}{\partial y} + V_z\frac{\partial V_y}{\partial z}\right) = -\frac{\partial p}{\partial y} + \rho\, g_y + \mu\left(\frac{\partial^2 V_y}{\partial x^2} + \frac{\partial^2 V_y}{\partial y^2} + \frac{\partial^2 V_y}{\partial z^2}\right) \\
\rho\left(\frac{\partial V_z}{\partial t} + V_x\frac{\partial V_z}{\partial x} + V_y\frac{\partial V_z}{\partial y} + V_z\frac{\partial V_z}{\partial z}\right) = -\frac{\partial p}{\partial z} + \rho\, g_z + \mu\left(\frac{\partial^2 V_z}{\partial x^2} + \frac{\partial^2 V_z}{\partial y^2} + \frac{\partial^2 V_z}{\partial z^2}\right)
\end{cases}$$

Equation de l'Energie en formulation incompressible et propriétés constantes

$$\rho\, c_p\left(\frac{\partial T}{\partial t} + V_x\frac{\partial T}{\partial x} + V_y\frac{\partial T}{\partial y} + V_z\frac{\partial T}{\partial z}\right) = \lambda\left(\frac{\partial^2 T}{\partial x^2} + \frac{\partial^2 T}{\partial y^2} + \frac{\partial^2 T}{\partial z^2}\right) + q + \Phi$$

Système de coordonnées cylindriques

Divergence de la vitesse

$$\nabla \cdot \mathbf{V} = \frac{1}{r}\frac{\partial}{\partial r}(rV_r) + \frac{1}{r}\frac{\partial V_\theta}{\partial \theta} + \frac{\partial V_z}{\partial z}$$

Gradient de la vitesse

$$\begin{vmatrix} \dfrac{\partial V_r}{\partial r} & \dfrac{1}{r}\dfrac{\partial V_r}{\partial \theta} - \dfrac{V_\theta}{r} & \dfrac{\partial V_r}{\partial z} \\ \dfrac{\partial V_\theta}{\partial r} & \dfrac{1}{r}\dfrac{\partial V_\theta}{\partial \theta} + \dfrac{V_r}{r} & \dfrac{\partial V_\theta}{\partial z} \\ \dfrac{\partial V_z}{\partial r} & \dfrac{1}{r}\dfrac{\partial V_z}{\partial \theta} & \dfrac{\partial V_z}{\partial z} \end{vmatrix}$$

Rotationnel

$$\nabla \times \mathbf{V} = \begin{cases} \dfrac{1}{r}\dfrac{\partial V_z}{\partial \theta} - \dfrac{\partial V_\theta}{\partial z} \\ \dfrac{\partial V_r}{\partial z} - \dfrac{\partial V_z}{\partial r} \\ \dfrac{1}{r}\dfrac{\partial}{\partial r}(rV_\theta) - \dfrac{1}{r}\dfrac{\partial V_r}{\partial \theta} \end{cases}$$

Laplacien de la vitesse

$$\nabla \times \mathbf{V} = \begin{cases} \dfrac{\partial}{\partial r}\left(\dfrac{1}{r}\dfrac{\partial}{\partial r}(rV_r)\right) + \dfrac{1}{r^2}\dfrac{\partial^2 V_r}{\partial \theta^2} - \dfrac{2}{r^2}\dfrac{\partial V_\theta}{\partial \theta} + \dfrac{\partial^2 V_r}{\partial z^2} \\ \dfrac{\partial}{\partial r}\left(\dfrac{1}{r}\dfrac{\partial}{\partial r}(rV_\theta)\right) + \dfrac{1}{r^2}\dfrac{\partial^2 V_\theta}{\partial \theta^2} + \dfrac{2}{r^2}\dfrac{\partial V_r}{\partial \theta} + \dfrac{\partial^2 V_\theta}{\partial z^2} \\ \dfrac{1}{r}\dfrac{\partial}{\partial r}\left(r\dfrac{\partial V_z}{\partial r}\right) + \dfrac{1}{r^2}\dfrac{\partial^2 V_z}{\partial \theta^2} + \dfrac{\partial^2 V_z}{\partial z^2} \end{cases}$$

Tenseur des taux de déformations **D**

$$d_{rr} = \frac{\partial V_r}{\partial r};\ d_{\theta\theta} = \frac{1}{r}\frac{\partial V_\theta}{\partial \theta} + \frac{V_r}{r};\ d_{zz} = \frac{\partial V_z}{\partial z}$$

$$d_{r\theta} = d_{\theta r} = \frac{1}{2}\left(r\frac{\partial}{\partial r}\left(\frac{V_\theta}{r}\right) + \frac{1}{r}\frac{\partial V_r}{\partial \theta}\right)$$

$$d_{\theta z} = d_{z\theta} = \frac{1}{2}\left(\frac{\partial V_\theta}{\partial z} + \frac{1}{r}\frac{\partial V_z}{\partial \theta}\right)$$

$$d_{zr} = d_{rz} = \frac{1}{2}\left(\frac{\partial V_z}{\partial r} + \frac{\partial V_r}{\partial z}\right)$$

Equation de Navier-Stokes en formulation incompressible à viscosité constante

$$\rho\left(\frac{\partial V_r}{\partial t} + V_r\frac{\partial V_r}{\partial r} + \frac{V_\theta}{r}\frac{\partial V_r}{\partial \theta} - \frac{V_\theta^2}{r} + V_z\frac{\partial V_r}{\partial z}\right) = -\frac{\partial p}{\partial r} + \rho\, g_r + \mu\left(\frac{\partial}{\partial r}\left(\frac{1}{r}\frac{\partial}{\partial r}(rV_r)\right) + \frac{1}{r^2}\frac{\partial^2 V_r}{\partial \theta^2} - \frac{2}{r^2}\frac{\partial V_\theta}{\partial \theta} + \frac{\partial^2 V_r}{\partial z^2}\right)$$

$$\rho\left(\frac{\partial V_\theta}{\partial t} + V_r\frac{\partial V_\theta}{\partial r} + \frac{V_\theta}{r}\frac{\partial V_\theta}{\partial \theta} + \frac{V_r V_\theta}{r} + V_z\frac{\partial V_\theta}{\partial z}\right) = -\frac{1}{r}\frac{\partial p}{\partial \theta} + \rho\, g_\theta + \mu\left(\frac{\partial}{\partial r}\left(\frac{1}{r}\frac{\partial}{\partial r}(rV_\theta)\right) + \frac{1}{r^2}\frac{\partial^2 V_\theta}{\partial \theta^2} + \frac{2}{r^2}\frac{\partial V_r}{\partial \theta} + \frac{\partial^2 V_\theta}{\partial z^2}\right)$$

$$\rho\left(\frac{\partial V_z}{\partial t} + V_r\frac{\partial V_z}{\partial r} + \frac{V_\theta}{r}\frac{\partial V_z}{\partial \theta} + V_z\frac{\partial V_z}{\partial z}\right) = -\frac{\partial p}{\partial z} + \rho\, g_z + \mu\left(\frac{1}{r}\frac{\partial}{\partial r}\left(r\frac{\partial V_z}{\partial r}\right) + \frac{1}{r^2}\frac{\partial^2 V_z}{\partial \theta^2} + \frac{\partial^2 V_z}{\partial z^2}\right)$$

Equation de l'Energie en formulation incompressible et propriétés constantes

$$\rho\, c_p\left(\frac{\partial T}{\partial t} + V_r\frac{\partial T}{\partial x} + \frac{V_\theta}{r}\frac{\partial T}{\partial \theta} + V_z\frac{\partial T}{\partial z}\right) = \lambda\left(\frac{1}{r}\frac{\partial}{\partial r}\left(r\frac{\partial T}{\partial r}\right) + \frac{1}{r^2}\frac{\partial^2 T}{\partial \theta^2} + \frac{\partial^2 T}{\partial z^2}\right) + q + \Phi$$

Système de coordonnées sphériques

Divergence de la vitesse

$$\nabla \cdot \mathbf{V} = \frac{1}{r^2}\frac{\partial}{\partial r}\left(r^2 V_r\right) + \frac{1}{r\sin\theta}\frac{\partial\left(\sin\theta\, V_\theta\right)}{\partial\theta} + \frac{1}{r\sin\theta}\frac{\partial V_\varphi}{\partial\varphi}$$

Gradient de la vitesse

$$\begin{vmatrix} \dfrac{\partial V_r}{\partial r} & \dfrac{1}{r}\dfrac{\partial V_r}{\partial\theta} - \dfrac{V_\theta}{r} & \dfrac{1}{r\sin\theta}\dfrac{\partial V_r}{\partial\varphi} - \dfrac{V_\theta}{r} \\ \dfrac{\partial V_\theta}{\partial r} & \dfrac{1}{r}\dfrac{\partial V_\theta}{\partial\theta} + \dfrac{V_r}{r} & \dfrac{1}{r\sin\theta}\dfrac{\partial V_\theta}{\partial\varphi} - \dfrac{V_\varphi\, cotg\theta}{r} \\ \dfrac{\partial V_\varphi}{\partial r} & \dfrac{1}{r}\dfrac{\partial V_\varphi}{\partial\theta} & \dfrac{1}{r\sin\theta}\dfrac{\partial V_\varphi}{\partial\varphi} + \dfrac{V_r}{r} + \dfrac{V_\theta\, cotg\theta}{r} \end{vmatrix}$$

Rotationnel

$$\nabla \times \mathbf{V} = \begin{cases} \dfrac{1}{r\sin\theta}\dfrac{\partial\left(\sin\theta\, V_\varphi\right)}{\partial\theta} - \dfrac{1}{r\sin\theta}\dfrac{\partial V_\theta}{\partial\varphi} \\[2ex] \dfrac{1}{r\sin\theta}\dfrac{\partial V_r}{\partial\varphi} - \dfrac{1}{r}\dfrac{\partial}{\partial r}\left(r V_\varphi\right) \\[2ex] \dfrac{1}{r}\dfrac{\partial}{\partial r}\left(r V_\theta\right) - \dfrac{1}{r}\dfrac{\partial V_r}{\partial\theta} \end{cases}$$

Laplacien de la vitesse

$$\begin{aligned} \nabla_r^2 \mathbf{V} = {} & \frac{1}{r^2}\frac{\partial}{\partial r}\left(r^2\frac{\partial V_r}{\partial r}\right) + \frac{1}{r^2\sin\theta}\frac{\partial}{\partial\theta}\left(\sin\theta\frac{\partial V_r}{\partial\theta}\right) + \frac{1}{r^2\sin^2\theta}\frac{\partial^2 V_r}{\partial\varphi^2} \\ & - \frac{2V_r}{r^2} - \frac{2}{r^2}\frac{\partial V_\theta}{\partial\theta} - \frac{2V_\theta cotg\theta}{r^2} - \frac{2}{r^2\sin\theta}\frac{\partial V_\varphi}{\partial\varphi} \\ \nabla_\theta^2 \mathbf{V} = {} & \frac{1}{r^2}\frac{\partial}{\partial r}\left(r^2\frac{\partial V_\theta}{\partial r}\right) + \frac{1}{r^2\sin\theta}\frac{\partial}{\partial\theta}\left(\sin\theta\frac{\partial V_\theta}{\partial\theta}\right) + \frac{1}{r^2\sin^2\theta}\frac{\partial^2 V_\theta}{\partial\varphi^2} \\ & + \frac{2}{r^2}\frac{\partial V_r}{\partial\theta} - \frac{V_\theta}{r^2\sin^2\theta} - \frac{2\cos\theta}{r^2\sin^2\theta}\frac{\partial V_\varphi}{\partial\varphi} \\ \nabla_\varphi^2 \mathbf{V} = {} & \frac{1}{r^2}\frac{\partial}{\partial r}\left(r^2\frac{\partial V_\varphi}{\partial r}\right) + \frac{1}{r^2\sin\theta}\frac{\partial}{\partial\theta}\left(\sin\theta\frac{\partial V_\varphi}{\partial\theta}\right) + \frac{1}{r^2\sin^2\theta}\frac{\partial^2 V_\varphi}{\partial\varphi^2} \\ & - \frac{V_\varphi}{r^2\sin^2\theta} + \frac{2}{r^2\sin\theta}\frac{\partial V_r}{\partial\varphi} + \frac{2\cos\theta}{r^2\sin^2\theta}\frac{\partial V_\theta}{\partial\varphi} \end{aligned}$$

Tenseur des taux de déformations **D**

$$d_{rr} = \frac{\partial V_r}{\partial r};\; d_{\theta\theta} = \frac{1}{r}\frac{\partial V_\theta}{\partial \theta} + \frac{V_r}{r};\; d_{\varphi\varphi} = \frac{1}{r\sin\theta}\frac{\partial V_\varphi}{\partial \varphi} + \frac{V_r}{r} + \frac{V_\theta\, cotg\theta}{r}$$

$$d_{r\varphi} = d_{\varphi r} = \frac{1}{2}\left(\frac{1}{r\sin\theta}\frac{\partial V_r}{\partial \varphi} + r\frac{\partial}{\partial r}\left(\frac{V_\varphi}{r}\right)\right)$$

$$d_{\varphi\theta} = d_{\theta\varphi} = \frac{1}{2}\left(\frac{\sin\theta}{r}\frac{\partial}{\partial \theta}\left(\frac{V_\varphi}{\sin\theta}\right) + \frac{1}{r\sin\theta}\frac{\partial V_\theta}{\partial \varphi}\right)$$

$$d_{\varphi r} = d_{r\varphi} = \frac{1}{2}\left(\frac{1}{r\sin\theta}\frac{\partial V_r}{\partial \varphi} + r\frac{\partial}{\partial r}\left(\frac{V_\varphi}{r}\right)\right)$$

Equation de Navier-Stokes en formulation incompressible à viscosité constante

$$\rho\left(\frac{\partial V_r}{\partial t} + V_r\frac{\partial V_r}{\partial r} + \frac{V_\theta}{r}\frac{\partial V_r}{\partial \theta} + \frac{V_\varphi}{r\sin\theta}\frac{\partial V_r}{\partial \varphi} - \frac{V_\theta^2 + V_\varphi^2}{r^2}\right) = -\frac{\partial p}{\partial r} + \rho\, g_r + \mu\nabla_r^2\mathbf{V}$$

$$\rho\left(\frac{\partial V_\theta}{\partial t} + V_r\frac{\partial V_\theta}{\partial r} + \frac{V_\theta}{r}\frac{\partial V_\theta}{\partial \theta} + \frac{V_r V_\theta}{r} + \frac{V_\varphi}{r\sin\theta}\frac{\partial V_\theta}{\partial \varphi} - \frac{V_\varphi^2 cotg\theta}{r}\right) = -\frac{1}{r}\frac{\partial p}{\partial \theta} + \rho\, g_\theta + \mu\nabla_\theta^2\mathbf{V}$$

$$\rho\left(\frac{\partial V_\varphi}{\partial t} + V_r\frac{\partial V_\varphi}{\partial r} + \frac{V_\theta}{r}\frac{\partial V_\varphi}{\partial \theta} + \frac{V_\varphi}{r\sin\theta}\frac{\partial V_\varphi}{\partial \varphi} + \frac{V_r V_\theta}{r} + \frac{V_\theta V_\varphi cotg\theta}{r}\right) = -\frac{1}{r\sin\theta}\frac{\partial p}{\partial \varphi} + \rho\, g_\varphi + \mu\nabla_\varphi^2\mathbf{V}$$

Equation de l'Energie en formulation incompressible et propriétés constantes

$$\rho\, c_p\left(\frac{\partial T}{\partial t} + V_r\frac{\partial T}{\partial x} + \frac{V_\theta}{r}\frac{\partial T}{\partial \theta} + \frac{V_\varphi}{r\sin\theta}\frac{\partial T}{\partial \varphi}\right) =$$

$$\lambda\left(\frac{1}{r^2}\frac{\partial}{\partial r}\left(r^2\frac{\partial T}{\partial r}\right) + \frac{1}{r^2\sin\theta}\frac{\partial}{\partial \theta}\left(\sin\theta\frac{\partial T}{\partial \theta}\right) + \frac{1}{r^2\sin^2\theta}\frac{\partial^2 T}{\partial \varphi^2}\right) + q + \mathbf{\Phi}$$

Quelques identités vectorielles et tensorielles

$$\begin{cases} \mathrm{grad\,f} \equiv \nabla \mathrm{f} \\ \mathrm{div}\,\mathbf{V} \equiv \nabla \cdot \mathbf{V} \\ \mathrm{rot}\,\mathbf{V} \equiv \nabla \times \mathbf{V} \\ \Delta f \equiv \nabla^2 f \end{cases}$$

$$\begin{cases} \nabla^2 f = \nabla \cdot \nabla f \\ \nabla^2 \mathbf{V} = \nabla \cdot \nabla \mathbf{V} \\ \nabla \cdot \nabla \times \mathbf{V} = 0 \\ \nabla \times \nabla f = 0 \\ \nabla \times \nabla \times \mathbf{V} = \nabla(\nabla \cdot \mathbf{V}) - \nabla^2 \mathbf{V} \\ \nabla \cdot (f\,\mathbf{V}) = f\,\nabla \cdot \mathbf{V} + \mathbf{V} \cdot \nabla f \\ \nabla \cdot (f\,\nabla \mathbf{V}) = f\,\nabla \cdot (\nabla \mathbf{V}) + \nabla \mathbf{V}\,\nabla f \\ \nabla \times (f\,\mathbf{V}) = f\,\nabla \times \mathbf{V} + \nabla f \times \mathbf{V} \\ \mathbf{V} \cdot \nabla \mathbf{V} = \nabla \left(\dfrac{|\,\mathbf{V}\,|^2}{2} \right) - \mathbf{V} \times \nabla \times \mathbf{V} = \nabla \cdot (\mathbf{V} \otimes \mathbf{V}) - \mathbf{V}\,\nabla \cdot \mathbf{V} \\ (\nabla \mathbf{V})\,\mathbf{V} = \nabla \left(\dfrac{|\,\mathbf{V}\,|^2}{2} \right) + (\nabla \times \mathbf{V}) \times \mathbf{V} \\ \nabla \times (\mathbf{V} \times \mathbf{W}) = (\mathbf{W} \cdot \nabla)\,\mathbf{V} - \mathbf{W}\,(\nabla \cdot \mathbf{V}) - (\mathbf{V} \cdot \nabla)\,\mathbf{W} + \mathbf{V}\,(\nabla \cdot \mathbf{W}) \\ \nabla \cdot (\mathbf{V} \times \mathbf{W}) = \mathbf{W} \cdot \nabla \times \mathbf{V} - \mathbf{V} \cdot \nabla \times \mathbf{W} \\ \nabla \cdot (\mathbf{V} \otimes \mathbf{W}) = \mathbf{V}\nabla \cdot \mathbf{W} + (\nabla \mathbf{V})\,\mathbf{W} \\ \nabla (f\,\mathbf{A}) = f\,\nabla \mathbf{A} + \mathbf{A} \otimes \nabla f \\ \nabla \cdot (f\,\mathbf{A}) = f\,\nabla \cdot \mathbf{A} + \mathbf{A}\,\nabla f \\ \mathbf{V} \cdot \nabla \mathbf{V} = \Omega \times \mathbf{V} + \dfrac{1}{2} \nabla \left(|\,\mathbf{V}\,|^2 \right) \\ \nabla \times (\mathbf{V} \times \mathbf{W}) = (\mathbf{W} \cdot \nabla)\,\mathbf{V} - (\mathbf{V} \cdot \nabla)\,\mathbf{W} + (\nabla \cdot \mathbf{W})\,\mathbf{V} - (\nabla \cdot \mathbf{V})\,\mathbf{W} \\ \nabla \times (\mathbf{V} \cdot \nabla \mathbf{V}) = (\mathbf{V} \cdot \nabla)\,\Omega - (\Omega \cdot \nabla)\,\mathbf{V} + (\nabla \cdot \mathbf{V})\,\Omega \end{cases}$$

Littérature

1. R. Aris, Vectors, Tensors, and the basic Equations of Fluid Mechanics, *Dover, New-York* , 1962.
2. G.K. Batchelor, An Introduction to Fluid Mechanics, *Cambridge Univ. Press* , 1967.
3. L. Borel, Thermodynamique et Energétique, *Presses Polytechniques et Universitaires Romandes* , 1987.
4. J.P. Caltagirone, J. Breil, A vector projection method for solving the Navier-Stokes equations, C.R. Acad. Sciences, **327(11)**, IIB, 1179-1184, 1999.
5. J.P. Caltagirone, S. Vincent, Sur une méthode de pénalisation tensorielle pour la résolution des équations de Navier-Stokes, Comptes-Rendus de l'Académie des Sciences, série IIb, **329**, 607-613, 2001.
6. S. Candel, Mécanique des Fluides, *Dunod, Paris*, 1995.
7. S. Chandrasekhar, Hydrodynamic and Hydromagnetic Stability, *Dover, New-York* , 1961.
8. S. Chapman, T.G. Cowling, The Mathematical Theory of non-uniform Gases, *Cambridge Mathematical Library, third edition*, 1999.
9. P. Chassaing, Mécanique des Fluides, *Cépaduès éditions, collection POLYTECH*, 1993.
10. A.J. Chorin, A numerical method for solving incompressible viscous flow problems, J. Comput. Phys. **2**, 12-26, 1967.
11. P. Chossat, G. Iooss, The Couette-Taylor problem, Applied Math Science *102*, Springer, New-York (1994).
12. J. Coirier, C. Nadot-Martin, Mécanique des Milieux Continus, *Dunod*, 2007.
13. M. Comolet, Mécanique Expérimentale des Fluides, *Masson*, 1969.
14. J.J. Darrozès, C. François, Mécanique des Fluides Incompressibles, *Springer*, 1982.
15. P. Durbin, A Reynolds-stress model for near-wall turbulence. *Journal of Fluid Mechanics*, 249, 465-498, 1993.
16. M. Fortin, R. Glowinski, Méthodes de lagrangien augmenté. Application à la résolution numérique de problèmes aux limites, *Dunod*, 1982.
17. Gad-El-Hak, Stokes' Hypothesis for a Newtonian, Isotropic Fluid, *J. of Fluids Engineering, vol 117, n° 1, pp 3-5*, 1995.
18. P. Germain, P. Muller, Introduction à la Mécanique des Milieux Continus, *Masson éditions* 2ième édition, 1995.
19. P. Glansdorff, I. Progogine, Structure, Stabilité et Fluctuations, *Masson éditions*, 1971.
20. S.R. de Groot, P. Mazur, Non-Equilibrium Thermodynamics, *Dover, New-York* , 1984.
21. E. Guyon, JP. Hulin, L. Petit, Hydrodynamique physique, *Editions du CNRS*, 1991.
22. J. Happel, H. Brenner, Low Reynolds Number Hydrodynamics, *Kluwer Academic Publishers*, 1963.
23. H. Lamb, Hydrodynamics, *6th edition, Dover, New York*, 1993.
24. L.D. Landau, E.M. Lifchitz, Fluid Mechanics, *Pergamon Press, London*, 1959.
25. L.D. Landau, E.M. Lifchitz, Mécanique des Fluides, *Editions MIR, Moscou*, 1971.
26. P. Le Tallec, Mécanique des milieux continus, *Editions de l'Ecole Polytechnique, Palaiseau*, 2010.
27. R. Peyret, T.D. Taylor, Computational Methods for Fluid Flow, *Springer-Verlag*, 1983.
28. I. Ryhming, Dynamique des Fluides, *Presses Polytechniques Romanes*, 1985.
29. J. Salençon, Mécanique des milieux continus, *Editions de l'Ecole Polytechnique, Palaiseau*, 2002.
30. G.I. Taylor, Scientific Papers, *Cambrigde University Press, Cambridge*, 1958.
31. R. Temam, Navier-Stokes Equations, Theory and Numerical Analysis *North-Holland*, 1984.
32. D.J. Tritton, Physical Fluid Dynamics, *Oxford University Press, Oxford*, 1988.
33. C. Truesdell, Introduction à la Mécanique Rationnelle des Milieux Continus, *Masson, Paris*, 1974.
34. M. Van Dyke, Perturbation Methods in Fluids Mechanics, *Academic Press*, 1964.
35. S. Vincent, J.-P. Caltagirone, P. Lubin, T.N. Randrianarivelo. An adaptative augmented lagrangian method for three-dimensional multi-material flows, Computers & fluids, 33 (10), 1273-1279, 2004.

J.-P. Caltagirone, *Physique des Écoulements Continus*,
Mathématiques et Applications 74, DOI: 10.1007/978-3-642-39510-9,

36. S. Vincent, T.N. Randrianarivelo, G. Pianet, J.-P. Caltagirone, Local penalty methods for flows interacting with moving solids at high Reynolds numbers, Computers & Fluids, 36 (5), 902-913, 2007.
37. S. Whitaker, Introduction to Fluid Mechanics *Krieger, Malabar, Florida*, 1968.

Liste des figures

J.-P. Caltagirone, *Physique des Écoulements Continus*, Mathématiques et Applications 74, DOI: 10.1007/978-3-642-39510-9,

Liste des tables

J.-P. Caltagirone, *Physique des Écoulements Continus*,
Mathématiques et Applications 74, DOI: 10.1007/978-3-642-39510-9,

Symboles

$\cdot$ produit scalaire
$\otimes$ produit tensoriel
$:$ produit tensoriel contracté
∇ opérateur nabla, gradient
$\nabla\cdot$ divergence
$\nabla\times$ rotationnel
$\nabla^2(\cdot)$ $\nabla\cdot\nabla(\cdot)$, laplacien
tr trace d'un tenseur

$\frac{d}{dt}$ dérivée particulaire
$\frac{\partial}{\partial t}$ dérivée partielle en fonction du temps

α coefficient d'expansion isotherme
β coefficient d'expansion thermique
χ_T coefficient de compressibilité isotherme
γ rapport des chaleurs spécifiques
δ épaisseur de couche limite
δ_* épaisseur de déplacement
δ_{ij} symbole de Kronecker
η échelle de Kolmogorov
ϕ potentiel
γ tension superficielle,
ε porosité, dissipation turbulente
ε_{ij} composantes du tenseur des contraintes
η variable auto-simulaire
κ courbure d'une interface
λ viscosité de compression
λ micro-échelle de Taylor
ϕ fonction de dissipation
φ densité de flux de chaleur
μ viscosité dynamique
μ_{sm} viscosité sous maille
μ_t viscosité turbulente
ν viscosité cinématique
ϖ taux de compression
θ épaisseur de quantité de mouvement
ρ masse volumique

J.-P. Caltagirone, *Physique des Écoulements Continus*,
Mathématiques et Applications 74, DOI: 10.1007/978-3-642-39510-9,

σ coefficient de Poisson
σ_k constante du modèle $(k-\varepsilon)$
σ_ε constante du modèle $(k-\varepsilon)$
ψ fonction de courant

$\boldsymbol{\gamma}$ accélération
$\boldsymbol{\varepsilon}$ tenseur des déformations
$\boldsymbol{\omega}$ vecteur dual du tenseur de rotation
$\boldsymbol{\sigma}$ tenseur des contraintes
$\boldsymbol{\sigma}^o$ tenseur des contraintes d'équilibre
$\boldsymbol{\tau}$ tenseur des déformations visqueuses

$\overline{\Delta}$ échelle de coupure des modèles LES
Γ contour curviligne
Λ coefficient de perte de charge
Φ potentiel scalaire
Σ surface d'un domaine
Ω volume d'un domaine
$\boldsymbol{\Omega}$ tenseur des taux de rotation
$\boldsymbol{\Psi}$ potentiel vecteur

(x,y,z) coordonnées cartésiennes
(r,θ) coordonnées polaires
(r,θ,z) coordonnées cylindriques
(r,θ,φ) coordonnées spériques
$(\mathbf{e}_1,\mathbf{e}_2,\mathbf{e}_3)$ vecteurs unitaires

$\mathscr{A}$ aire d'une surface
$\mathscr{D}$ domaine, volume de contrôle
$\mathscr{L}$ opérateur linéaire
$\mathscr{M}$ masse molaire
$\mathscr{N}$ opérateur non linéaire
$\mathscr{P}$ puissance
$\mathscr{V}$ volume

a diffusivité thermique
c_p chaleur massique à pression constante
c_v chaleur massique à volume constant
d distance
d_{ij} composantes du tenseur des taux de déformation
e énergie interne massique
f fonction scalaire
k conductivité thermique, énergie cinétique turbulente
h enthalpie massique
m masse
p pression thermodynamique
p^* pression motrice
q production volumique de chaleur
q_m débit massique
q_v débit volumique
r constante des gaz parfait
s entropie massique, abscisse curviligne
t temps
v volume spécifique

C_μ constante du modèle $(k-\varepsilon)$
C_f coefficient de frottement
C_m constante du modèle de Smagorinsky
C_{TKE} constante du modèle TKE
D débit
D_h diamètre hydraulique
E module d'Young, énergie totale
G grandeur scalaire
J jacobien de la transformation
R constante molaire des gaz
L distance de référence
λ échelle intégrale
S entropie
T température
T_0 température de référence
V_0 vitesse de référence

$\mathbf{f}$ force volumique
$\mathbf{g}$ accélération de la gravité
$\mathbf{n}$ normale extérieure
$\mathbf{q}$ quantité de mouvement
$\mathbf{t}$ vecteur unitaire tangent
$\mathbf{v}'$ fluctuation de la vitesse
$\mathbf{v}$ perturbation de la vitesse

$\mathbf{D}$ tenseur des taux de déformation
$\mathbf{F}$ force
$\mathbf{I}$ matrice ou tenseur identité
$\mathbf{K}$ tenseur de perméabilité
$\mathbf{M}$ tenseur de mobilité
$\mathbf{N}$ normale extérieure
$\mathbf{T}$ contrainte
$\|\mathbf{V}\|$ module de la vitesse
$\mathbf{V}$ vitesse
$\overline{\mathbf{V}}$ vitesse moyennée
$\mathbf{W}$ célérité de l'interface

Bi nombre de Biot
Bo nombre de Bond
Da nombre de Darcy
Fr nombre de Froude
Gr nombre de Grashof
M nombre de Mach
Nu nombre de Nusselt
Ma nombre de Marangoni
Pe nombre de Péclet
Ra nombre de Rayleigh
Re nombre de Reynolds
We nombre de Weber

Index

J.-P. Caltagirone, *Physique des Écoulements Continus*,
Mathématiques et Applications 74, DOI: 10.1007/978-3-642-39510-9,